O sol vai voltar amanhã:
um espectro de análises sobre a energia fotovoltaica

Lexikon | *obras de referência*

INSTITUTO DE ENERGIA DA PUC-RIO

O sol vai voltar amanhã:
um espectro de análises sobre a energia fotovoltaica

LEXIKON EDITORA DIGITAL LTDA.
Av. Rio Branco, 123 sala 1710 - Centro
20040-905 Rio de Janeiro – RJ – Brasil
Tel.: (21) 2221 8740 – 3190 0472
www.lexikon.com.br – sac@lexikon.com.br

FACULDADES CATÓLICAS
Rua Marquês de São Vicente, 225 – Gávea
22451-900 Rio de Janeiro – RJ – Brasil
Tel. Geral: (21) 3527 1001
www.puc-rio.br

PETROGAL
Av. Rep. do Chile, 330 13º andar – Centro
20031-170 – Rio de Janeiro – RJ – Brasil
Tel. (21) 3850 4200
www.galp.com

PRODUÇÃO EDITORIAL
Sonia Hey

REVISÃO
Maria Flávia dos Reis

PROJETO GRÁFICO MIOLO E CAPA
Filigrana

IMAGEM DA CAPA
Photo by Macau Photo Agency on Unsplash

IMAGENS DE ABERTUTAS
Photo by Science in HD on Unsplash
Photo by Tony Webste on Flirck
Photo by Red Zeppelin on Unsplash

CIP-BRASIL. CATALOGAÇÃO NA PUBLICAÇÃO
SINDICATO NACIONAL DOS EDITORES DE LIVROS, RJ

S668
O sol vai voltar amanhã : um espectro de análises sobre a energia fotovoltaica / [coordenação Eloi Fernández y Fernández]. - 1. ed. - Rio de Janeiro: Lexikon: Instituto de Energia da PUC- Rio, 2020.
440 p. ; 16 cm.

Inclui bibliografia
Glossário
ISBN 9786588871027

1. Energia solar. 2. Sistemas de energia fotovoltaica. 3. Geração de energia fotovoltaica. 4. Células solares. I. Fernández y Fernández, Eloi.

20-67584 CDD: 621.47
CDU: 621.311

Instituto de Energia da PUC-Rio

Petrogal Brasil

Este livro consolida os resultados do projeto de pesquisa e desenvolvimento em Energia Solar Fotovoltaica elaborado em parceria com a Petrogal Brasil.

Equipe do projeto:

Coordenador Geral: *Eloi Fernández y Fernández*

Coordenador Técnico: *Luis Fernando Mendonça Frutuoso*

Pesquisadores IEPUC:

Adriana Alves Barbosa
André de Oliveira Dias
Anna Carolina de Paula Sermarini
Carlos de Lamare Bastian Pinto
Carolina Botelho
Helena Regina Fonseca Coelho
Luciana Albuquerque Piragibe
Marcia Christina Borges Fernandes
Marco Antonio Haikal Leite
Savio Bueno Guimarães Souza
Sergio Luiz Pinto Castineiras Filho
Thais Dias Delfino Cabral
Valdir José Rodrigues dos Santos
Vinicius Machado Silva
Yiannis Chanis

Professores Pesquisadores:

Florian Alain Yanick Pradelle (Departamento de Engenharia Mecânica da PUC-Rio)
Mauricio Pamplona Pires (Instituto de Física da UFRJ)
Patricia Lustoza de Souza (CETUC – Centro de Estudos em Telecomunicações da PUC-Rio)
Rodrigo Flora Calili (Departamento de Metrologia da PUC-Rio)

APRESENTAÇÃO

Este livro é resultado da consolidação de uma pesquisa feita a várias mãos e por diferentes áreas do conhecimento e da cadeia de produção de energia solar fotovoltaica no Brasil. Seu principal objetivo foi informar sobre o cenário que ora se apresenta, além de aprimorar e qualificar o debate para diferentes setores da sociedade e do mercado de energia solar. Como ocorre em obras como a que segue, sua realização dependeu do trabalho dedicado de profissionais e de instituições que trabalharam juntas no âmbito do Projeto Solar, como o Instituto de Energia da PUC-Rio (IEPUC) e a Petrogal Brasil.

Aqui, foram reunidas informações relevantes para o setor de energia solar fotovoltaica bem como o impacto destas na sociedade brasileira. Os trabalhos também contemplam algumas das transformações ocorridas a partir da utilização dessa energia no país. Sabemos que o Brasil é uma sociedade bastante complexa e plural, um enorme território de grandes disparidades, permitindo que numa mesma localidade convivam diferentes grupos, alguns com acesso satisfatório a bens de energia, mas muitos que têm serviços precários. Ao mesmo tempo, este vasto território proporciona uma oportunidade ímpar, comparada a outras regiões, de disponibilidade de um recurso que sempre estará entre nós: a luz solar.

Entre outros temas relevantes, procurou-se evidenciar novos arranjos para os desafios que as mudanças energéticas trazem para o país, assim como apontar caminhos possíveis em consonância com as demandas atuais das sociedades. Temos convicção de que o efeito dessas transformações extrapola ganhos individuais de quem isoladamente utiliza e se beneficia da energia solar, mas também produz efeitos muito positivos sobre a coletividade. Esta, por sua vez, tende a alterar de maneira significativa a produtividade da economia, assim como o desenvolvimento social de um país. Em um momento em que todas essas questões se colocam na agenda de diferentes nações, o trabalho que se apresenta é uma contribuição atual e necessária.

Ao atuar como parceira desta importante realização, a Pontifícia Universidade Católica do Rio de Janeiro (PUC-Rio) cumpre uma de suas missões fundamentais, que é contribuir para o desenvolvimento institucional, assim como colaborar para o aprofundamento de conhecimentos técnico-científicos desta universidade, permitindo responder aos desafios científico-profissionais de nosso tempo. O livro *O sol vai voltar amanhã: um espectro de análises sobre a energia fotovoltaica* cumpre uma importante função, que é levar ao conhecimento de todos uma discussão essencial atualmente, o que envolve olhar a natureza como parceira das instituições e dos atores sociais. Creio que a PUC-Rio está fornecendo uma excelente contribuição ao Brasil.

Prof. Sergio Bruni
Vice-reitor de Desenvolvimento da PUC-Rio

SUMÁRIO

INTRODUÇÃO

A sociedade moderna impõe desafios em diferentes ocasiões de nossa vida social. Muitas vezes, estes desafios são consequências das próprias transformações positivas das tecnologias que construímos, mas que acabam demandando ajustes ao longo do tempo. Nesse sentido, um dos grandes dilemas é superar os efeitos adversos do desenvolvimento de nossas ferramentas tecnológicas sobre o bem-estar social, e a questão energética tem se mostrado central neste momento e se coloca na agenda entre os principais temas a ser debatido pelas nações.

Sabe-se que diversos países atravessam mudanças importantes em sua matriz energética e têm diminuído consideravelmente a utilização de combustíveis fósseis como principal fonte de produção de energia. Esta busca por novas fontes renováveis cresce a cada ano, e se intensificou ultimamente, em razão do aumento do debate a respeito das mudanças climáticas. Como é comum na história, vemos que as consequências positivas trazem consigo efeitos negativos, e estes devem ser corrigidos para melhorar a vida social. De forma a responder as questões que aparecem, tanto a academia quanto empresas têm se dedicado com muito empenho aos estudos que visam responder às crises de demanda energética que afetam as diferentes sociedades. Já está claro que esta questão é interdependente de muitas outras, como econômicas, políticas e sociais. Imbuídos dessa ideia, este livro cumpre o papel de contribuir com o debate posto.

Este trabalho, portanto, é o esforço conjunto de pesquisadores e diferentes agentes do setor de energia fotovoltaica (ESFV) no Brasil e pretende cumprir a função de abordar os temas apresentandos e as principais discussões desta agenda. São essas questões que veremos nos capítulos a seguir.

A parte 1, intitulada *Inovação, ciência e tecnologia da energia fotovoltaica no Brasil – o que já temos e o que teremos*, traz discussões relevantes a respeito das tecnologias da energia fotovoltaica. O capítulo 1 trata dos principais usos da ESFV, o capítulo 2 discute questões referentes à Solarimetria e o capítulo 3 discute o estado da arte de painéis solares. Finalmente, o capítulo 4 sintetiza as principais discussões atuais sobre armazenamento desse tipo de energia.

A parte 2, *Energia fotovoltaica no Brasil: impactos ambientais, socioeconômicos, regulatório*, traz um panorama interessante sobre esse debate no Brasil, dividindo-se da seguinte forma: os capítulos 5 e 6 discutem os impactos ambientais da energia solar fotovoltaica, chamando a atenção para o uso de tecnologias como o Silício e filmes finos. No capítulo 7, o trabalho se desdobra em duas frentes, a primeira analisa a evolução dos indicadores socioeconômicos dos municípios que estão ao redor das usinas de geração centralizada no Brasil, e a segunda desenvolve um estudo de caso para explicar os processos decisórios locais que foram influentes e decisivos na construção das políticas de ESFV no Brasil. O capítulo 8 analisa, a partir de entrevistas com diferentes atores estratégicos da cadeia produtiva e do estudo da literatura do tema, alguns impactos sociais na geração distribuída no Brasil. Os capítulos 9, 10 e 11 se dedicam a desenvolver um panorama sobre questões regulatórias e econômicas no âmbito da geração centralizada, distribuída e dos sistemas isolados no Brasil. Finalmente, o capítulo 12 concentra seu foco em informações sobre as principais regulações de diversos países a respeito da ESFV.

A última parte, cujo título é *Encadeamento produtivo da energia fotovoltaica no Brasil* fecha este trabalho de pesquisa trazendo questões fundamentais sobre a cadeia produtiva da ESFV no Brasil. O capítulo 13 traz, de maneira inédita, um mapa do encadeamento produtivo deste setor com os principais atores envolvidos. Por fim, é abordada a questão dos requisitos técnicos com recomendações de inovações ao longo do encadeamento produtivo.

O sol vai voltar amanhã: um espectro de análises sobre a energia fotovoltaica, portanto, uma coletânea e um esforço de diferentes pesquisadores para contribuir e qualificar o debate promissor sobre a ESFV no Brasil.

Eloi Fernández y Fernández

Luis Fernando Mendonça Frutuoso

INOVAÇÃO, CIÊNCIA E TECNOLOGIA DA ENERGIA FOTOVOLTAICA NO BRASIL

O QUE JÁ TEMOS E O QUE TEREMOS

CAPÍTULO 1
PRINCIPAIS USOS DA ENERGIA SOLAR FOTOVOLTAICA

Adriana Barbosa, Anna Carolina Sermarini e Vinicius Machado

1 INTRODUÇÃO

De acordo com os dados de fevereiro de 2020 da ANEEL, o Brasil possui 2,19 GW de capacidade instalada em ESFV somente para GD. Esses valores reforçam a influência dessa energia alternativa no mercado brasileiro energético.

Ultimamente, muitas pessoas têm optado por investir em seus próprios sistemas de abastecimento de energia para reduzir seus gastos com conta de luz, ou para locais com instabilidade ou sem acesso à energia. Alguns motivos para incentivar a instalação de sistemas FVs são listados abaixo (SOLAR BRASIL, 2020):

a. Energia renovável, essencialmente infinita e inesgotável para geração de eletricidade;

b. Instalações em próprias residências, reduzindo as contas mensais com energia elétrica;

c. O Brasil apresenta ótimas condições de incidência solar;

d. Vida útil dos módulos solares de silício com mais de 20 anos;

e. Alta durabilidade e segurança;

f. Fácil instalação e necessita de pouca manutenção;

g. Evita a emissão de gases poluentes para a atmosfera durante seu uso;

h. Possibilidade de implementação em locais distantes através de SISOL e autônomos, sem conexão com a rede convencional de abastecimento;

i. Possibilidades quanto à confiabilidade do acesso à rede elétrica;

j. Valorização no mercado imobiliário para imóveis e propriedades que investem na geração de energia renovável;

k. Novo mercado de trabalho, empregabilidade e especializações.

Uma vez listados a importância e alguns motivos que justificam o uso dessa fonte de energia limpa, este documento objetiva relatar os principais usos atuais de ESFV.

2 PRINCIPAIS USOS DA ENERGIA SOLAR FOTOVOLTAICA

2.1 GERAÇÃO DA ENERGIA ELÉTRICA

De maneira simplificada, a energia solar pode ser convertida em eletricidade de duas maneiras: através do efeito FV ou através da concentração da energia solar. A concentração de energia solar através de espelhos consiste em aquecer um fluido de trabalho para produzir vapor a elevadas temperaturas (150 a 1000 °C). O vapor é utilizado para mover turbinas conectadas a geradores elétricos. São os chamados sistemas CSP, que podem ser do tipo parabólico, refletor Fresnel, espelho/*Stirling* ou torre termossolar (ABINEE, 2012).

A outra maneira, que é o objeto de estudo do presente trabalho, se baseia em células feitas com material semicondutor, que ao ser exposto à luz (fótons) produz corrente elétrica. Existem diversas aplicações da ESFV, sendo que as principais utilizações estão descritas a seguir. Com a difusão da GD no Brasil, essa aplicação está cada vez mais comum no país e será abordada mais à frente.

2.1.1 GERAÇÃO CENTRALIZADA

A GC de ESFV é composta por usinas de grande porte de uma fonte renovável de geração de energia elétrica com alto valor agregado à sociedade brasileira. Segundo a ABSOLAR, atualmente o Brasil possui mais de 2.000 MW de usinas de GC de ESFV em operação, o que representa mais de dez bilhões de reais em investimentos privados desde 2014 (ABSOLAR[1], 2020).

A seguir são apresentados os dois tipos de usina solar: a tradicional com painéis em terra e a mais recente com painéis flutuantes.

2.1.1.1 Usina Solar Fotovoltaica

A usina solar (ou parque solar) é um sistema FV de grande porte projetado para a produção de energia elétrica. As usinas de energia solar se diferenciam dos sistemas FVs residenciais e industriais, pois fornecem energia em alta tensão para distribuição e não para autoconsumo.

A maioria das usinas de energia solar no mundo são construídas sobre o solo. Elas são na sua maioria fixas, mas também podem ser construídas com os chamados "trackers", seguidores solares que acompanham o movimento do sol.

A maior usina de energia solar da América Latina está localizada em Pirapora, Minas Gerais, Brasil. O conjunto tem capacidade de 321 MW, podendo atender cerca de 400 mil casas durante um ano. O terreno tem um tamanho equivalente a 1.500 campos de futebol, com mais de um milhão de painéis solares.

Este projeto foi realizado pelas empresas Solatio e Canadian Solar, localizadas em São Paulo, e foi responsável pelo fornecimento de 1,2 milhão de painéis FVs presentes nesta usina (G1[1], 2020).

2.1.1.2 Usina Solar Flutuante

A usina solar flutuante funciona semelhante aos painéis solares das usinas descritas anteriormente, porém, não são instalados sobre os solos, mas sim montados sobre águas como as das represas das usinas hidrelétricas, a fim de aproveitar a linha de transmissão existente que leva a energia para as cidades.

Os principais projetos em desenvolvimento com usinas solares flutuantes estão na hidrelétrica de Balbina, localizada em Presidente Figueiredo, Amazônia. Esta hidrelétrica tem capacidade de geração de energia igual a 250 MW, porém, em razão das secas, o baixo nível do reservatório entrega menos da metade desta energia, o que fortalece a escolha para investimento em energia solar (PORTALSOLAR[1], 2020).

Outro projeto de usina solar flutuante, que já está em operação, fica na hidrelétrica de Sobradinho, na Bahia, estabelecido por meio de uma parceria entre a concessionária de energia Eletronorte e a CHESF, no final do ano de 2019. Esta usina contém 3.792 módulos FVs instalados em uma área de 11 mil m^2 e uma potência de geração de um MW (PORTALSOLAR[2], 2020).

Há também a idealização de projeto na hidrelétrica de Porto Primavera em São Paulo, cujo plano foi iniciado em 2014 e consiste em duas plantas com módulos rígidos de 250 kW em terra e 25 kW flutuante, além de outras duas plantas com módulos flexíveis também com 250 kW em terra e 25 kW flutuante (PARANOA, 2020).

Das vantagens que parecem apresentar, está o fato de os módulos sobre a água gerarem mais energia que em solo pelo fato de os módulos de silício perderem sua eficiência com calor – com a evaporação das águas a temperatura na parte de trás dos módulos tende a diminuir. Quanto às desvantagens estão os altos custos associados, principalmente com os flutuadores e com a manutenção.

É importante ressaltar que para se investir em projetos desse tipo são necessários estudos de impactos ambientais específicos já que os painéis flutuantes podem alterar a biodiversidade local.

2.1.2 GERAÇÃO DISTRIBUÍDA

Segundo o artigo 14º do Decreto Lei nº 5.163/2004, atualizado pelo decreto 786/2017, o termo GD é definido como uma fonte de energia elétrica conectada diretamente à rede de distribuição ou situada no próprio consumidor, sendo essas fontes de energia sustentáveis como a energia solar, eólica e PCHs.

O cenário de crescimento da GD no Brasil é positivo. Segundo a ANEEL, 1,23 milhão de sistemas será conectado à rede até 2024, totalizando 4.557 MW. Já a EPE aposta que até 2050 serão instalados 78 GW em sistemas de GD, destacando-se a microgeração residencial com 33 GW, seguida da industrial com 29 GW, depois comercial com 13 GW e, por último, o poder público com 3 GW (PEREIRA, 2020).

Um exemplo da utilização mais recente de GD no Brasil é a instalação de painéis FVs em casas, conforme pode ser observado em <https://www.portalsolar.com.br/o-que-e-geracao-distribuida.html>. A maior vantagem na visão dos consumidores é a redução de suas contas de energia. Além das residenciais, existem ainda as aplicações comerciais, rurais e industriais.

2.2 COMUNIDADES SEM ACESSO À ENERGIA ELÉTRICA

De acordo com os dados divulgados pelo Banco Mundial em maio de 2019, mais de 10% da população mundial não tem acesso à energia elétrica – aproximadamente 840 milhões de pessoas, com destaque para a região da África Subsaariana (G1[2], 2020).

No Brasil, segundo dados do IEMA, mais de 990 mil brasileiros vivem sem acesso ao serviço público de energia elétrica na Amazônia Legal, ou seja, os estados que possuem vegetação amazônica: Acre, Amapá, Amazonas, Mato Grosso, Pará, Rondônia, Roraima, Tocantins e parte do Maranhão (REVISTA GALILEU, 2020).

Existem inúmeros projetos sociais com objetivo de levar energia elétrica a comunidades sem acesso. Um exemplo é o projeto da ONG Pisco de Luz, do fundador e idealizador André Viégas. Este projeto se baseia na criação de um sistema de ESFV de baixo custo a ser implementado nas casas, cujo sistema é composto por uma placa solar de 10 W, uma bateria de lítio de 8 W, um módulo central capaz de controlar até sete ambientes, 14 luminárias de lâmpadas LED de 12 V, oito interruptores com sinalização e dezenas de cabos para conexão ao módulo central (PISCO DE LUZ, 2020).

2.3 BOMBEAMENTO DE ÁGUA

O bombeamento de água por sistemas FVs é uma das mais nobres aplicações da energia solar uma vez que se constitui como uma forma eficaz e confiável de abastecimento de regiões longínquas. Existem algumas aplicações de sistemas FVs para o bombeamento de água como irrigação, abastecimento residencial e pecuária (Sá, 2010).

2.3.1 IRRIGAÇÃO

Esta técnica consiste em bombear a água de um reservatório diretamente para o campo a ser irrigado. É uma possibilidade bem viável para o desenvolvimento da agricultura, já que muitas plantações se encontram em zonas remotas e que, muitas vezes, não são atendidas pela rede de distribuição de energia elétrica.

Na produção rural, um dos custos mais altos com energia elétrica é proveniente da irrigação e o bombeamento de água com a ESFV tem se mostrado um aliado importante na redução dos custos do agronegócio.

2.3.2 ABASTECIMENTO RESIDENCIAL

A utilização de ESFV para o abastecimento residencial é um dos usos mais difundidos e viáveis, principalmente para países como o Brasil. O sistema serve para atender uma residência individual ou uma pequena comunidade.

Uma das vantagens interessantes desta utilização é que não é necessário sistema de armazenamento de energia, já que a água bombeada pode ser estocada em reservatórios e depois utilizada. Além disso, em comunidades isoladas ou com acesso restrito à rede de abastecimento de água é uma possibilidade interessante e sem necessidade de novas tecnologias para os projetos.

2.3.3 PECUÁRIA

A utilização de bombeamento de água para dessedentação de animais é comum em áreas rurais. A água é bombeada para os bebedouros e consumida no pasto. É composta por um sistema FV sem armazenamento de energia e surge como uma alternativa para a expansão da pecuária.

O sistema de bombeamento de água já é uma utilização da ESFV difundida no campo. Rodrigo Sauaia, presidente executivo da ABSOLAR, acredita haver ainda diversas possibilidades de aplicação da energia solar para geração de energia elétrica a ser utilizada pelo produtor rural:

a. Processo produtivo no campo;

b. Refrigeração;

c. Câmeras de monitoramento (segurança da propriedade);

d. Cerca elétrica para manejo animal;

e. Tanques de aeração para a criação de peixes.

2.4 MOBILIDADE

2.4.1 BARCOS SOLARES

Até o presente momento, foram encontrados dois exemplos de usos de barcos movidos à energia solar. O primeiro é um projeto da UFSC chamado BARCO AMAZÔNIA. As principais funções são o transporte escolar e atividades produtivas na Amazônia. Este barco tem capacidade para vinte pessoas e dois tripulantes, cuja potência do sistema FV é de 4,4 kW.

O outro projeto de barcos movidos à energia solar é o Desafio Solar Brasil. Este evento foi inspirado na competição Frisian *Solar Challenge*, a qual acontece a cada dois anos na Holanda, com embarcações solares num percurso de 220 km de canais das onze cidades da região de Frísia, no norte do país.

O Desafio Solar Brasil é uma realização do NIDES/UFRJ, em parceria com o LAFAE da UFRJ e com o departamento de engenharia mecânica da UFRJ/Macaé. Como principais objetivos desse evento estão o desenvolvimento da tecnologia, popularização da cultura marítima e de fontes alternativas de energia (DESAFIO SOLAR, 2020).

2.4.2 CARROS ELÉTRICOS

O Twizy é um modelo de carro elétrico desenvolvido pela Renault, com espaço para duas pessoas e velocidade máxima de 80 km/h. Chegou ao Brasil a partir de um projeto entre Renault e Itaipu com seu Parque Tecnológico, além da parceria com a UFSC.

A bateria do Twizy é carregada 100% com eletricidade solar gerada nos telhados e estacionamentos do laboratório de Pesquisa e Capacitação em Energia Solar da UFSC. Segundo os pesquisadores, a energia gerada por área de placas FVs para alimentar a bateria deste carro elétrico equivale ao espaço ocupado pelo veículo estacionado.

Com a tendência de a indústria automobilística internacional aumentar a frota e produção de veículos elétricos baseados em fontes renováveis e tecnologia sustentável, cria-se um ambiente para novos negócios relacionados a postos de recarga de veículos elétricos com ESFV.

2.4.3 ÔNIBUS ELÉTRICOS

Um exemplo de ônibus elétrico alimentado por energia solar é um projeto da UFSC coordenado pelo Prof. Ricardo Rüther, inaugurado em 2016. A energia fornecida a esses ônibus é gerada nas coberturas do Centro de Pesquisa e Capacitação em Energia Solar no Sapiens Parque, no norte da ilha de Santa Catarina, Florianópolis.

Este ônibus realiza o trajeto entre o Campus Trindade e o Sapiens Parque desde março de 2017. Além de prestar um serviço de deslocamento, dentro dele existe um ambiente de trabalho, com poltronas confortáveis, duas mesas de reunião, tomadas 220 V e USB, ar-condicionado e *wi-fi* UFSC. Realizando cinco viagens por dia (52 km por viagem do Sapiens Parque à UFSC e retorno, cerca de 5 mil km/mês), estes serviços são regulares e gratuitos.

2.5 BIPV

BIPV é a sigla para o termo em inglês *Building Integrated Photovoltaic System*, ou seja, são sistemas que incluem módulos FVs que fazem parte das estruturas e substituem parte de materiais de construção convencionais, como os usados em fachadas, telhados, estruturas de sombreamentos, e apresentam uma variedade no design quanto à estética e à arquitetura (KINAB et al., 2014).

Esses módulos FVs integrados na construção já são empregados em diversas empresas pelo Brasil. Um exemplo de empresa que realiza essa atividade é a Sunew que já instalou essa tecnologia na TOTVS, Natura, bancos, entre outros.

A tecnologia de filmes finos é a mais empregada em BIPV justamente pela flexibilidade e espessura dos módulos. Porém, baixas eficiências de conversão são conseguidas restringindo esse uso a vantagens arquitetônicas.

2.6 SATÉLITES

Outro uso difundido de ESFV é em satélites. O primeiro satélite movido à energia solar foi o norte-americano Vanguard I, lançado em 1958. Seu sistema era capaz de produzir 0,1 watt e funcionou durante oito anos. Os outros foram o satélite Explorer III e o satélite russo Sputnik 3. Esses exemplos de satélites serviram para estabelecer a confiabilidade do uso de células solares em órbita. Atualmente, a maioria dos satélites em órbita em torno da Terra têm painéis solares gerando vários milhares de watts de potência (VEISSID et al., 2012).

O Brasil em parceria com a China desenvolveu um projeto de produção de painéis solares para o terceiro satélite de observação da Terra, o CBERS-3.

A empresa brasileira que desenvolve essa atividade é a Orbital Engenharia, localizada em São José dos Campos, São Paulo. Segundo o próprio executivo da empresa, Célio Vaz, atualmente, a Orbital é a única companhia brasileira que detém todas as fases de desenvolvimento, fabricação, montagem, integração e testes de um painel solar espacial.

Os módulos FVs deste satélite captam a energia do Sol, convertendo uma parte em eletricidade, que alimenta os equipamentos de bordo e a outra recarrega as baterias para utilização enquanto o satélite está na sombra da Terra.

Um destaque é a tecnologia empregada nesses painéis solares para satélites, as chamadas Multijunção usando semicondutores III – V, sendo que sua eficiência já atingiu de 47,1 ± 2,6% (GREEN et al., 2019) (em laboratório e com uso de concentradores), o maior rendimento das tecnologias já estudadas nessa área, porém, apresentam, por enquanto, elevado custo.

2.7 DIVERSOS

2.7.1 CINEMA SOLAR

Projeto criado em 2013, o Cinesolar é uma estação móvel de arte, sustentabilidade, cinema e cultura. Considerado o primeiro cinema itinerante no Brasil, já realizou mais de 730 sessões.

O Cinesolar é composto por duas vans equipadas com placas solares. Uma bateria que armazena a energia gerada durante o dia pelos módulos. No interior das vans existem inúmeros monitores que mostram a quantidade de energia produzida, além de explicações sobre a ESFV com animações.

A primeira unidade do Cinesolar contém uma cabine de DJ com sistema de som para acompanhar as atividades. Já a segunda unidade, Cinesolar Tupã, apresenta um estúdio de TV.

2.7.2 ÁRVORE SOLAR

Na edição do evento Rock in Rio 2017, cinco postes no formato de árvores foram instalados para recarga USB de no máximo dez aparelhos por vez. Estas árvores solares, também chamadas de OPTrees, estão instaladas permanentemente na frente do Museu do Amanhã, no Rio de Janeiro.

Essas árvores foram desenvolvidas pela Sunew, e, além de funcionarem como estações de recarga, também protegem as pessoas do sol e servem como descanso do público entre as apresentações musicais, com a presença de bancos.

As OPTrees são constituídas pela tecnologia FV dos filmes orgânicos poliméricos (OPV). Nas folhas da árvore artificial existe um filme orgânico FV que capta a energia solar, sendo armazenada em uma bateria, cuja carga é passada aos aparelhos conectados.

2.7.3 ESTÁDIOS COM ENERGIA SOLAR

Alguns estádios de futebol brasileiros contêm instalações FVs. Como exemplos, destacam-se os estádios: Maracanã, no Rio de Janeiro; Mineirão, em Belo Horizonte; Beira-Rio, em Porto Alegre; Pituaçu e Arena Fonte Nova, em Salvador; Arena Pernambuco, em Recife; e Arena Manaus, em Manaus.

A maioria desses estádios apresentam módulos solares com a tecnologia de a-Si e c-Si, e os estádios do Maracanã e Mineirão também têm módulos com a tecnologia a-Si.

O estádio do Mineirão, em Belo Horizonte, possui sistema FV e foi um dos primeiros a entrar em operação no Brasil com uma potência de 1,42 MWp. Seu sistema é composto por cerca de 6 mil painéis FVs, e toda a energia gerada é injetada na rede de distribuição da CEMIG para ser comercializada. A geração de energia elétrica no Mineirão é capaz de suprir cerca de 900 residências anualmente.

2.7.4 ALIMENTAÇÃO DE SISTEMAS ELETRÔNICOS

O projeto entre a Transportadora Americana (TA) e a empresa Sunew para testar uma nova tecnologia solar se baseia em envelopamento de semirreboques de caminhões (TA) com filmes orgânicos poliméricos para geração de energia a partir da fonte solar que, depois de armazenada, pode alimentar sistemas como GPS, freios ABS ou sistema de exaustão de forma autônoma e independente.

Além disso, trouxe mais segurança para funções como cofre com fechadura eletrônica, rastreamento de carga e reduz o aumento de temperatura no baú para transporte de produtos sensíveis como alimentos e medicamentos (FUTURE TRANSPORT, 2020).

2.7.5 BOIAS FLUTUANTES

As boias flutuantes, boias de dados ou boias inteligentes são instrumentos para obtenção de informações meteorológicas, oceanográficas e de balizamento. Os principais dados coletados são observações de impactos de atividade humana na costa e vigilância. O uso de energias renováveis como a ESFV permite o aumento da autonomia desses equipamentos e redução com manutenção. Os controladores de carga são híbridos, adequados para a energia eólica (40 A) e para a energia solar (20 A).

3 CONCLUSÕES

A ESFV apresenta números de crescimento vertiginosos e representa uma boa opção de energia limpa e renovável. Os diversos usos atuais, apresentados ao longo do capítulo, reforçam as possibilidades de utilização dessa fonte desde a conversão em energia elétrica à utilização em satélites espaciais.

Com o desenvolvimento das tecnologias de conversão, aumento da durabilidade e redução de custo e aumento do desempenho de baterias, essa fonte de energia tende a ser disseminada no país e alcançará cada vez mais pessoas que poderão ter reduções da conta de energia nas suas residências ou, até mesmo, possibilitar àquelas que vivem em comunidades remotas, terem acesso à eletricidade.

REFERÊNCIAS BIBLIOGRÁFICAS

ABINEE. "Propostas para Inserção da Energia Solar Fotovoltaica na Matriz Elétrica Brasileira". Associação Brasileira da Indústria Elétrica e Eletrônica, 2012.

ABSOLAR[1]. Disponível em: <http://www.absolar.org.br/infografico-absolar-.html>. Acesso em: 14 jan. 2020.

ABSOLAR[2]. Disponível em: <http://www.absolar.org.br/noticia/artigos-da-absolar/perspectivas-para-a-geracao-centralizada-solar-fotovoltaica-no-brasil.html>. Acesso em: 18 jan. 2020.

BRAGA, R. P. *Energia solar fotovoltaica*: fundamentos e aplicações. Rio de Janeiro: Escola Politécnica da Universidade Federal do Rio de janeiro. Rio de Janeiro, 2008.

CICLOVIVO. Disponível em: <http://ciclovivo.com.br/planeta/desenvolvimento/sp-tem-a-primeira-usina-solar-flutuante-do-brasil/>. Acesso em: 17 jan. 2020.

CINESOLAR. Disponível em: <http://www.cinesolar.com.br/#home>. Acesso em: 14 jan. 2020.

CULTURAMIX. Disponível em: <https://tecnologia.culturamix.com/dicas/como-e-feita-a-previsao-do-tempo>. Acesso em 17 jan. 2020.

DESAFIOSOLAR. Disponível em: <https://desafiosolar.org/>. Acesso em: 17 jan. 2020.

E3SSOLAR. Disponível em: <http://www.e3ssolar.com.br/projeto-de-lei-torna-utilizacao-de-energia-renovavel-em-irrigacao-publica-obrigatoria/>. Acesso em: 28 ago. 2019.

EXAME. Disponível em: <https://exame.abril.com.br/tecnologia/rock-in-rio-tera-arvores-de-energia-solar-para-recarregar-celular/>. Acesso em: 14 jan. 2020.

FOLHA DO LEITE. Disponível em: <http://www.ccprleite.com.br/br/p/147/energia-solar-fotovoltaica-e-os-beneficios-para-as-propriedades-rurais.aspx>. Acesso em: 26 ago. 2019.

FOTOVOLTAICA UFSC. Disponível em: <http://fotovoltaica.ufsc.br/sistemas/fotov/>. Acesso em: 17 jan. 2020.

FUTURE TRANSPORT. Disponível em: <https://futuretransport.com.br/transportadora-americana-testa-semirreboque-alimentado-por-energia-solar>. Acesso em: 14 jan. 2020.

G1[1]. Disponível em: <https://g1.globo.com/economia/negocios/noticia/usina-de-energia-solar-de-pirapora-inicia-producao-conheca.ghtml>. Acesso em: 18 jan. 2020.

G1[2]. Disponível em: <https://g1.globo.com/economia/noticia/2019/05/22/mais-de-800-milhoes-de-pessoas-no-mundo-nao-tem-acesso-a-energia-eletrica-diz-banco-mundial.ghtml>. Acesso em: 17 jan. 2020.

GREEN BRAS. Disponível em: http://greenbras.com/energia-solar/energia-fotovoltaica-no-brasil/a-energia-solar-nos-estadios-brasileiros/>. Acesso em: 10 fev. 2020.

GREEN, M. A. et al. *Solarcell efficiency tables* (version 54) Progress in Photovoltaics, 27 v., p. 565–575, maio 2019.

INVESTESP. Disponível em: <https://www.investe.sp.gov.br/noticia/orbital-produz-no-pais-painel-solar-para-satelites/>. Acesso em: 17 jan. 2020.

KINAB, E.; SALEM, T.; MERHY, G. "BIPV Building Integrated Photovoltaic Systems in Mediterranean Climate". *Renewable Energy for Developing Countries*. Beirut, Lebanon, 2004.

ORBITA. Disponível em: <https://www.orbita.zenite.nu/um-triste-final-para-o-cbers-3/>. Acesso em: 17 jan. 2020.

PARANOA ENERGIA. Disponível em: <https://www.paranoaenergia.com.br/noticias/2017/06/12/4265/>. Acesso em:17 jan. 2020.

PEREIRA, R. Disponível em: <https://www.portalsolar.com.br/o-que-e-geracao-distribuida.html>. Acesso em: 17 jan. 2020.

PISCO DE LUZ. Disponível em: <https://piscodeluz.org/>. Acesso em: 17 jan. 2020.

PORTAL SOLAR1. Disponível em: <https://www.portalsolar.com.br/blog-solar/energia-solar/conheca-a-usina-solar-flutuante-do-brasil.html>. Acesso em: 17 jan. 2020.

PORTAL SOLAR2. Disponível em: <https://www.portalsolar.com.br/blog-solar/energia-solar/brasil-ganha-primeira-usina-solar-flutuante-no-reservatorio-de-sobradinho-ba.html>. Acesso em: 17 jan. 2020.

PORTAL SOLAR3. Disponível em: <https://www.portalsolar.com.br/como-funciona-energia-solar.html>. Acesso em: 17jan. 2020.

REVISTA GALILEU. Disponível em: <https://revistagalileu.globo.com/Tecnologia/noticia/2019/11/mais-de-990-mil-pessoas-vivem-sem-energia-eletrica-na-regiao-amazonica.html>. Acesso em: 17 jan. 2020.

SÁ, D. A. *Sistemas fotovoltaicos para bombeamento de água*. Escola Politécnica da Universidade Federal do Rio de Janeiro. Rio de Janeiro, 2010.

SOLAR BRASIL. Disponível em: <https://www.solarbrasil.com.br/blog/20-motivos-para-implantar-a-energia-solar-fotovoltaica-no-brasil/>. Acesso em: 17 jan. 2020.

VEISSID, N.; BARUEL, M. F. *Energia Solar e Sua Aplicação em Satélites*. Série especializando – SindCT. São José dos Campos, SP, 2012.

CAPÍTULO 2
SOLARIMETRIA

André de Oliveira e Marco Antonio Haikal Leite

1 INTRODUÇÃO

A demanda energética está em constante expansão e a ESFV também tem acompanhado este crescimento, ampliando assim sua participação no setor energético (PEREIRA et al., 2017). Para a implantação de um sistema FV, é de grande importância saber como o recurso solar se comporta em um determinado local ao longo do ano e sua variabilidade no tempo (TIBA, 2000). No Brasil, o recurso solar é de alta qualidade, fator esse que favorece a instalação de sistemas FVs (TIBA, 2000). Para escolher um local adequado para um empreendimento com energia solar, é importante analisar diversos fatores, tais como o impacto visual gerado com a implantação, a necessidade de se construir infraestruturas adicionais ao sistema interno, a interligação à rede, o uso do solo, dentre outras (AZEVÊDO, 2016). Dentre esses fatores há também a análise da radiação solar disponível para utilização, foco principal deste texto.

Como já mencionado, a radiação solar é um elemento fundamental para a análise do local escolhido para a implantação de um empreendimento FV. Para obter a irradiação, irradiância e, posteriormente, às análises do seu comportamento para um determinado local ao longo do tempo, são feitas medições dos dados solarimétricos do local (ESPINAR et al., 2008). A irradiância é a medida de fluxo energético por unidade de superfície, enquanto a irradiação é a integração da irradiância durante um intervalo de tempo (PINHO et al., 2014). Esses parâmetros são obtidos através de medições com instrumentos conhecidos como piranômetro e piroheliômetro. Essas medições são utilizadas para a análise solarimétrica da região.

As incertezas nas medições de irradiância solar e nas estimativas de modelos precisam ser consideradas para previsões e avaliações do recurso solar, visando ao projeto e desempenho em aplicações de ESFV.

Estes dados formam a base para a elaboração e a validação de previsões do recurso solar. As incertezas em dados de modelos de irradiância solar dependem da metodologia e dos próprios dados disponíveis, mas não podem ser menores que as incertezas nos dados utilizados para o desenvolvimento e a validação dos modelos de irradiância solar (KLEISSEL, 2013). A Tabela 1 mostra estimativas de incertezas de medições de piroheliômetros e piranômetros disponíveis comercialmente. Estas estimativas estão baseadas em instalação, operação e manutenção (incluindo calibração anual) adequadas.

Tabela 1 – Incertezas dos instrumentos de medição

Fonte de Incerteza	Piroheliômetro tipo termopilha [%]	Piranômetro tipo termopilha [%]	Piranômetro tipo fotodiodo[a] [%]
Calibração[b]	2,0	3,0	5
Resposta zênite[c]	0,5	2,0	1,0
Resposta azimute	0	1,0	1,0
Resposta espectral[d]	1,5	1,0	5,0
Não linearidade	0,5	0,5	1,0
Resposta temperatura	1,0	1,0	1,0
Aquisição de dados	0,1	0,1	0,1
Envelhecimento (por ano)	0,1	0,2	0,5
Incerteza total (somada quadraticamente)	±2,8	±4,0	±7,6

Notas:
Incertezas de medição expandidas para fator de cobertura (k) igual a 1,96 para intervalo de confiança de 95%.
***a** – sem correções aplicadas para variações de resposta devidas à temperatura, distribuições do espectro solar da irradiância etc.*
***b** – inclui offset térmico/resposta angular para variação de – zênite solar de 30° a 60°.*
***c** – inclui offset térmico/resposta angular para variação de – zênite solar de 0° a 30° e de 60° a 90°.*
***d** – inclui transmitância de domo, difusor ou janela e respostas do detector.*
Fonte: *Adaptado de KLEISSEL (2013)*

Historicamente, os dados de radiação solar são registrados com o total de irradiação de um dia e em médias mensais (PINHO et al., 2014). No entanto, é possível armazenar dados de irradiação em qualquer base temporal desde que dados suficientes estejam disponíveis. A medição dos níveis de irradiação pode ser feita no local, a partir de estações meteorológicas ou pode ser obtida através de leituras de informações provenientes de satélites, que medem a irradiação no topo da atmosfera (ESPINAR et al., 2008). A radiação que incide na superfície é afetada por fatores atmosféricos, como a emissão de poluentes, variação da nebulosidade e aerossóis (KLEISSEL, 2013), (PINHO et al., 2014). Assim, nas medições feitas por satélites é aplicado um modelo de aproximação.

Existe uma infinidade de modelos, como, por exemplo, os modelos semiempíricos SUNY/SolarAnywhere, os modelos físicos de um passo Möser&Raschke e Pinker&Lazlo e os modelos físicos de dois passos HELIOSAT-2, SOLIS, SMARTS, DISORT e MODTRAN (KLEISSEL, 2013). Essas análises de irradiação solar são feitas a partir de uma base de dados, geralmente obtida através de informações de satélites. Entretanto, esse modelo de aproximação dos valores de irradiação não corresponde exatamente ao valor da irradiação medido em uma estação meteorológica, o que gera uma incerteza sobre esses dados e, apesar de já existir modelos bem confiáveis, o ideal é conseguir medições reais no ambiente (PINHO et al., 2014).

O objetivo desse trabalho é obter dados de estações meteorológicas para um conjunto de locais e compará-los com dados de satélites para as mesmas localidades e então analisar as eventuais diferenças observadas, oriundas dessa incerteza, de modo que se possa avaliar seu reflexo nos riscos da decisão de implantar um sistema de geração FV.

2 METODOLOGIA

A análise referida anteriormente será feita com cinco cenários distintos de medições. O primeiro deles é referente aos dados de estações meteorológicas e os quatro subsequentes serão de medições via satélite. A análise será feita avaliando as informações de irradiação média mensal (em kWh/m^2.dia) de cada mês através de uma série histórica, que corresponde ao período de tempo em que os dados são coletados para a formação da média mensal de irradiação (que varia de acordo com cada cenário), considerando duas configurações para os quatro cenários de medições via satélite: uma com o ângulo de inclinação dos painéis solares no plano horizontal (ângulo igual a 0°) e outro com o ângulo igual ao da latitude do local, pois essa configuração representa o fluxo de radiação direta máximo (FREIRE, 2013).

2.1 PESQUISA DE DADOS DE ESTAÇÕES METEOROLÓGICAS

Na busca por informações de estações meteorológicas, chegou-se inicialmente aos dados do INMET, que possui um conjunto amplo de estações meteorológicas com potencial para medição de parâmetros meteorológicos, tais como pressão, umidade, radiação e temperatura (INMET, 2019). No entanto, foi observado que estes dados não poderão ser utilizados para as análises, em razão de suas medições não estarem disponibilizadas para produzir uma série histórica, uma vez que o sistema permite somente a visualização dos dados dos últimos 365 dias e também pelo fato de somente estarem apresentados dados brutos, apresentando muita inconsistência, conforme ilustra a Figura 1.

Figura 1 – Tela do sistema do INMET

www.inmet.gov.br/sonabra/pg_dspDadosCodigo_sim.php?QTYzMA==

Consulta Dados da Estação Automática: Santa Maria Madalena (RJ) **Fechar**

Observação: Estes são dados brutos e sem consistência com o único objetivo de deixá-los disponíveis de forma imediata.

Data Inicial: **01/01/2019** Data Final: **26/11/2019** Nova Pesquisa Download de Dados

Data	Hora	Temperatura (°C)			Umidade (%)			Pto. Orvalho (°C)			Pressão (hPa)			Vento (m/s)			Radiação	Chuva
	UTC	Inst.	Máx.	Mín.	Inst.	Máx.	Mín.	Inst.	Máx.	Mín.	Inst.	Máx.	Mín.	Vel.	Dir. (°)	Raj.	(kJ/m²)	(mm)
01/01/2019	00	21.9	22.7	21.4	91	93	84	20.4	20.5	19.9	949.8	949.8	949.3	0.0	289	[illegible]	-3.49	0.0
01/01/2019	01	21.0	21.9	20.8	95	95	91	20.3	20.3	19.9	950.2	950.2	949.8	0.0	276	[illegible]	-3.33	0.0
01/01/2019	02	20.6	21.3	20.6	95	95	94	19.9	20.4	19.9	950.1	950.2	950.1	0.0	257	[illegible]	-3.06	0.0
01/01/2019	03	19.9	20.6	19.9	97	97	95	19.4	20.0	19.3	949.6	950.1	949.6	0.0	227	[illegible]	-3.60	0.0
01/01/2019	04	19.4	20.0	19.4	97	97	97	18.9	19.5	18.9	949.4	949.6	949.4	0.0	222	[illegible]	-3.60	0.0
01/01/2019	05	19.0	19.5	19.0	97	97	97	18.5	19.0	18.5	949.2	949.4	949.2	0.0	254	[illegible]	-3.60	0.0
01/01/2019	06	18.6	19.1	18.6	97	97	97	18.2	18.7	18.2	949.6	949.6	949.2	0.0	251	[illegible]	-3.60	0.0
01/01/2019	07	18.4	18.6	18.3	97	97	97	17.9	18.2	17.9	949.8	949.9	949.6	0.0	219	[illegible]	-3.60	0.0
01/01/2019	08	18.3	18.4	18.2	97	97	97	17.9	18.0	17.8	950.6	950.6	949.8	0.0	270	1.1	-3.35	0.0
01/01/2019	09	18.6	18.7	18.2	98	98	97	18.2	18.3	17.8	951.3	951.3	950.6	0.0	217	[illegible]	49.71	0.0
01/01/2019	10	19.9	19.9	18.6	97	98	97	19.4	19.4	18.3	952.1	952.1	951.3	0.0	336	1.3	164.0	0.0
01/01/2019	11	23.8	23.8	19.9	76	97	75	19.4	20.7	18.9	952.3	952.3	952.1	1.4	282	4.8	1110.	0.0
01/01/2019	12	24.9	25.1	23.5	72	78	71	19.5	20.3	18.8	952.5	952.6	952.2	1.0	9	5.0	1648.	0.0
01/01/2019	13	26.6	26.8	24.6	67	76	65	19.9	21.1	19.2	952.5	952.6	952.4	1.6	6	6.0	2657.	0.0
01/01/2019	14	27.7	28.1	26.2	63	70	60	20.1	21.0	19.2	952.3	952.5	952.3	1.4	300	5.3	3728.	0.0
01/01/2019	15	27.5	29.2	26.8	63	69	60	19.9	22.7	19.4	952.2	952.4	952.2	1.8	14	[illegible]	2780.	0.0
01/01/2019	16	28.5	28.9	26.8	62	70	59	20.6	22.1	19.2	951.6	952.2	951.6	1.7	357	5.6	2589.	0.0
01/01/2019	17	28.9	30.0	27.9	58	66	56	20.0	21.9	19.3	950.9	951.6	950.9	1.5	291	[illegible]	3011.	0.0
01/01/2019	18	29.2	30.1	27.9	57	63	55	19.9	21.7	19.5	950.3	950.9	950.3	0.9	9	[illegible]	2201.	0.0
01/01/2019	19	30.5	30.6	29.1	57	60	54	21.1	21.7	19.2	949.8	950.3	949.8	0.8	12	[illegible]	2666.	0.0
01/01/2019	20	30.0	30.5	29.3	55	59	54	19.8	20.8	19.3	949.7	949.9	949.6	0.2	273	[illegible]	1655.	0.0
01/01/2019	21	25.3	29.9	25.3	77	77	55	21.0	21.4	19.8	950.5	950.5	949.7	0.0	301	[illegible]	396.3	0.0
01/01/2019	22	23.4	25.3	23.3	86	86	77	20.8	21.4	20.5	951.1	951.1	950.5	0.0	240	[illegible]	8.508	0.0
01/01/2019	23	24.5	24.7	23.1	83	87	82	21.4	21.5	20.4	951.6	951.6	951.0	0.1	204	[illegible]	-3.35	0.0
02/01/2019	00	23.7	24.6	23.0	89	91	83	21.8	21.8	21.1	952.4	952.4	951.6	0.2	239	[illegible]	-3.57	0.0
02/01/2019	01	23.7	24.9	23.5	87	89	81	21.4	21.8	21.3	952.6	953.1	952.4	0.0	270	[illegible]	-1.79	0.0
02/01/2019	02	22.3	23.7	22.3	93	93	87	21.2	21.5	21.2	952.2	952.6	952.2	0.0	209	[illegible]	-3.60	0.0
02/01/2019	03	21.6	22.3	21.6	96	96	93	20.8	21.3	20.8	951.5	952.2	951.5	0.0	277	1.1	-3.57	0.0
02/01/2019	04	21.4	21.6	21.4	96	96	95	20.7	20.8	20.7	950.8	951.5	950.8	0.0	288	0.0	-3.3[illegible]	0.0

Fonte: *Adaptado do INMET (2019)*

A referida consulta foi feita em novembro de 2019, quando constavam tais informações. No entanto, em um acesso ao novo portal do INMET, sob o endereço https://portal.inmet.gov.br, em setembro de 2020, os dados agora, quando disponíveis, apresentam consistência adequada.

Uma vez descartadas as informações do INMET, foi localizada e analisada uma segunda base de dados de estações meteorológicas, a base SONDA, do INPE, que conta com vinte estações, das quais uma parcela é composta por estações solarimétricas e outra por estações anemométricas, fornecendo dados de radiação medidos em intervalos de um minuto (SONDA, 2019). Contudo, essa base também não foi utilizada, pois nem todas as estações disponibilizavam os dados necessários para este trabalho, restando somente um conjunto pequeno e insuficiente de estações para serem avaliadas.

Em uma nova busca por informações de estações meteorológicas, chegou-se ao SINDA do INPE. O SINDA conta com um grande conjunto de PCDs, que são estações ambientais, que medem dados de temperatura, pressão, direção e velocidade dos ventos, umidade, radiação, dentre outros, instaladas em diversas regiões no território brasileiro, utilizadas para a previsão do tempo e estudos sobre o clima (SINDA, 2019).

Os dados fornecidos por essas estações estão disponíveis para consultas de forma imediata. No entanto, as consultas estão restritas a períodos de, no máximo, 365 dias, de modo que, para compor um conjunto maior de dados, deve-se agrupar os dados com buscas em diferentes períodos. A Figura 2 mostra a tela de aquisição de dados no SINDA para a estação 32531, localizada na região de Taubaté, em São Paulo.

Figura 2 – Visão da tela de dados da estação 32531 do SINDA

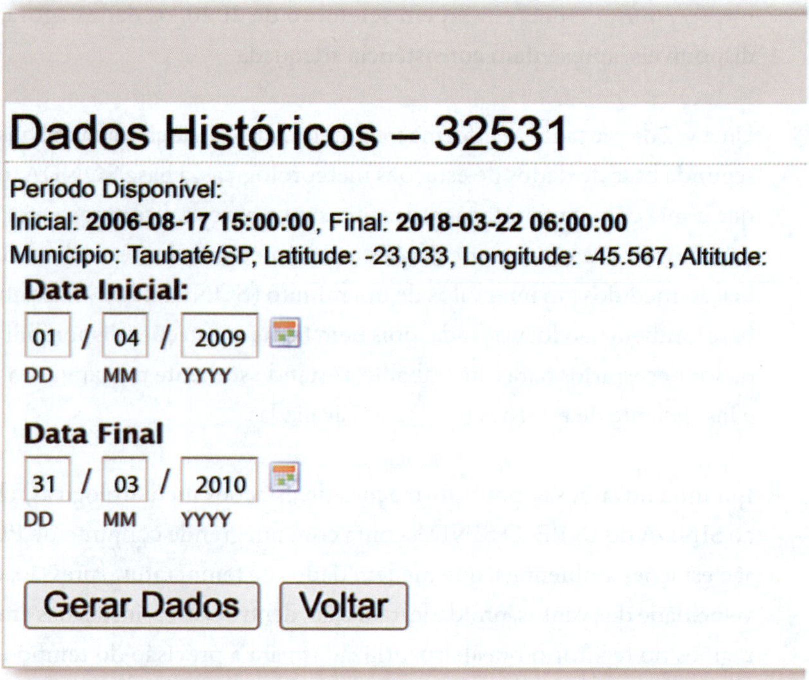

Fonte: *Adaptado do SINDA (2019)*

Essa base de dados contém uma ampla variedade de informações, em que se destaca a informação de irradiação solar. Porém não são todas as estações que possuem informações de irradiação solar. Várias apresentam leitura zerada ou mesmo fora dos padrões de irradiação nacional e regional por um grande período de tempo, sendo necessário fazer a verificação de forma individualizada para escolher as estações que serão utilizadas para este trabalho.

2.2 SÉRIE HISTÓRICA

A fim de verificar a consistência dos dados, em função das incertezas dos dados anteriormente mencionadas, foi analisado um ano meteorológico típico produzido por estes dados. O ano meteorológico típico é uma série de dados anuais que tipificam as condições meteorológicas de um determinado ambiente ao longo de um período de tempo. Ele é formado por doze meses meteorológicos típicos, que são medições de meses individuais de anos distintos do período analisado (CABRERA, 2014).

O tempo abrangido do ano meteorológico típico é conhecido como série histórica. Instituições como o NREL utilizam períodos maiores que dez anos para a geração do ano meteorológico típico, contudo, segundo CABRERA (2014), cinco anos são suficientes para a formação do ano meteorológico típico. Para determinação do número de anos utilizados neste trabalho, foram criados dois cenários de séries históricas, o primeiro com os cinco anos mais recentes de medições consistentes e o segundo com os dez anos mais recentes de medições consistentes. Com base no padrão médio de incidência solar nacional (padrão verificado a partir do Atlas Solar), foi observado que a série histórica com cinco anos apresentou resultados com melhor precisão, pois conforme se aumentava o intervalo de tempo da série histórica, notava-se que a quantidade de dados faltantes ou inconsistentes aumentava bastante, inviabilizando análises para algumas estações. Assim, o período de cinco anos foi o escolhido para esse trabalho.

2.2.1 COMPOSIÇÃO DO ANO METEOROLÓGICO TÍPICO

Como esse texto faz análise somente em relação à radiação solar, o ano meteorológico típico foi composto pelas irradiações (em kWh/m^2.dia) dos meses meteorológicos típicos, considerando uma série histórica dos cinco anos mais recentes possíveis de se obter. A base de informações do SINDA oferece dados de irradiação (em MJ/m^2) em intervalos horários de três horas, então para formar o ano meteorológico típico determina-se a irradiação em cada dia, a irradiação em cada mês e o mês meteorológico típico. Para a obtenção da irradiação diária, somaram-se as irradiações no intervalo de três horas de cada dia. Para determinar a média de irradiação mensal, utilizou-se a média aritmética da irradiação de cada dia no mês. O mês meteorológico típico foi obtido com a média aritmética de cada um dos cinco meses equivalentes de cada ano. Além dos valores de irradiação para cada mês, também foi acrescentada a média anual, que é determinada pela média aritmética de todos os meses meteorológicos típicos. Por fim, foi feita a conversão de unidades de MJ para kWh, em que 1 kWh corresponde a 3,6 MJ.

Os dados da base do SINDA não estão completos. Em diversas estações, existem determinados intervalos de tempo em que os dados não existem, possuem leituras de radiação solar zerada ou as leituras estão incompatíveis com a incidência solar esperada para aquela região. Nesses casos, a formação da série histórica foi feita com a substituição dos dados pelos períodos equivalentes de anos distintos que possuíam leituras válidas. Cerca de 5% de todos os dados de irradiação em bases horárias foram desprezados das análises, em virtude de sua inconsistência. Dessa forma, os valores de irradiação foram obtidos através de média com os dados válidos.

2.3 DETERMINAÇÃO DAS ESTAÇÕES METEOROLÓGICAS

Com o intuito de encontrar uma boa variedade de dados de estações meteorológicas localizadas ao longo do território brasileiro, foram analisados dados referentes a 700 estações do SINDA. Em virtude da quantidade de dados em falta, somente 54 estações apresentaram volume de informações suficiente para produzir uma série histórica completa. Posteriormente, foi feita uma verificação de consistência dos dados, e então, foi observado que 50 estações apresentam dados compatíveis com a realidade nacional e regional, tendo como base o Atlas Solar. A lista das estações utilizadas para esse estudo encontra-se na Tabela 2.

Tabela 2 – Lista de estações SINDA e suas respectivas coordenadas

Ponto	Estação	UF	Latitude (°)	Longitude (°)
1	Mendes	RJ	-22,521	-43,721
2	Santa Maria Madalena	RJ	-21,953	-42,005
3	Teresópolis	RJ	-22,407	-42,793
4	Andrelândia	MG	-21,740	-44,320
5	Andrequicé	MG	-18,276	-44,991
6	Araçuaí	MG	-16,84	-42,069
7	Araxá	MG	-19,639	-46,967
8	Belo Horizonte	MG	-19,877	-43,909
9	Santa Vitória	MG	-19,500	-50,000
10	Itajubá	MG	-22,406	-45,443
11	Lavras	MG	-21,224	-44,972

Ponto	Estação	UF	Latitude (°)	Longitude (°)
12	Leopoldina	MG	-21,468	-42,723
13	Machado	MG	-21,700	-45,888
14	Montes Claros	MG	-16,751	-43,888
15	Nanuque	MG	-17,821	-40,324
16	Paracatu	MG	-17,251	-46,885
17	Pirapora	MG	-17,254	-44,836
18	Santa Fé de Minas	MG	-16,500	-44,417
19	Viçosa	MG	-20,740	-42,838
20	Barretos	SP	-20,584	-48,590
21	Cachoeira Paulista	SP	-22,675	-45,002
22	Campos do Jordão	SP	-22,718	-45,568
23	Caraguatatuba	SP	-23,690	-45,425
24	Itu	SP	-23,285	-47,288
25	Jaú	SP	-22,185	-48,617
26	Miguelópolis	SP	-20,188	-48,010
27	Piquete	SP	-22,523	-45,142
28	Presidente Prudente	SP	-22,172	-51,373
29	São Carlos	SP	-22,169	-47,893
30	Silveiras	SP	-22,804	-44,839
31	Taubaté	SP	-23,033	-45,567
32	Campos Lindos	TO	-8,094	-46,652
33	Anápolis	GO	-16,374	-48,941
34	Parelhas	RN	-6,688	-36,625
35	Afrânio	PE	-8,518	-41,006
36	Ouricuri	PE	-7,874	-40,088
37	Palmares	PE	-8,659	-35,568
38	Cacoal	RO	-11,484	-61,374
39	Costa Marques	RO	-12,424	-64,226
40	Guajará-Mirim	RO	-10,787	-65,275
41	Mata Grande	AL	-9,121	-37,736
42	Cruzeiro do Sul	AC	-7,600	-72,767
43	Encruzilhada do Sul	RS	-30,552	-52,404
44	Júlio de Castilhos	RS	-29,172	-53,687
45	São Borja	RS	-28,689	-55,957
46	Campo Erê	SC	-26,439	-53,075
47	Itapiranga	SC	-27,168	-53,707

Ponto	Estação	UF	Latitude (°)	Longitude (°)
48	Jaraguá do Sul	SC	-26,108	-49,003
49	Cuiabá	MT	-15,553	-56,069
50	Parque Nacional do Jaú	AM	-1,826	-61,592
51	Acaraú	CE	-2,873	-39,989
52	Beberibe	CE	-4,238	-38,201
53	Independência	CE	-5,419	-40,475
54	Santana do Cariri	CE	-7,151	-39,759

Fonte: *Elaboração própria*

A Figura 3 exibe a localização das referidas estações no mapa do Brasil.

Figura 3 – Mapa das estações SINDA

Fonte: *Elaboração própria*

As estações Andrelândia, Guajará-Mirim, Encruzilhada do Sul e Independência apresentaram dados incoerentes com a realidade e, por isso, serão descartadas da análise desse trabalho.

2.4 DEFINIÇÃO DOS CENÁRIOS DE SATÉLITES

Os cenários dois, três, quatro e cinco foram formados a partir de informações obtidas via satélite. Existem diversas ferramentas disponíveis no mercado. Nesse trabalho, foram utilizadas quatro ferramentas de livre acesso, o RADIASOL2, o SUNDATA, o HelioClim3 e o Atlas Solar.

O RADIASOL2 é um *software* produzido pelo Laboratório de Energia Solar da UFRGS que utiliza a base de dados SWERA, uma base feita com participação do NREL. O período abrangido pelo banco de dados SWERA, no entanto, possui uma defasagem, uma vez que o seu intervalo de captação da irradiação vai até o ano de 2009 (LABSOL, 2019).

O SUNDATA é uma ferramenta de consulta de irradiação via web, desenvolvida pelo CRESESB, órgão do CEPEL da Eletrobras e sua base de dados é formada a partir do Atlas Solar, porém, com precisão de somente duas casas decimais (CRESESB, 2019).

O HelioClim3 é um dos produtos ofertados pelo SoDa, que foi desenvolvido pela ARMINES, que é a associação de pesquisas industriais da França e que utiliza base de dados própria, denominada Heliosat-2 (SODA, 2019). Existem duas versões desse sistema, uma versão comercial e outra de demonstração. A diferença entre elas é que na versão de demonstração a série histórica é restrita ao período de fevereiro de 2004 a dezembro de 2006. Para esse trabalho, foi utilizada a versão de demonstração do HelioClim3.

O Atlas Solar é um modelo desenvolvido em 2017 pelo LabRren, do INPE, composto de 72.272 registros de irradiação, que abrangem todo o território brasileiro, com intervalos de medição de aproximadamente 10 km de distância entre cada registro (LABREN, 2019).

2.5 SISTEMATIZAÇÃO DAS ANÁLISES DE IRRADIAÇÃO

Com os cinco cenários e suas séries históricas construídas, foi feita uma análise dos valores de irradiação das médias mensais de cada ano meteorológico típico e da média anual, comparando os dados da estação meteorológica e dos modelos com satélites. Nem sempre foi possível que a medição do ponto de satélite seja feita exatamente na mesma coordenada geográfica que a medição da estação, pelo fato de alguns sistemas não oferecerem essa possibilidade. Nesse caso, são exibidas informações referentes a três pontos de medição mais próximos.

Para definir qual o valor a ser utilizado nessas situações, foram feitas duas análises, a primeira considerando apenas o dado da estação mais próxima e uma segunda em que foi feita uma média ponderada das irradiações e das distâncias delas com a coordenada desejada, considerando que quanto mais próxima estiver em relação à coordenada, maior o seu peso. Após essa análise, foi observado que a opção que considera somente a estação mais próxima apresenta uma melhor compatibilidade com o dado da coordenada desejada. Assim, nos cenários em que essa situação ocorreu, o dado somente da estação mais próxima foi a medida utilizada para compor o *case* que utilize informações via satélite.

Geometricamente, essa distância não foi superior a sete quilômetros em nenhum momento. A Tabela 3 mostra os valores de irradiação para a estação Mendes, no Rio de janeiro, considerando o dado da estação meteorológica, o dado da medição de satélite com menor distância em relação à estação e o valor de irradiação considerando a média ponderada de três localidades mais próximas.

Tabela 3 – Comparativo de medições de irradiação e distância

		Cases				
		Dados SINDA/INPE	SUNDATA/ CRESESB – Estação 1 (mais próxima)	SUNDATA/ CRESESB – Estação 2	SUNDATA/ CRESESB – Estação 3	SUNDATA/ CRESESB – Média Ponderada
Irradiação (kWh/m²dia)	JAN	6,093	5,84	5,83	5,77	5,818
	FEV	6,056	6,1	6,12	6,11	6,109
	MAR	4,99	4,98	4,96	4,97	4,971
	ABR	4,293	4,39	4,38	4,37	4,381
	MAI	3,487	3,61	3,59	3,59	3,598
	JUN	3,276	3,41	3,4	3,36	3,393
	JUL	3,425	3,47	3,47	3,39	3,448
	AGO	4,118	4,3	4,26	4,25	4,274
	SET	4,811	4,54	4,5	4,42	4,494
	OUT	5,137	4,95	4,93	4,89	4,927
	NOV	4,928	5,08	5,02	4,93	5,02
	DEZ	5,825	5,73	5,71	5,64	5,699
	Média Anual	4,703	4,7	4,681	4,641	4,678
	Distância (km)	0	3,7	7,8	9,4	

Fonte: *Elaboração própria*

Vale ressaltar que cada um dos *cases* de dados de satélites oferecem dados em diferentes unidades e, como neste estudo já foi determinado que a unidade de irradiação será o kWh/m^2.dia, foram convertidos todos os dados que não estavam nessa unidade. Outro ponto a ser considerado é a impossibilidade de gerar dados para o *case* 3 da estação 42, pois a abrangência de leitura do HelioClim3 é de -66° a 66° de longitude.

Com base em todas as considerações mencionadas anteriormente, em um primeiro momento, foram produzidas três tabelas, a primeira com a irradiação em cada mês e a média anual, a segunda tabela com a diferença absoluta de irradiação de cada modelo de satélite com o dado da estação, tendo como referência o dado da estação meteorológica e a terceira corresponde ao percentual das diferenças obtidas pela segunda tabela, também considerando o dado da estação meteorológica como referência. A Tabela 4 mostra a configuração das tabelas, para estação Mendes, Rio de Janeiro.

Tabela 4 – Tabelas de dados de irradiação da estação Mendes, RJ para os cinco *cases*

Médias Mensais de Irradiação e suas Respectivas Diferenças entre Dados de Estações e Satélites (Absolutas e Percentuais)													
Cases	**Irradiação (kWh/m²dia)**												
	JAN	**FEV**	**MAR**	**ABR**	**MAI**	**JUN**	**JUL**	**AGO**	**SET**	**OUT**	**NOV**	**DEZ**	**Média Anual**
Case 1 – Dados SINDA/INPE	6,408	6,060	5,117	4,282	3,446	3,291	3,354	4,018	4,832	4,952	4,992	5,772	4,710
Case 2 –Radiasol2/SWERA	5,940	6,090	5,300	4,680	3,690	3,430	3,460	4,310	4,580	5,320	5,590	5,820	4,851
Case 3 – SUNDATA/CRESESB	5,840	6,100	4,980	4,390	3,610	3,410	3,470	4,300	4,540	4,950	5,080	5,730	4,700
Case 4 – SoDa/ARMINES (FRANÇA)	5,841	5,619	5,265	4,751	3,873	3,846	3,775	5,142	4,440	4,924	5,253	5,383	4,843
Case 5 – LabRen/INPE	5,842	6,103	4,977	4,390	3,61	3,405	3,468	4,297	4,537	4,949	5,076	5,727	4,698
Diferenças entre os Valores Medidos e os Dados de Satélite	**Variação de Irradiação (kWh/m²dia)**												
	JAN	**FEV**	**MAR**	**ABR**	**MAI**	**JUN**	**JUL**	**AGO**	**SET**	**OUT**	**NOV**	**DEZ**	**Média Anual**
Case 1 x *Case* 2	0,468	0,030	0,183	0,398	0,244	0,139	0,106	0,292	0,252	0,368	0,598	0,048	0,140
Case 1 x *Case* 3	0,568	0,040	0,137	0,108	0,164	0,119	0,116	0,282	0,292	0,002	0,088	0,042	0,010
Case 1 x *Case* 4	0,567	0,441	0,148	0,469	0,427	0,556	0,421	1,125	0,392	0,027	0,261	0,389	0,132
Case 1 x *Case* 5	0,566	0,043	0,140	0,108	0,164	0,114	0,114	0,279	0,295	0,003	0,084	0,045	0,012
Percentual das Diferenças entre os Valores Medidos e os de Satélite	**Variação de Irradiação (%)**												
	JAN	**FEV**	**MAR**	**ABR**	**MAI**	**JUN**	**JUL**	**AGO**	**SET**	**OUT**	**NOV**	**DEZ**	**Média Anual**
Case 1 x *Case* 2	7,30	0,49	3,58	9,29	7,07	4,24	3,15	7,27	5,22	7,44	11,97	0,84	2,98
Case 1 x *Case* 3	8,86	0,66	2,68	2,52	4,75	3,63	3,45	7,02	6,05	0,04	1,76	0,72	0,22
Case 1 x *Case* 4	8,85	7,28	2,89	10,94	12,39	16,88	12,55	27,99	8,11	0,55	5,22	6,74	2,81
Case 1 x *Case* 5	8,83	0,71	2,74	2,52	4,75	3,48	3,39	6,95	6,11	0,06	1,68	0,77	0,25

Fonte: *Elaboração própria*

Além disso, a partir desses dados, foram montados gráficos, sendo um para cada tabela. A Figura 4 mostra um dos gráficos obtidos a partir dos dados apresentados na Tabela 4.

Figura 4 – Gráfico de irradiação da estação Mendes para os cinco *cases*

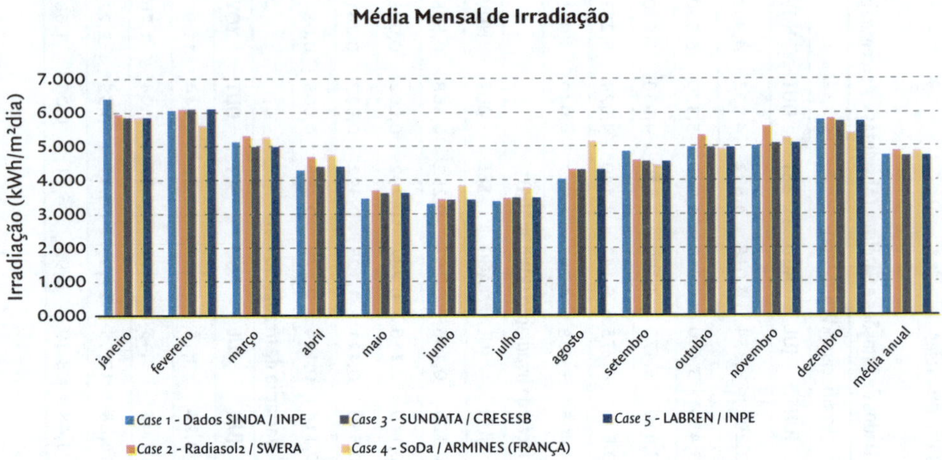

Fonte: *Elaboração própria*

Pode-se concluir preliminarmente que os modelos SUNDATA e LabRen são os mais próximos dos dados do SINDA, seguidos pelo modelo Radiasol2 e o mais distante é o modelo SoDa/ARMINES.

2.6 SELEÇÃO DAS ESTAÇÕES SOLARIMÉTRICAS

Como citado no item 2.3, as estações meteorológicas Andrelândia, Guajará-Mirim, Encruzilhada do Sul e Independência apresentaram dados incoerentes.

A Figura 5 mostra a representação gráfica da diferença entre os valores de irradiação obtidos através da base SINDA e do SunData, considerando o módulo na horizontal. Cada linha representa uma estação solarimétrica.

Figura 5 – Diferença absoluta entre os valores de irradiação medidos pela Rede SINDA e os dados do Modelo SunData em [kWh/m²dia]

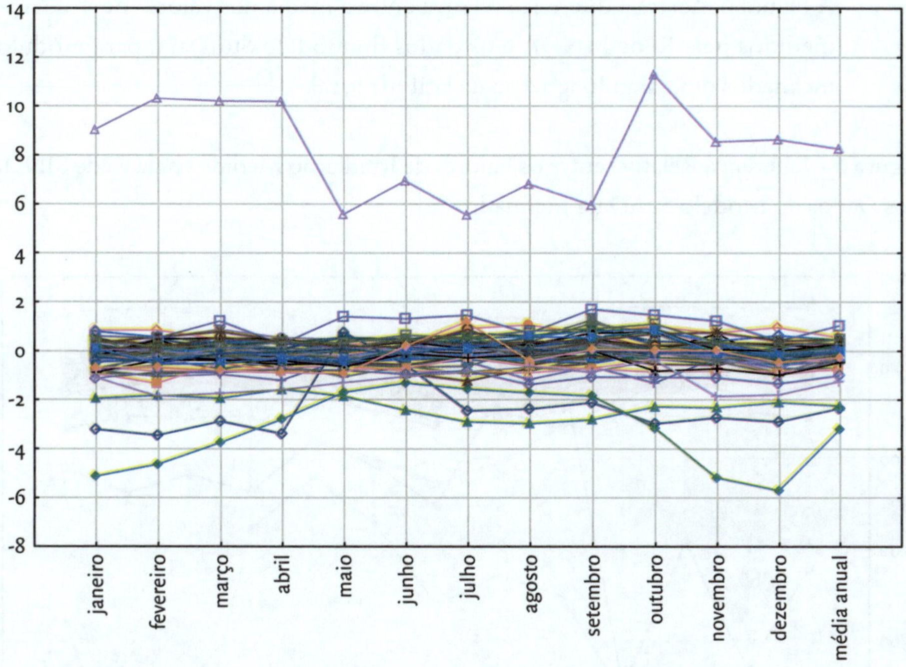

Fonte: *Elaboração própria*

Pode-se observar que, além das estações meteorológicas Andrelândia (na cor lilás com marcadores triângulos lilás), Guajará-Mirim (na cor azul com marcadores losangos azuis vazados), Encruzilhada do Sul (na cor verde com marcadores losangos verdes) e Independência (na cor verde com marcadores triângulos verdes), que apresentam valores bastante discrepantes, evidentes pela observação dos números, também as estações Costa Marques (na cor lilás com marcadores quadrados lilás), Santana do Cariri (na cor lilás com marcadores em formato de cruz, também lilás), Cruzeiro do Sul (na cor vermelha com marcadores quadrados vermelhos) e Cuiabá (na cor marrom com marcadores losangos vazados marrons) apresentam problemas.

Estas mesmas estações também apresentam valores muito diferentes do esperado para módulos inclinados no ângulo da latitude e em relação aos modelos solarimétricos Radiasol2/SWERA, LabRen/INPE e SoDa/ARMINES, tanto para diferença de valores absolutos quanto erros relativos.

A Figura 6 mostra a diferença relativa entre a média dos valores de irradiação medidos pela Rede SINDA e os dados do modelo SunData, para módulos inclinados num ângulo igual ao da latitude local.

Figura 6 – Diferença Relativa entre os Valores de Irradiação Medidos pela Rede SINDA e os Dados do Modelo SunData Inclinado [%]

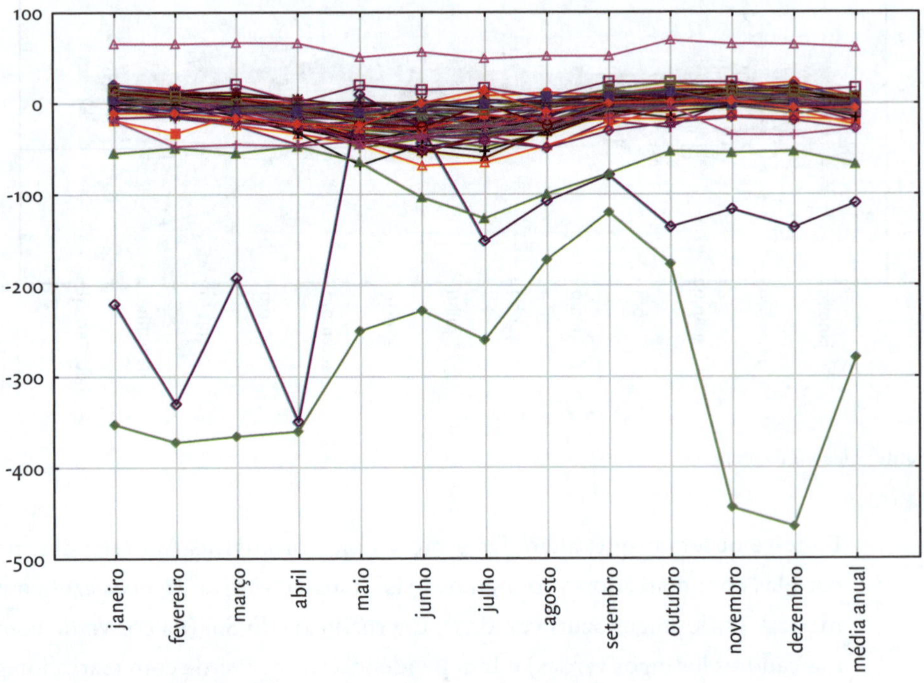

Fonte: *Elaboração própria*

Outra maneira de investigar as estações que possuem medições discrepantes é pela plotagem da diferença relativa entre a média anual dos valores de irradiação apresentada pelos modelos e a média anual dos valores de irradiação medidos nas estações da Rede SINDA, como pode ser visto na Figura 7 utilizando o modelo SunData.

Figura 7 – Diferença Relativa entre os Valores de Irradiação Medidos pela Rede SINDA e os Dados do Modelo SunData Horizontal [kWh/m²dia]

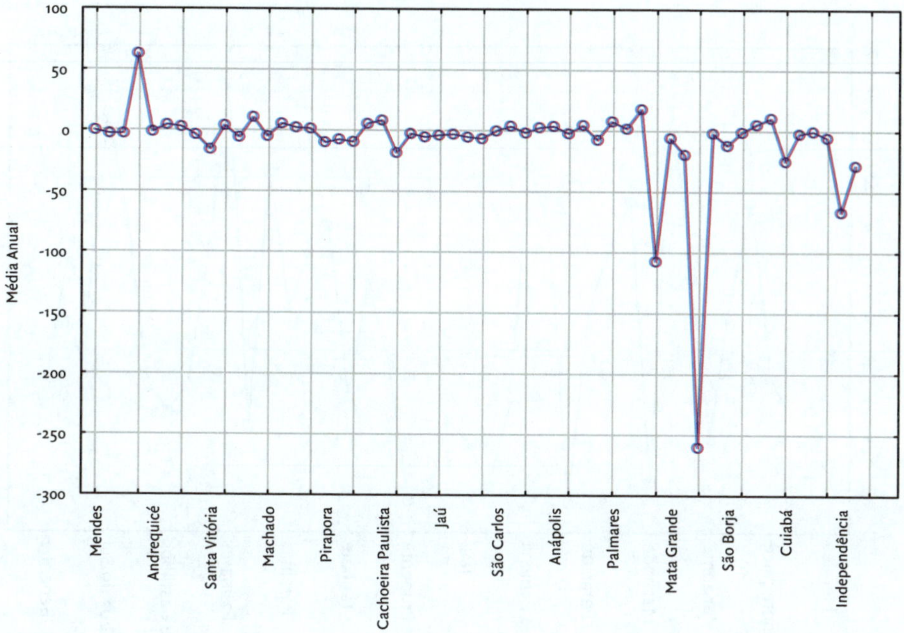

Fonte: *Elaboração própria*

As conclusões obtidas pela observação dos gráficos são semelhantes às anteriores. Eliminando as estações com grande discrepância, pode-se observar na Figura 8 a mudança na escala dos erros relativos, passando de cerca de 250 para cerca de dez nos casos mais extremos, o que é razoável para um erro de até 7%. Ainda poderiam ter sido eliminadas outras estações para reduzir ainda mais o erro, mas optou-se por mantê-las para continuar com um número significativo de estações.

Figura 8 – Diferença Relativa entre os Valores de Irradiação Medidos pela Rede SINDA e os Dados do Modelo SunData Horizontal [kWh/m²dia] excluídas as estações 4, 9, 11, 17, 19, 22, 39, 40, 41, 42, 43, 45, 49, 53, 54

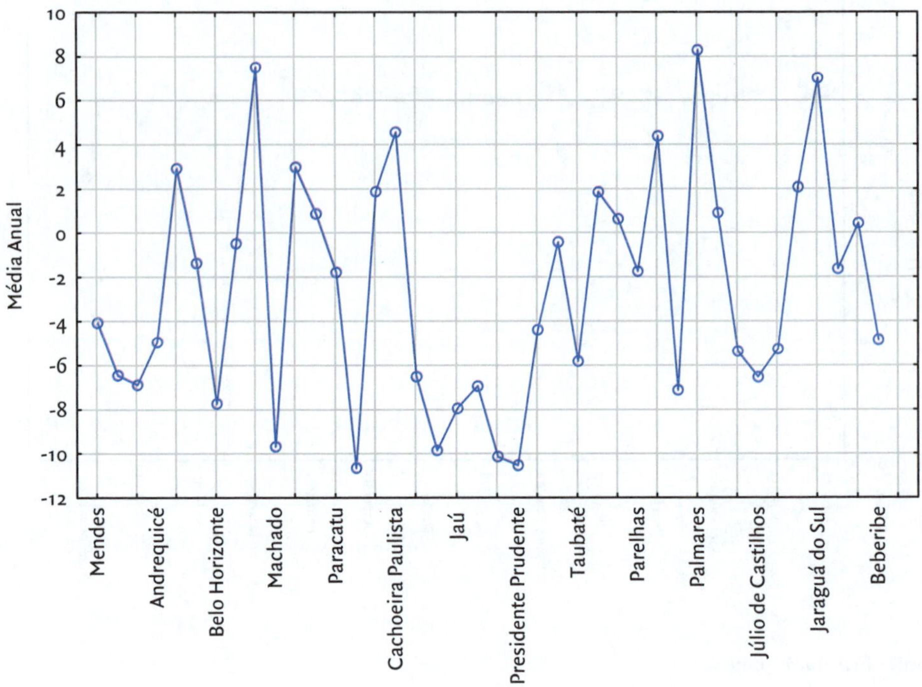

Fonte: *Elaboração própria*

2.7 TESTES DE HIPÓTESE

Diante do interesse em examinar a diferença entre as médias de duas populações com distribuição normal, a primeira dúvida refere-se a se as observações permitem concluir que há uma diferença real entre as médias. Temos que comparar as diferenças observadas entre duas amostras com a hipótese de que não há nenhuma diferença, mas apenas variação aleatória. Se esta hipótese não se mantém, passamos então ao segundo passo, que é estimar a magnitude da diferença entre as médias das populações (Kendall et al., 1973). As hipóteses estatísticas se referem ao comportamento de variáveis aleatórias observáveis. O teste t independente ou teste de Student pode ser utilizado para comparar duas hipóteses alternativas, a hipótese nula e a hipótese alternativa. A hipótese nula pode assumir que a diferença real das médias (μ_d) é igual a zero. Neste modelo, todas as diferenças de observáveis podem ser explicadas por variação aleatória. Ao contrário, a hipótese alternativa assume que a diferença real das médias não é zero.

A representação matemática da hipótese nula e da hipótese alternativa estão representadas nas Equações 1 e 2.

$H_0: \mu_d = 0$ *Hipótese nula* **Equação 1**

$H_1: \mu_d \neq 0$ *Hipótese alternativa* **Equação 2**

É importante lembrar que as hipóteses nunca são relacionadas aos dados, mas aos processos que fornecem os dados. Nas equações anteriores, o valor de μ_d é desconhecido. O objetivo do teste de hipóteses é determinar a hipótese que é mais consistente com os dados.

A partir do momento em que é escolhido o teste t independente, parte do processo envolve a verificação que os dados a serem analisados podem ser analisados utilizando um teste t independente. Para isso é necessário verificar se seus dados atendem a cinco requisitos que são necessários para que um teste t forneça um valor válido. Os requisitos são:

1. A variável dependente deve ser medida numa escala contínua;
2. Deve haver independência de observações;
3. Não deve haver *outliers* (pontos fora da curva) significativos;
4. A variável dependente deve ser aproximadamente uma distribuição normal para cada grupo de variáveis independentes;
5. É necessário haver homogeneidade de variâncias;

Os dados atendem aproximadamente a todos os requisitos.

A aplicação do teste t às medições da Rede SINDA e aos modelos SunData, do CRESESB, e LabRen, do INPE, mostraram probabilidade inferior a 3% das diferenças entre médias serem devidas à variação randômica. Isto é inferior ao valor de 5% considerado normalmente nas análises estatísticas. A hipótese nula é então rejeitada com certeza superior a 97%. Desta forma, podemos afirmar com certeza superior a 97% que os valores obtidos correspondem à realidade.

2.8 ESTUDO DA CORRELAÇÃO DOS DADOS

Uma vez testada a não aleatoriedade das médias dos dados medidos através do teste t, pode ser estudada a correlação entre os dados da Rede SINDA, que são os dados medidos e os modelos solarimétricos disponíveis.

Foi elaborada então uma matriz de correlação com dados da estação Mendes, RJ, que pode ser vista na Figura 9.

Figura 9 – Matriz de correlação inicial entre os dados medidos da Rede SINDA e os modelos solarimétricos para a estação Mendes, RJ

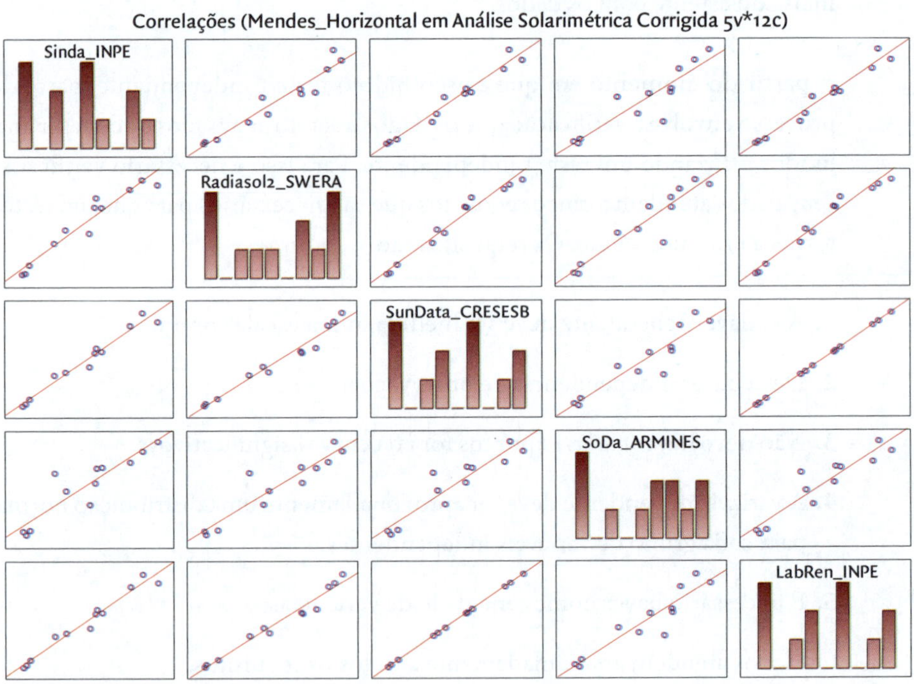

Fonte: *Elaboração própria*

Através do rearranjo da matriz de correlação para uma forma mais conveniente, pode-se obter a matriz mostrada na Figura 10.

Figura 10 – Matriz de correlação entre os dados medidos da Rede SINDA e os modelos solarimétricos para a estação Mendes, RJ

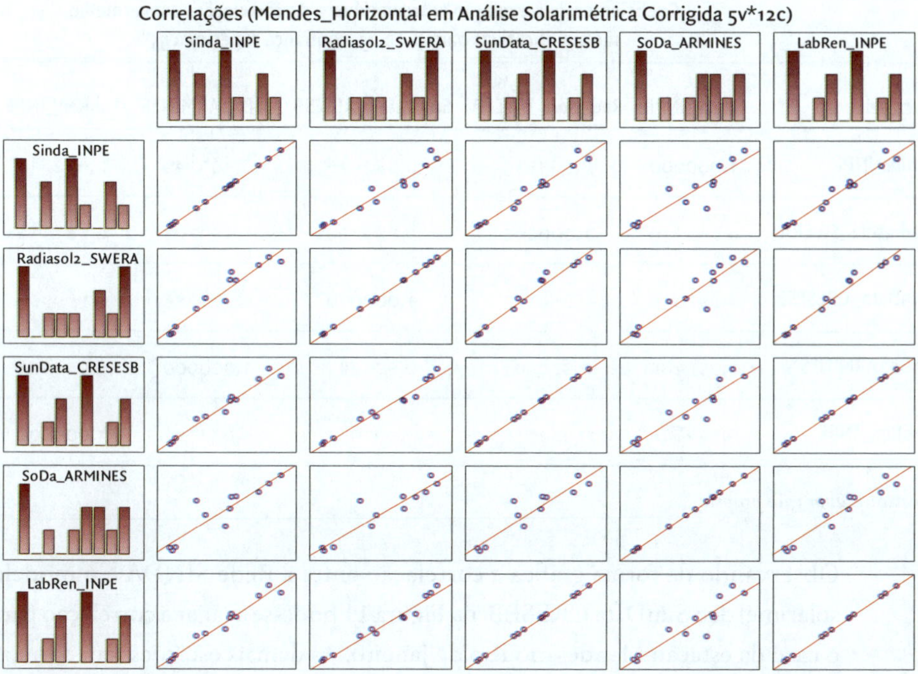

Fonte: *Elaboração própria*

Pode ser observado que a correlação entre os dados medidos pela Rede SINDA e os modelos solarimétricos utilizados é bastante alta. Como pode ser observado na Tabela 5, para um intervalo de confiança superior a 95%, os coeficientes de correlação entre os dados medidos e os modelos solarimétricos é superior a 90% nos modelos menos aderentes aos dados medidos, como o modelo SoDa ARMINES, chegando a valores superiores a 96% para o modelo Radiasol2 SWERA e a valores superiores a 98% tanto para o modelo SunData CRESESB como para o modelo LabRen INPE. Foram também estudadas as correlações entre modelos, mostrando que os modelos SunData CRESESB e LabRen INPE são praticamente os mesmos e que a correlação entre os modelos Radiasol2 SWERA e os modelos SunData CRESESB e LabRen INPE é superior a 98%.

Tabela 5 – Coeficientes de correlação entre os dados medidos pela Rede SINDA e os modelos solarimétricos

Coeficientes de correlação entre variáveis. As correlações em vermelho são significativas para $p < 0,05$, confiança superior a 95%.					
Variável	Sinda_INPE	Radiasol2_SWERA	SunData_CRESESB	SoDa_ARMINES	LabRen_INPE
Sinda_INPE	1,000000	0,963310	0,982615	0,906149	0,982643
Radiasol2_SWERA	0,963310	1,000000	0,984250	0,934701	0,984116
SunData_CRESESB	0,982615	0,984250	1,000000	0,933286	0,999997
SoDa_ARMINES	0,906149	0,934701	0,933286	1,000000	0,933131
LabRen_INPE	0,982643	0,984116	0,999997	0,933131	1,000000

Fonte: *Elaboração própria*

Observando de forma gráfica a correlação entre a Rede SINDA e o modelo solarimétrico SunData CRESEB, na Figura 11 pode-se avaliar a correlação para o caso da estação Mendes, no Rio de Janeiro. As demais estações têm correlações semelhantes.

Figura 11 – Correlação entre os dados da Rede SINDA e o modelo solarimétrico SunData CRESESB

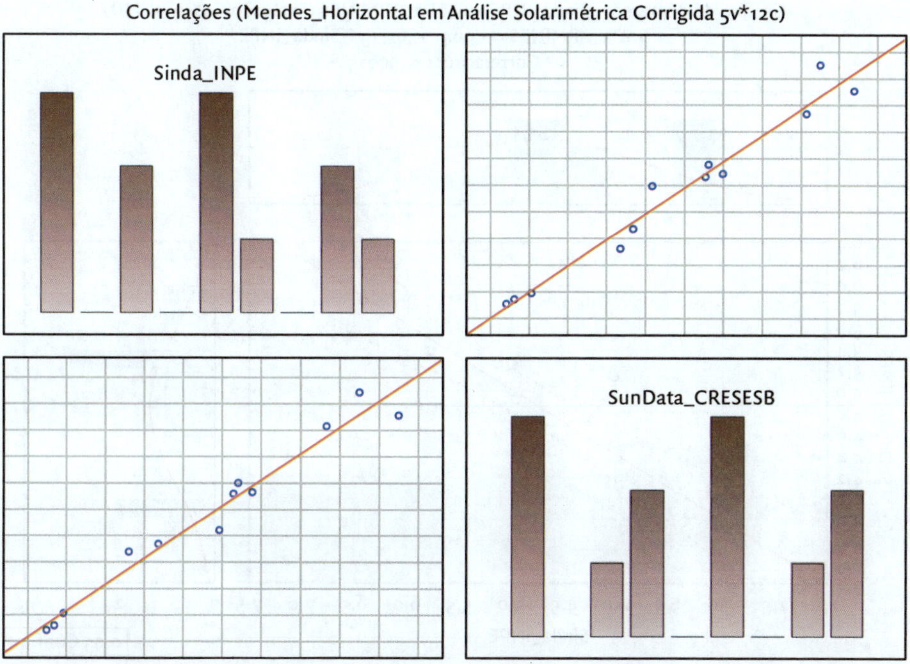

Fonte: *Elaboração própria*

Analisando ainda os gráficos de dispersão dos dados da rede SINDA em relação aos modelos solarimétricos, é possível observar que para um intervalo de confiança de 95%, as variáveis se comportam aproximadamente como normais, atendendo ao requisito quatro para a validade do teste t. A Figura 12 mostra o comportamento das medições da Rede SINDA em relação ao modelo SoDa ARMINES. A correlação de 90% é boa, mas ainda há pontos fora do intervalo. Este modelo apresenta o pior resultado entre os modelos estudados.

Figura 12 – Gráfico de dispersão das medições da Rede SINDA em relação ao modelo solarimétrico SoDa ARMINES

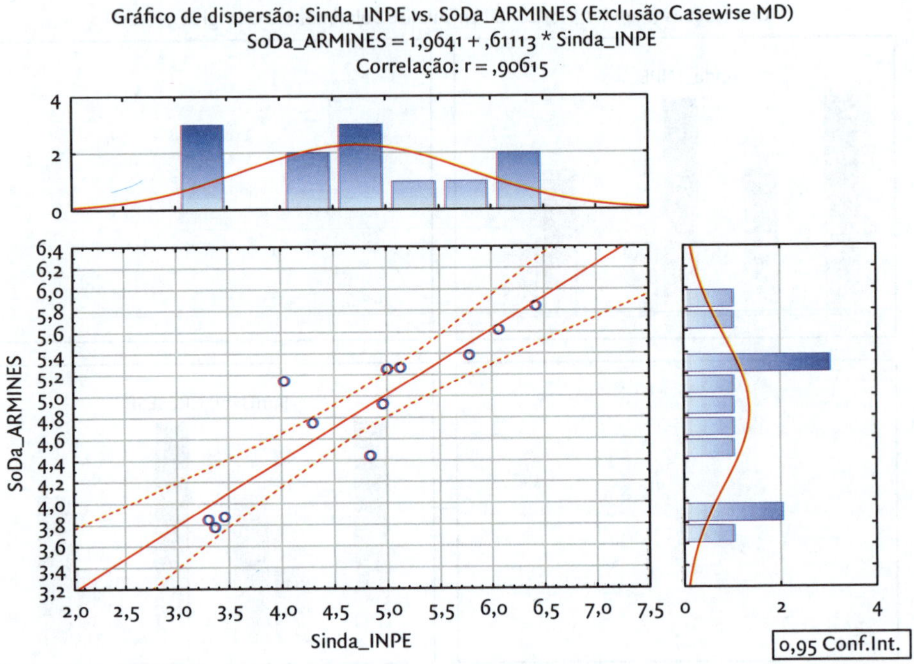

Fonte: *Elaboração própria*

Já para o gráfico de dispersão dos dados da rede SINDA em relação ao modelo solarimétrico Radiasol2 SWERA, mostrado na Figura 13, pode-se observar que para um intervalo de confiança de 95%, as variáveis também se comportam aproximadamente como normais, atendendo ao requisito quatro para a validade do teste t. A correlação superior a 96% é bem melhor que a do modelo anterior, mas ainda há pontos fora do intervalo. Este modelo é mais preciso do que o SoDa ARMINES.

Figura 13 – Gráfico de dispersão das medições da Rede SINDA em relação ao modelo solarimétrico Radiasol2 SWERA

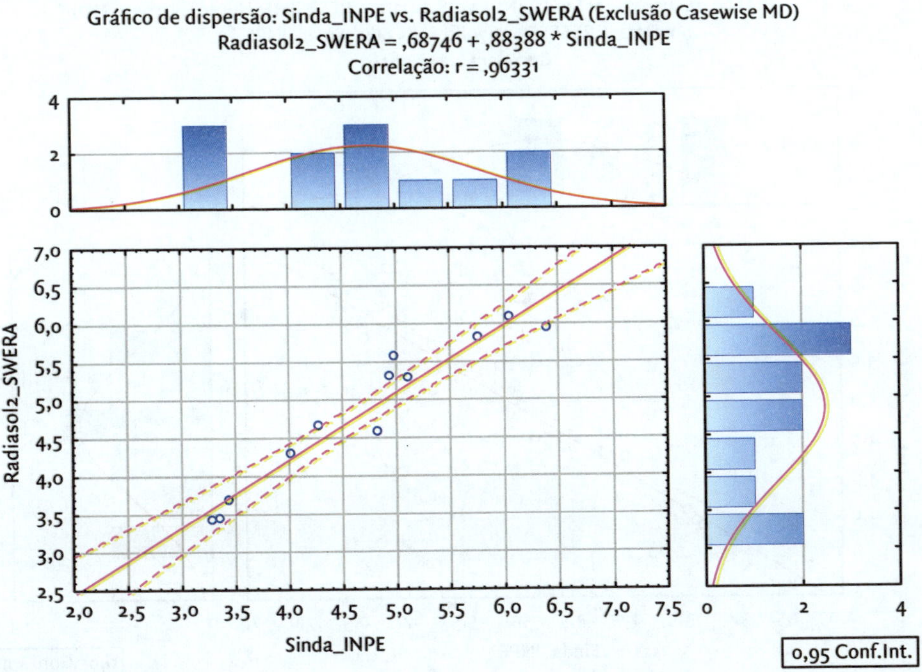

Fonte: *Elaboração própria*

Já para o gráfico de dispersão dos dados da rede SINDA em relação ao modelo solarimétrico SunData CRESESB, mostrado na Figura 14 percebe-se que para um intervalo de confiança de 95%, as variáveis também se comportam aproximadamente como normais, atendendo ao requisito 4 para a validade do teste t. A correlação superior a 98% é bem melhor que as dos modelos anteriores, e praticamente não há pontos fora do intervalo. Este modelo é mais preciso que os modelos SoDa ARMINES e Radiasol2 SWERA.

Figura 14 – Gráfico de dispersão das medições da Rede SINDA em relação ao modelo solarimétricoSunData CRESESB

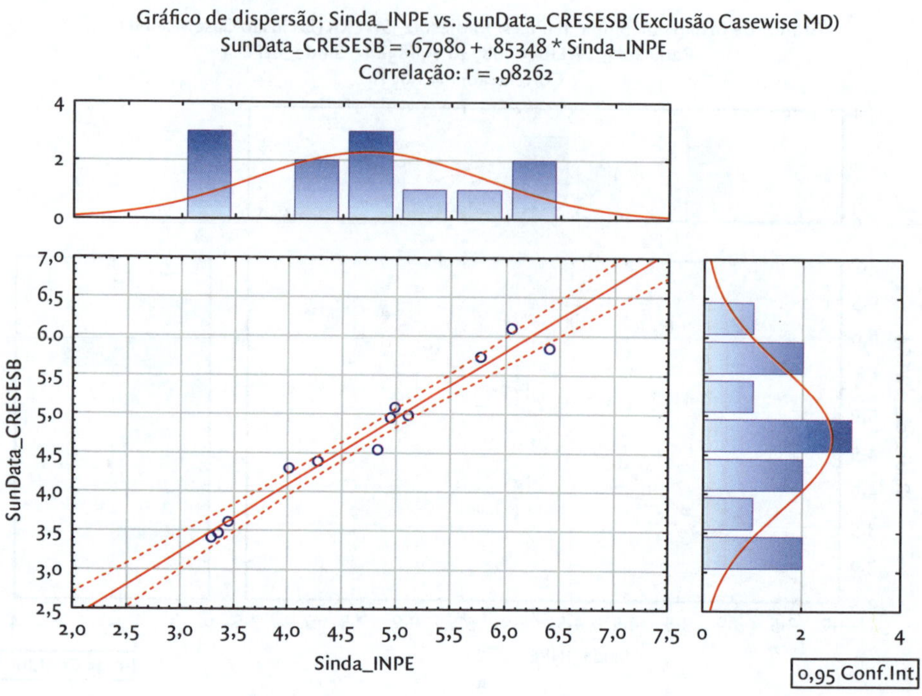

Fonte: *Elaboração própria*

Para o gráfico de dispersão dos dados da rede SINDA em relação ao modelo solarimétrico LabRen INPE, mostrado na Figura 15 foi observado que, para um intervalo de confiança de 95%, as variáveis também se comportam aproximadamente como normais, atendendo ao requisito quatro para a validade do teste t. A correlação superior a 98% é praticamente a mesma que as do modelo anterior, e praticamente não há pontos fora do intervalo. Este modelo é mais preciso que os modelos SoDa ARMINES e Radiasol2 SWERA e tão bom quanto o modelo SunData CRESESB. A dispersão entre os modelos solarimétricos SunData CRESESB e LabRen INPE mostrada na Figura 16 reforça a correlação entre os dois modelos, uma vez que seus dados são praticamente os mesmos.

Figura 15 – Gráfico de dispersão das medições da Rede SINDA em relação ao modelo solarimétrico LabRen INPE

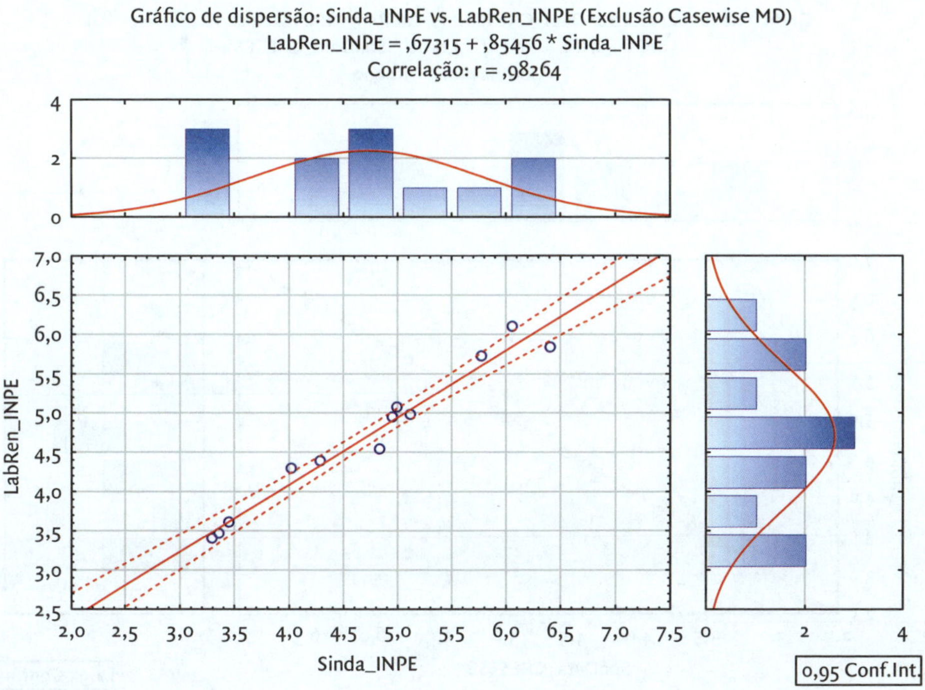

Fonte: *Elaboração própria*

Figura 16 – Gráfico de dispersão entre o modelo solarimétrico SunData CRESESB em relação ao modelo solarimétrico LabRen INPE

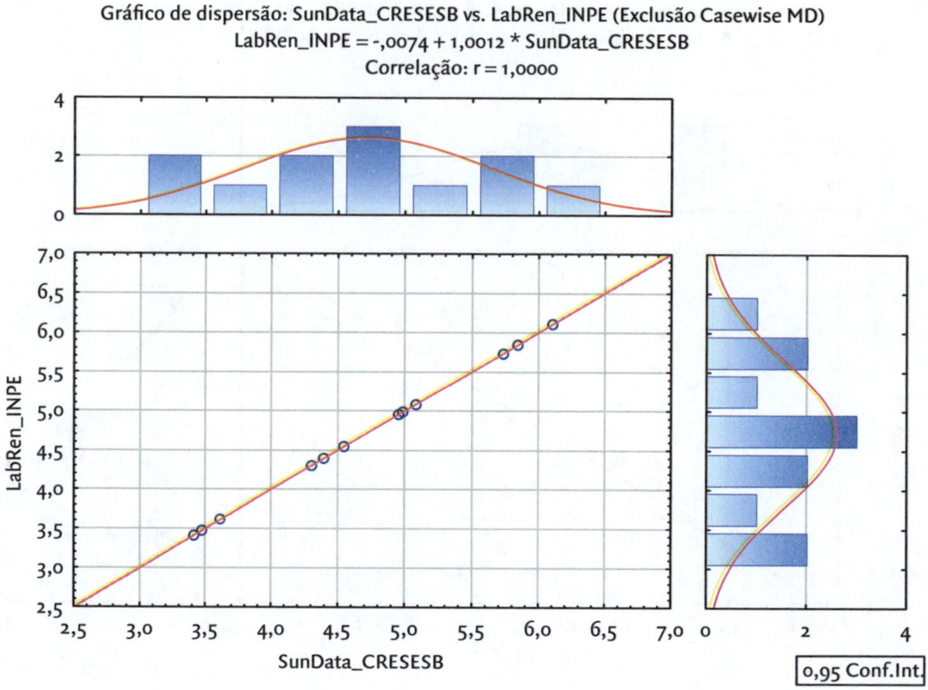

Fonte: *Elaboração própria*

Finalmente, plotando-se a irradiação medida em uma estação solarimétrica da Rede SINDA em relação aos modelos solarimétricos, como visto na Figura 17, pode ser melhor visualizada a aderência dos modelos aos dados medidos.

Figura 17 – Gráfico da média de irradiação medida na estação solarimétrica Mendes, RJ, da Rede SINDA e dos modelos solarimétricos estudados

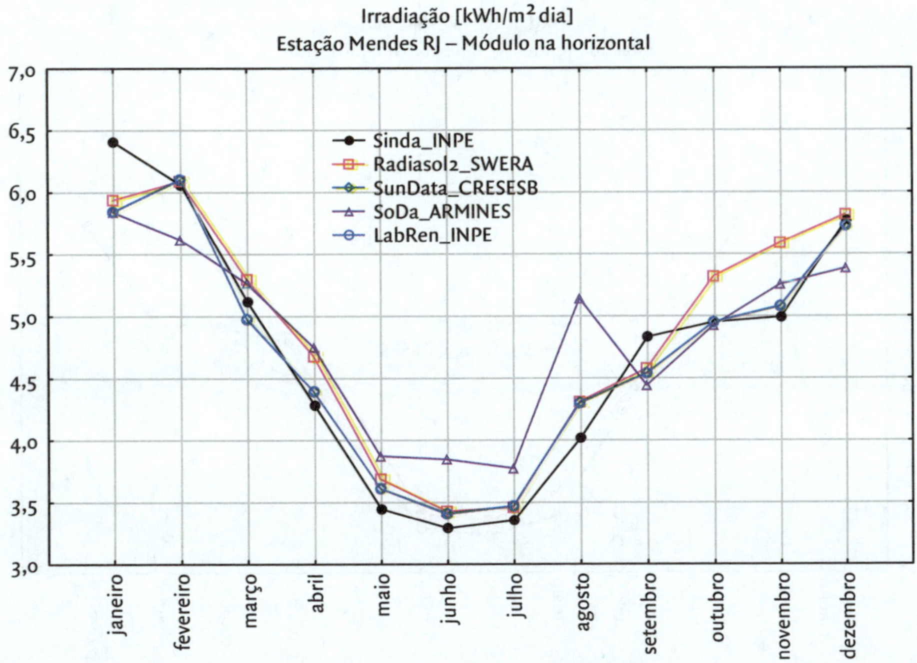

Fonte: *Elaboração própria*

Como concluído anteriormente, o modelo SoDa ARMINES é o modelo com o pior ajuste, seguido pelo Radiasol2 SWERA e os dois melhores modelos, com um excelente ajuste, são os modelos SunData CRESESB e LabRen INPE.

A Figura 18 mostra o ajuste entre os dados medidos na estação Mendes, no Rio de Janeiro, e o modelo SunData CRESESB. A discrepância entre os dados medidos e os modelos SunData CRESESB e LabRen INPE são inferiores às incertezas das medições, podendo os dados resultantes serem utilizados para EVTE. Caso seja desejada maior precisão dos dados de solarimetria, é possível utilizar método desenvolvido na PUC-Rio (CABRERA, 2014).

Figura 18 – Gráfico mostrando a média de irradiação medida na estação solarimétrica Mendes, RJ, da Rede SINDA e o modelo solarimétrico SunData CRESESB

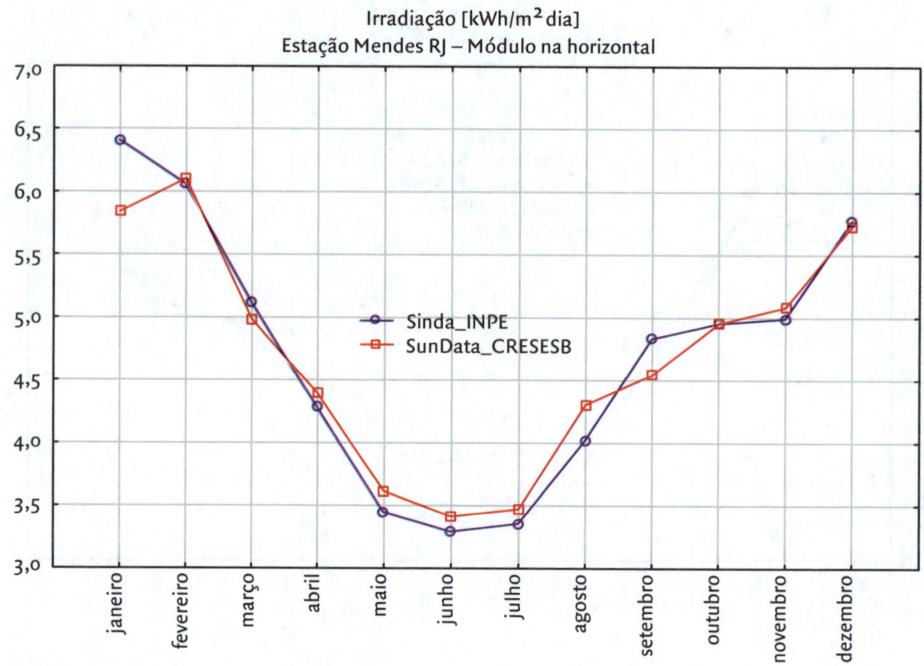

Fonte: *Elaboração própria*

2.9 CONCLUSÕES E RECOMENDAÇÕES

Utilizando o ano meteorológico típico de irradiação solar e a média anual, calculados a partir de cada estação de medição, os erros em relação aos modelos de irradiação a partir de satélites são da mesma ordem de grandeza ou inferiores aos da incerteza da medição;

Podem ser utilizados métodos desenvolvidos na PUC-Rio para aumentar a precisão dos Atlas Solares, a partir das informações das estações de medição;

Os modelos de irradiação, tanto para módulos inclinados no ângulo da latitude quanto na horizontal apresentam coeficientes de correlação elevados com o ano meteorológico típico, superiores a 0,90 para os piores, como o SoDa/AR-MINES, até superiores a 0,98 para os melhores, como os modelos SUNDATA e LabRen /INPE;

O teste t apresentou probabilidade superior a 97% dos resultados corresponderem à realidade;

Os modelos com maior coeficiente de correlação permitem a utilização em EVTE, tendo incertezas inferiores aos erros de medição. Podem ser utilizados métodos avançados como Monte Carlo para calcular as incertezas e Opções Reais para tomada de decisão de investimento.

REFERÊNCIAS BIBLIOGRÁFICAS

AZEVÊDO, Verônica Wilma Bezerra. “Estudo de localização de usina solar termoelétrica no estado de Pernambuco”. Tese submetida ao programa de Pós-Graduação em Tecnologias Energéticas e Nucleares. Recife: Departamento de Energia Nuclear/UFPE, 2016.

CABRERA, Fiorella Del Carmen Alvaro. “Avaliação da disponibilidade do recurso solar no Estado do Rio de Janeiro”. Dissertação de Mestrado. Rio de Janeiro: Engenharia Mecânica/ PUC-Rio, 2014.

CRESESB. Centro de Referência para as Energias Solar e Eólica Sérgio de S. Brito [Online]. Disponível em: <http://www.cresesb.cepel.br/index.php?section=sundata>. Acesso em: 11 nov. 2019.

ESPINAR, Bella et al. "Analysis of different comparison parameters applied to solarradiation data from satellite and German radiometric stations". Solar Energy, 2008, p. 118-125.

FREIRE, Luiza Beana Chipansky. "Método para Levantamento do Potencial Energético Solar em Campus Universitário". Tese submetida ao programa de Pós-Graduação em Engenharia Elétrica. Curitiba: Departamento de Engenharia Elétrica/UFPR, 2013.

INMET (2019). *Instituto Nacional de Meteorologia* [Online]. Disponível em: <http://www.inmet.gov.br/portal/index.php?r=estacoes/estacoesAutomaticas>. Acesso em: 11 nov. 2019.

KENDALL, Maurice G. e STUART, Alan. *The advanced theory of Statistics.* London: Charles Griffin & Company Limited, 1973.

KLEISSEL, Jan. *Solar Energy Forecasting and Resource Assessment.* Oxford: Elsevier, 2013.

LABREN. Laboratório de Modelagem e Estudos de Recursos Renováveis de Energia. [Online] 2019. Disponível em: <http://labren.ccst.inpe.br/atlas_2017.html>. Acesso em: 11 nov. 2019.

LABSOL. Laboratório de Energia Solar da Universidade Federal do Rio Grande do Sul [Online]. Disponível em: <http://www.solar.ufrgs.br/>. Acesso em: 11 nov. 2019.

PEREIRA, Enio Bueno et al. *Atlas brasileiro de Energia Solar*. 2ª ed. São José dos Campos, SP: INPE, 2017.

PINHO, João Tavares e GALDINO, Marco Antônio. "Manual de Engenharia para Sistemas Fotovoltaicos". Rio de Janeiro: Grupo de Trabalho de Energia Solar – CEPEL/CRESESB, 2014.

SINDA. Sistema Integrado de Dados Ambientais [Online]. Disponível em: <http://sinda.crn.inpe.br/PCD/SITE/novo/site/index.php>. Acesso em: 13 nov. 2019.

SODA. Solar Radiation Database [Online]. Disponível em: <http://www.soda-pro.com/help/helioclim/helioclim-3-overview>. Acesso em 12 nov. 2019.

SONDA. Sistema de Organização Nacional de Dados Ambientais [Online]. Disponível em: <http://sonda.ccst.inpe.br/infos/variaveis.html>. Acesso em 12 nov. 2019.

TIBA, Chigueru. *Atlas Solarimétrico do Brasil.* Grupo de Pesquisas em Fontes Alternativas de Energia. Recife: Departamento de Energia Nuclear/UFPE, 2000.

CAPÍTULO 3

ESTADO DA ARTE DAS TECNOLOGIAS DE PAINÉIS SOLARES

Anna Carolina Sermarini e Marco Antonio Haikal Leite

1 INTRODUÇÃO

Os números relativos ao crescimento da ESFV são muito expressivos e representam uma importante opção de tecnologia de "baixo carbono". De acordo com o relatório publicado pela IRENA (2019a), a instalação de painéis FVs pode, sozinha, levar a reduções significativas de cerca de 4,9 Gigatoneladas (Gt CO_2) das emissões de CO_2 em 2050, representando 21% do potencial total de mitigação de emissões no setor de energia.

Ainda segundo o relatório (IRENA, 2019a), a Ásia (principalmente a China) continuaria a dominar a ESFV em termos de capacidade instalada total, mesmo com os cortes em investimentos anunciados pelo governo chinês, com uma quota de mais de 50% até 2050, seguido pela América do Norte (20%) e a Europa (10%). Atualmente, de acordo com o relatório de Capacidade das Renováveis – Estatísticas 2019 (IRENA, 2019b) a capacidade instalada total mundial verificada para o ano de 2018 foi de 480.357 MW. A Figura 19 traz a distribuição para as diferentes regiões e a posição em que o Brasil se encontra.

Figura 19 – Capacidade instalada total (MW) em 2018

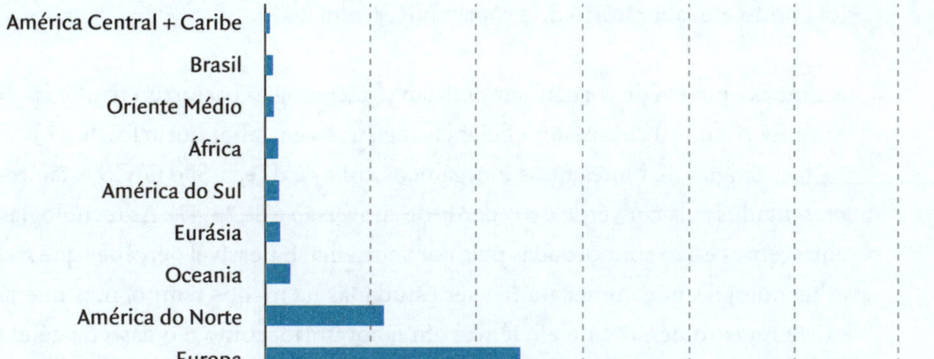

Fonte: *Adaptado do IRENA (2019b)*

O crescimento da ESFV e os avanços na área estão estreitamente relacionados ao desenvolvimento das tecnologias utilizadas nos módulos. As primeiras células solares comerciais foram fabricadas em semicondutores cristalinos ou policristalinos como o silício (Si), baseadas em junções p-n. Em seguida, foram desenvolvidas as células de filmes finos, como o a-Si, CdTe e o CIGS (MARQUES, 2014). Juntamente com as células baseadas em silício, estas formam as tecnologias que já estão com conhecimento consolidado e que são comercialmente viáveis.

Mais recentemente, surgiram as células solares chamadas de "emergentes", como as de compostos orgânicos, as sensibilizadas por corantes, células de perovskitas e outras que estão sendo estudadas, que têm potencial para atingir altas eficiências, mas que ainda apresentam alguns desafios para sair da escala laboratorial e alcançar as possibilidades comerciais. A Figura 20 exibe o gráfico referência do NREL que resume os avanços dos últimos quarenta anos em pesquisas e mostra os recordes de eficiência de células solares em escala laboratorial.

As marcações de cor roxa representam as tecnologias baseadas em semicondutores do grupo III-V (pertencentes ao grupo III e grupo V da tabela periódica) com junções simples, duplas e triplas e que apresentam as maiores eficiências. O recorde de eficiência encontrado para este tipo de dispositivo é de 47,1% e foi obtido em laboratório do próprio NREL, em 2019.

As linhas e pontos de cor azul simbolizam as tecnologias baseadas em c-Si (poli e monocristalino) cuja maior eficiência registrada em laboratório foi de 27,6%. As tecnologias de filmes finos inorgânicos como CdTe, a-Si e CIGS estão representados pela cor verde e o recorde de conversão é de 23,4%. As tecnologias emergentes estão simbolizadas pela cor vermelha. É possível perceber que são as tecnologias que começaram a ser estudadas há menos tempo, mas que já existe registro de 28% de eficiência em laboratório, como é o caso da célula solar Tandem de perovskita com silício.

Figura 20 – Avanços nas eficiências das células solares em escala laboratorial

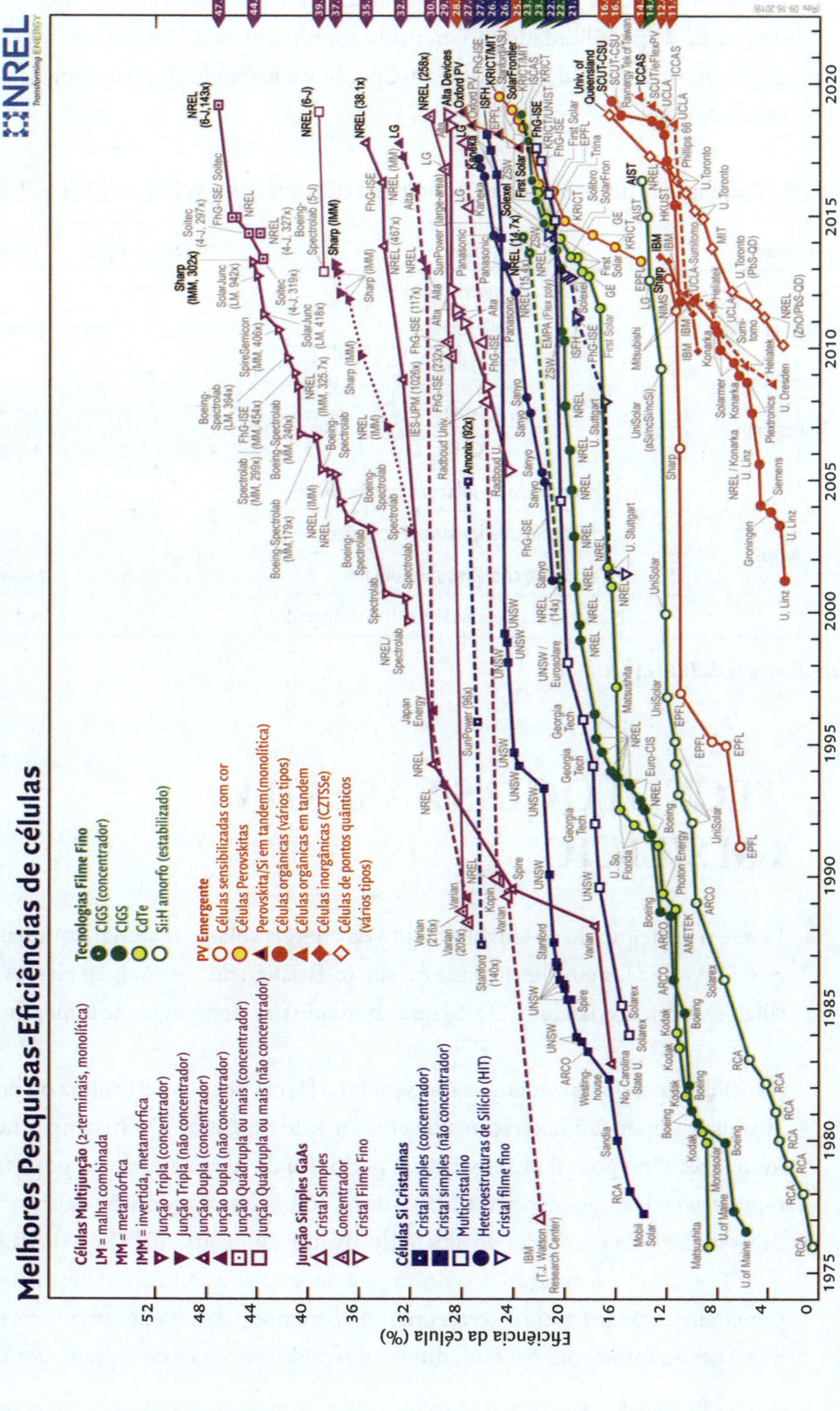

Fonte: *Adaptado do NREL (2019)*

Portanto, é necessário entender como se encontra o estado da arte das tecnologias que compõe este setor em expansão mundial, para ter uma dimensão do que há de possibilidades no mercado e onde é possível investir. A Tabela 6 abaixo mostra as tendências de participação no mercado das tecnologias que serão abordadas.

Tabela 6 – Participação de mercado das tecnologias de painéis fotovoltaicos (2014-2030)

<table>
<tr><th>Tecnologia</th><th>Tipo</th><th>2014</th><th>2020</th><th>2030</th></tr>
<tr><td rowspan="3">Baseadas em silício</td><td>Monocristalino</td><td rowspan="3">92,0%</td><td rowspan="3">73,3%</td><td rowspan="3">44,8%</td></tr>
<tr><td>Policristalino</td></tr>
<tr><td>Silício amorfo</td></tr>
<tr><td rowspan="2">Filmes finos</td><td>CIGS</td><td>2,0%</td><td>5,2%</td><td>6,4%</td></tr>
<tr><td>CdTe</td><td>5,0%</td><td>5,2%</td><td>4,7%</td></tr>
<tr><td rowspan="4">Outros</td><td>Concentradores solares fotovoltaicos</td><td rowspan="4">1,0%</td><td>1,2%</td><td>0,6%</td></tr>
<tr><td>OPV e Sensibilizadas por corantes</td><td>5,8%</td><td>8,7%</td></tr>
<tr><td>Silício cristalino melhorado</td><td>8,7%</td><td>25,6%</td></tr>
<tr><td>CGIS alternativos, perovskita e III-V melhorado</td><td>0,6%</td><td>9,3%</td></tr>
</table>

Fonte: *Adaptado do IRENA (2016c)*

2 TECNOLOGIAS BASEADAS EM SILÍCIO

Desde o princípio do desenvolvimento da energia solar, o material dominante que converte a luz em eletricidade é o silício. Existem duas principais classes do silício: amorfo e cristalino. O a-Si será abordado nas tecnologias de filmes finos.

As células cristalinas podem se apresentar na forma de monocristalina ou policristalina, dependendo da forma de crescimento do cristal. O silício no estado monocristalino possui uma estrutura periódica de longo alcance e, portanto, o material é homogêneo em toda a forma sólida e sua produção representa cerca de 50% da produção do silício destinado à indústria FV (SAMPAIO et al., 2019). Para a formação do Mono-Si é necessária a utilização do processo Czochralski que se baseia no crescimento do monocristal altamente controlado e que gera o semicondutor com dimensões padronizadas e de elevado grau de pureza. Isso explica o fato dos preços das células solares monocristalinas serem mais elevados (Tabela 7).

Na produção do silício policristalino, a estrutura tem periodicidade de curto alcance, levando à formação de grãos, dentro dos quais a periodicidade é mantida. A orientação cristalográfica de um grão para o outro varia. Busca-se obter o maior tamanho possível dos grãos. Os grãos formados são visíveis e produzidos com base em blocos de silício resultantes da fusão de silício puro em moldes específicos onde o silício solidifica-se, por resfriamento lento, e resulta numa estrutura policristalina. Este processo de produção é mais barato comparado àquele utilizado para a formação do Mono-Si. Na Figura 21 é possível perceber a diferença visual de ambas as células.

Figura 21 – Diferença das tecnologias de Silício

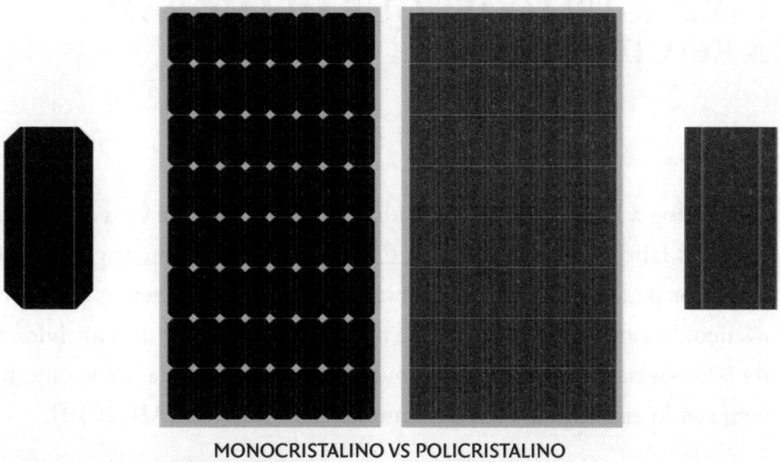

Fonte: *Adaptado do VOCESOLAR (2020)*

A formação de defeitos durante a solidificação torna o desempenho e eficiência ligeiramente menor do que as células monocristalinas (SAMPAIO et al., 2019). Assim, os recordes de eficiência atual, em escala laboratorial, para as células de Mono-Si são de 26,7% ± 0,5 e para as células de silício policristalino são de 22,3% ± 0,4 (GREEN et al., 2019). Para as aplicações dos módulos FVs, os fornecedores afirmam que as eficiências dos painéis de Mono-Si encontram-se em torno de 20% e os de silício policristalino em torno de 17%. A Tabela 7 traz a comparação dessas eficiências obtidas em laboratório e as verificadas na prática, assim como o preço médio dessas duas tecnologias.

Tabela 7 – Comparação das tecnologias de silício

Tecnologia	Recorde de eficiência das células (%)	Eficiências dos módulos fotovoltaicos (%)	Preço médio dos módulos (R$/Watt)
Silício monocristalino	26,7 ± 0,5	20	2,498*
Silício policristalino	22,3 ± 0,4	17	2,385*

** Preço obtido com base em fornecedor brasileiro (Aldo, 2019) – dezembro de 2019.*
Fonte: *Elaboração própria*

Como é possível perceber, as eficiências obtidas tanto em laboratório quanto observadas na prática são maiores com os painéis de Mono-Si. Da mesma forma, e como explicado anteriormente, os custos associados a esta tecnologia também são mais elevados do que aqueles das tecnologias de silício policristalino.

2.1 CONFIGURAÇÕES QUE MELHORAM A EFICIÊNCIA

2.1.1 PERC

A tecnologia PERC (*Passivated Emitter Rear Contact*) já vem sendo empregada pelos fabricantes de módulos FVs de silício nas últimas gerações de seus produtos para aumentar as eficiências. Essa tecnologia representa um grande avanço da indústria FV, mas não é totalmente nova. Foi desenvolvida há mais de 30 anos na Universidade de *South Wales*, na Austrália, mas somente agora vem sendo empregada comercialmente (CANAL SOLAR, 2019).

As células PERC possuem a adição de uma camada passiva dielétrica extra na parte traseira da célula de modo a refletir a luz não absorvida de volta para uma nova tentativa de absorção. Essa camada é introduzida por um processo de deposição adicional e um processo de gravação por laser ou ataque químico. A passivação permite o aumento da eficiência da célula com a redução da velocidade de recombinação de elétrons na superfície do silício.

A estrutura de uma célula solar PERC é composta por: contato frontal com impressão de tela em pasta de Ag; revestimento antirreflexo (ARC); camada de silício que forma a junção p-n; camada traseira de alumínio introduzindo um campo elétrico para impedir a perda de portadores de corrente; camada de passivação dielétrica; camada de nivelamento (SiNx) e terminando o sanduíche uma camada de pasta de alumínio (Figura 22).

Figura 22 – Célula Solar PERC

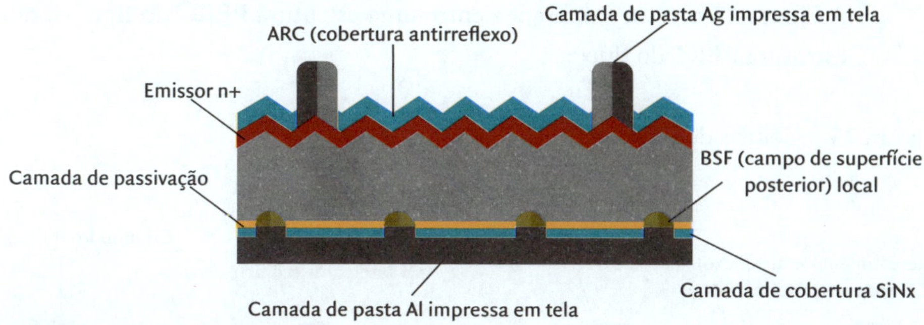

Fonte: *Adaptação do AzoMaterials (2019)*

Essa tecnologia vem demonstrando grande interesse dos fabricantes mundiais. Somente em 2017, foram fabricados mais de 15 GW de módulos PERC. A razão disso é que uma linha de fabricação de células PERC requer a adição de somente dois processos às linhas de produção de células tradicionais de silício. Assim, rapidamente e com baixo investimento, os fabricantes são capazes de fabricar células PERC mais eficientes do que as convencionais de c-Si não passivado. O mercado absorveu bem a tecnologia e módulos PERC já são disponíveis comercialmente em larga escala (CANAL SOLAR, 2019).

Como a estrutura PERC parece alcançar o gargalo de seu limite prático de eficiência de conversão de energia, os pesquisadores de PV procuram outras arquiteturas de células para continuar a aumentar a eficiência de células solares de silício viáveis industrialmente, como as PERT e PERL que serão abordadas em tecnologias emergentes.

2.1.2 PERT

PERT é um acrônimo para a parte traseira do emissor passivado totalmente difundida. Neste tipo de célula a superfície traseira é "totalmente difundida" com boro (B, tipo *p*) ou fósforo (P, tipo *n*). Normalmente, a tecnologia PERT é implementada em células solares em que a parte traseira é Si do tipo *n*. Tal fato objetiva tirar o máximo proveito das células quanto à tolerância a impurezas metálicas e a degradação induzida pela luz é mais baixa no Si do tipo *n*, possivelmente porque reduz a criação de pares de boro e oxigênio mais baixos, já que o volume da bolacha do tipo *n* é dopado com fósforo (CHAN, 2019).

A Figura 23 mostra a diferença entre uma estrutura PERC do tipo *p* e uma estrutura PERT do tipo *n*.

Figura 23 – Células de PERC e PERT

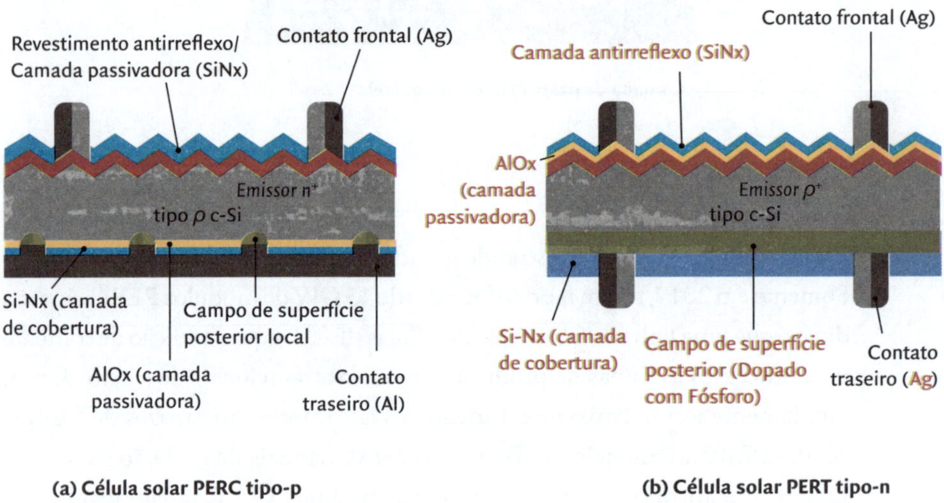

Fonte: *Adaptado do CHAN (2019)*

A fabricação de células solares PERT possui muitos processos avançados e muitas configurações para otimização de diferentes células. Novas tecnologias inteligentes, como os sistemas APCVD (*Atmospheric Pressure Chemical Vapor Deposition*), são usadas na fabricação e produção de produtos com alta aceitação há mais de dez anos. Como as células solares PERT podem também ser usadas em módulos convencionais, o processo simples para reconfigurar a linha de produção e mudar a produção de PERT monofacial para bifacial (que será abordado mais adiante) leva apenas algumas horas (SINOVOLTAICS, 2019).

2.1.3 PERL

A tecnologia PERL é um acrônimo para "emissor passivado traseiro difundido localmente". Assim como com as células de PERT, descritas anteriormente, são utilizados processos um pouco mais complexos de passivação da parte traseira da célula para atingir rendimentos maiores, o que as torna mais caras que as células de PERC.

A estrutura PERL combina as vantagens da PERC e da PERT. Como na PERC, a superfície frontal, bem como a traseira da célula policristalina são passivadas. Porém a traseira tem difusão apenas localmente nos contatos metálicos para minimizar a recombinação, enquanto mantém bom contato elétrico.

Para a produção dessas células, utilizam-se técnicas microeletrônicas para produzir células com eficiências próximas de 25% fora de laboratório, no espectro padrão AM1.5. O emissor passivado refere-se ao óxido de alta qualidade na superfície frontal que reduz significativamente o número de transportadores que se recombinam na superfície (PVEDUCATION, 2019). A Figura 24 traz o esquema da célula laboratorial PERL.

Figura 24 – Célula PERL

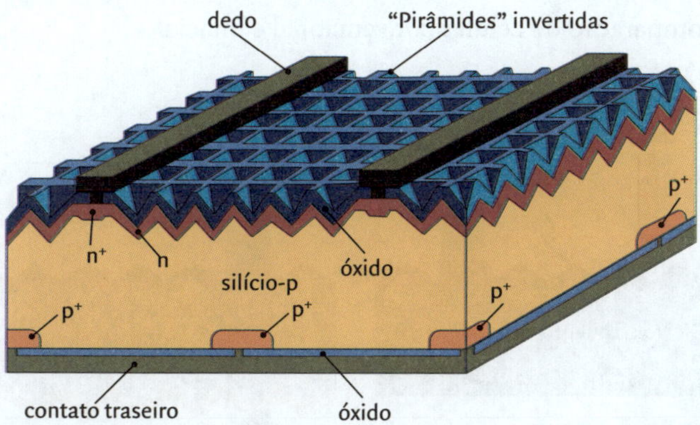

Fonte: *Adaptado do PVEDUCATION (2019)*

2.1.4 BIFACIAIS

Visando aumentar a geração de energia nas usinas FVs, recentemente vários fabricantes mundiais passaram a oferecer módulos solares que podem receber luz dos dois lados. Sendo assim, essas células seriam capazes de absorver certa quantidade de luz difusa e refletida do solo que pode ser aproveitada pela parte traseira do módulo, desde que ele esteja preparado para gerar energia com sua parte traseira.

Segundo dados do Portal Solar (2019), os módulos bifaciais podem oferecer aumento de eficiência de até 30% sobre os módulos convencionais. Porém esse aumento depende do modo como é feita a instalação (altura do solo, ângulo de inclinação) e também do tipo de solo. Um solo pouco reflexivo vai proporcionar pouco rendimento adicional. Um solo que reflete muita luz poderá oferecer um aumento expressivo na geração de usinas solares com módulos bifaciais.

As células convencionais recebem luz apenas na parte superior, na qual o silício fica exposto. A parte traseira é coberta por uma camada metálica em toda a sua extensão, que melhora as características elétricas, mas impede a captação de luz na parte traseira. A Figura 25 compara as estruturas das células FVs convencionais e bifaciais.

Figura 25 – Comparação de células convencional e bifacial

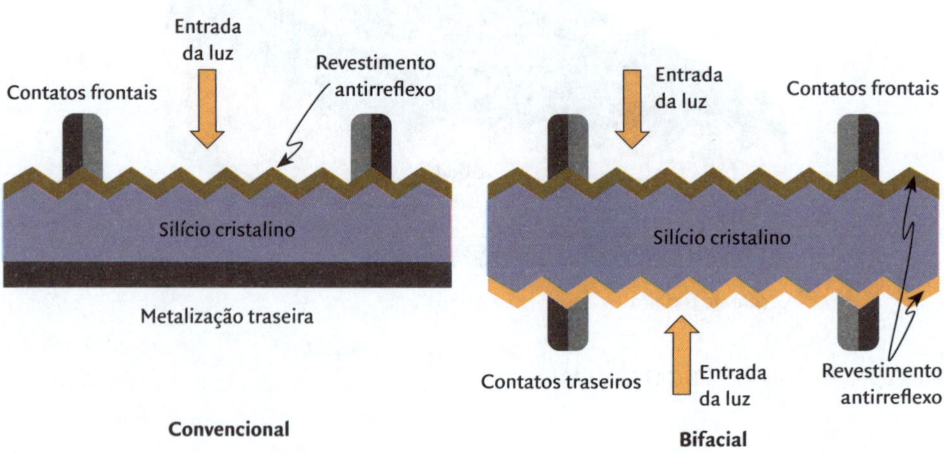

Fonte: *Adaptado do PORTAL SOLAR (2019)*

É importante ressaltar que os módulos bifaciais servem apenas para usinas solares. Em instalações *roof top* (em telhados), a parte traseira do módulo fica colada ou muito próxima do telhado, recebendo pouca ou nenhuma luz, o que não justificaria o emprego dessas células, o desempenho de um módulo bifacial seria comparável ao de um módulo convencional.

Diferentemente dos módulos tradicionais que possuem uma folha traseira (*backsheet*) composta de um plástico branco e opaco, os módulos bifaciais são construídos com uma lâmina traseira de vidro no lugar do *backsheet*. A composição de um módulo bifacial é retratada na Figura 26.

Figura 26 – Composição do módulo bifacial

Fonte: *Adaptado do CANAL SOLAR (2019)*

Portanto, pode-se concluir que os módulos bifaciais são uma boa aposta para a GC por captarem luz em ambas as partes e o seu desempenho já vem sendo comprovado. Em relação ao custo de um módulo bifacial, não é muito superior ao módulo convencional e, pelo ganho nas eficiências, podem representar um investimento com retorno econômico mais satisfatório.

2.1.5 HALF-CELLS

Em um módulo FV convencional, as fitas que interligam as células causam perdas significativas de energia durante o transporte. Visando a maior eficiência energética atrelada a uma redução de custos de fabricação, as *half-cells* surgem com a tentativa de diminuir as perdas na interligação dos módulos, com as células divididas ao meio e que geram metade da corrente de uma célula padrão. Esse método resulta no aumento da potência de saída de um módulo, podendo significar 5 a 8 W a mais que os painéis comuns (MinhaCasaSolar, 2019).

A tecnologia *half-cells* consiste na construção efetiva de módulos FVs com células retangulares cortadas ao meio. Os módulos passam a ser mais eficientes e com aproximadamente as mesmas dimensões e o mesmo custo de um módulo comum. Além disso, as células de dimensões reduzidas sofrem menos estresse mecânico, estando menos sujeitas ao aparecimento de microfissuras – uma das principais causas da redução da eficiência e da vida útil dos módulos FVs (Portal Solar, 2019). Na Figura 27 é possível identificar um módulo FV com células cortadas ao meio (*half-cells*).

Para os fabricantes de módulos o processo produtivo com células *half-cells* é muito parecido com o das células comuns já que as células fornecidas já são adquiridas cortadas ao meio, sendo necessários apenas pequenos ajustes para a alimentação das linhas de produção com um ou outro tipo de célula.

Dentre as vantagens das *half-cells* estão: o aumento da eficiência do módulo devido à redução de perdas; maior tolerância a sombras já que permite desacoplar o efeito das sombras quando incidem em apenas determinadas partes dos módulos e melhoria no desempenho térmico – redução do aquecimento causado pela presença de múltiplas caixas de junção (Portal Solar, 2019).

A nona edição do *International Technology Roadmap for Photovoltaic* (ITRPV) da Associação Alemã de Fabricação de Máquinas e Instalações Industriais (VDMA) para equipamentos FVs, prevê que a participação de mercado das *half-cells* crescerá de 5% em 2018 para quase 40% em 2028. Os módulos mais eficientes disponíveis no mercado com tecnologia de silício seriam a junção desses últimos métodos descritos: módulos monocristalinos PERC, bifacial com *half-cells*.

Figura 27 – Módulo fotovoltaico com *half-cells*

Fonte: *Adaptado do PORTAL SOLAR (2019)*

2.2 ÚLTIMOS LANÇAMENTOS EM MÓDULOS DE Si

Foi realizada uma pesquisa nos maiores produtores de módulos FVs do mundo com o objetivo de identificar os últimos lançamentos em módulos comerciais de silício e quais as suas características.

As duas empresas que dispõem dos equipamentos mais eficientes encontradas foram a Canadian Solar e a Jinko Solar. As especificações dos módulos disponíveis para compra – com ficha técnica, estão reunidas na Tabela 8 e na Tabela 9.

Tabela 8 – Módulos fotovoltaicos Canadian Solar

Nome abreviado	Especificação	Tecnologia	Faixa de potência	Maior Eficiência	Eficiência 30% bifacial*	Peso
BiHiKu	Super high power bifacial mono perc module	Si Mono PERC Bifacial	420 W ~ 445 W	19.9%	25.9%	28.4 KG
BiKu	New generation bifacial module	Si Mono Bifacial	375W ~ 400W	19.9%	25.9%	25.9 KG
HiKu	Super high power mono perc module	Si Mono PERC	430 W ~ 455 W	20.6%	-	24.9 KG
KuDymond	High efficiency mono perc module	Si Mono PERC	380W ~ 400W	20.16%	-	26.5 KG
KuMax	High efficiency mono perc module	Si Mono PERC	380W ~ 400W	20.16%	-	22.5 KG
HiDM	High density MONO PERC module	Si Mono PERC	400W~420W	20.37%	-	23.4 KG
All-Black	ALL-BLACK High density MONO PERC module	Si Mono PERC	320 W ~ 340 W	20.16%	-	19.2 KG

** Ganho bifacial: ganho adicional do lado de trás em comparação com a potência do lado da frente na condição de teste padrão. Depende da montagem (estrutura, altura, ângulo de inclinação etc.) e do albedo do solo.*
Fonte: *Elaboração própria*

A Jinko Solar ainda conta com uma série "Tiger Pro", mas que ainda não tem disponíveis as fichas técnicas. As informações dos módulos são:

- Tiger Pro 72TR Monofacial – 535wp – Efficiency 21.6%
- Tiger Pro 72 TR Bifacial – 530wp – Efficiency 21.4%
- Tiger Pro 78TR Monofacial – 580wp – Efficiency 21.6%
- Tiger Pro 78TR Bifacial – 575wp – Efficiency 21.4%

Tabela 9 – Módulos fotovoltaicos Jinko Solar

Série	Especificação	Tecnologia	Faixa de potência	Maior Eficiência	Eficiência 25-30% bifacial	Peso
Cheetah	Cheetah HC 60M	Si Mono PERC *half-cell*	325W ~ 345W	20.45%	-	18.5 kg
	Cheetah HC 72M	Si Mono PERC *half-cell*	390W ~ 410W	20.38%	-	22 kg
	Cheetah 72M	Si Mono PERC	380W ~ 400W	20.17%	-	21.6 kg
	Cheetah Plus HC 66M	Si Mono PERC *half-cell*	355W ~ 375W	20.33%	-	20.0 kg
	Cheetah Plus HC 78M	Si Mono PERC *half-cell*	425W ~ 445W	20.50%	-	24.0 kg
Tiger	N-Type Mono-facial-78 Cell	Tiling ribbon (TR)* technology + *half-cell*	450W ~ 470W	20.93%	-	26.1 kg
	N-Type Bifacial-78 Cell	TR technology + *half-cell* + Bifacial	450W ~ 470W	20.65%	26.85%	25.0 kg
	P-Type Mono-facial-78 Cell	TR technology + *half-cell*	450W ~ 470W	20.93%	-	25.0 kg
	P-Type Bifacial-78 Cell	TR technology + *half-cell* + Bifacial	445W ~ 465W	20.43%	25.54%	25.0 kg
Swan	Transparent Backsheet HC 5 Bus Bar - 60 Cell	Si Mono + Bifacial	320W ~ 340W	19.79%	24.74%	18.5 kg
	Transparent Backsheet HC 5 Bus Bar - 72 Cell	Si Mono +Bifacial	385W ~ 405W	19.78%	24.73%	22.3 kg
	Dual Glass HC % Bus Bar - 60 Cell with frame	Si Mono + Bifacial	320W ~ 340W	19.79%	24.74%	22.4 kg
	Dual Glass HC % Bus Bar - 72 Cell with frame	Si Mono + Bifacial	385W ~ 405W	19.78%	24.73%	26.6 kg

* *Eliminação de espaços entre as células para aumentar a eficiência dos módulos.*

Fonte: *Elaboração própria*

3 FILMES FINOS

As tecnologias de filmes finos surgem com um objetivo claro: redução de custos de produção e fabricação mais econômica em termos de utilização de materiais e de consumo energético. A utilização de menos matéria-prima é evidente já que, por possuírem uma boa capacidade de absorção, suas estruturas podem possuir uma espessura da ordem de 1 μm, enquanto as de silício são da ordem de 200 μm. O processo de fabricação dos filmes finos tem como característica a utilização de pouca quantidade de energia, o que contribui para um menor consumo de energia elétrica (DIENSTMANN, 2009).

Outro fator relevante associado aos filmes finos está relacionado ao substrato flexível. A maleabilidade possível de se obter com esses materiais, permite a aplicação em estruturas que não eram possíveis com os painéis de silício convencionais, como em automóveis e projetos de arquitetônicos.

As células solares de filmes finos são divididas em três cadeias produtivas principais: a-Si, CIGS e CdTe. Além dessas, existem as OPV e sensibilizadas por corante.

3.1 SILÍCIO AMORFO

O primeiro material a ser aplicado na tecnologia de filmes finos foi o a-Si, um material barato e simples de depósito e que ainda tem por característica o fato de o silício não ser tóxico e com grande disponibilidade mundial.

Seu processo de produção acontece a temperaturas baixas, o que torna possível a utilização de substratos de baixo custo. Os painéis solares obtidos são semitransparentes, leves e flexíveis. Tem-se observado a utilização desses painéis em projetos de arquitetura que levam em consideração essa característica estética (SOBRINHO, 2016).

Segundo o mesmo autor, ainda que a fabricação de filmes finos de a-Si seja mais barata em comparação com o c-Si, as áreas necessárias para implantação de uma usina com este tipo de tecnologia são maiores, além de custos mais elevados com mão de obra e material durante a instalação. Por outro lado, apresentam menores perdas de eficiência em condições de baixa irradiância e menor coeficiente de temperatura.

De acordo com GREE et al. (2019), o recorde de eficiência registrado para a tecnologia de a-Si em laboratório é de 10,2 ± 0,3%. Na prática, se verificam eficiências típicas de 6 a 9% para os painéis.

3.2 TELURETO DE CÁDMIO

A configuração mais comum é com a heterojunção CdS/CdTe. A montagem desta célula de CdTe acontece com uma camada superior do tipo *n* (de CdS) e a camada do tipo *p* composta por CdTe. Essas células são caracterizadas por serem de fácil produção e de estabilidade química muito grande. Estão também entre as mais baratas encontradas no mercado (DIENSTMANN, 2009).

O CdTe possui uma energia de banda proibida – diferença de energia entre as bandas de valência e de condução – em torno de 1,45 eV. Este número é bem próximo do valor que gera o máximo aproveitamento de energia da irradiação solar. Outro fator que ocorre neste tipo de célula é que a transição entre as bandas é direta, já que o mínimo da banda de condução coincide com o máximo da banda de valência. O primeiro fato possibilita a máxima eficiência quântica teórica e o segundo o torna um eficiente absorvedor de fótons. Além disso, por apresentar energia de banda proibida direta, o CdTe apresenta elevado coeficiente de absorção, maior que 10^4 cm^{-1} (LIMA, 2010).

O cádmio é uma substância muito tóxica e isso torna necessário um cuidado redobrado na fabricação e no descarte dos módulos (o que torna a sua reciclagem uma necessidade). Porém, uma vez encapsulado, não há risco de contaminação, mesmo em caso de incêndio, já que o vidro em que o módulo está encapsulado fica selado e bloqueia a substância tóxica (DIENSTMANN, 2009). Além disso, quando combinado com o elemento telúrio forma um composto estável que não apresenta risco ao meio ambiente.

A empresa americana First Solar é a pioneira na produção de módulos FVs de CdTe e inclui no custo do produto o sistema de reciclagem, o que evita o descarte inadequado do material. Esta empresa detém o conhecimento da tecnologia de alta *performance* e registrou o recorde de eficiência em laboratório de 21,0 ± 0,4% (GREEN et al., 2019). Já os módulos, segundo dados fornecidos pela própria empresa, alcançam até 18,2% de eficiência. Sendo assim, representam atualmente um dos módulos mais competitivos, em termos de eficiência, com as tecnologias de silício.

Uma preocupação existente associada à tecnologia é a escassez do elemento telúrio. Este material é bastante raro na natureza (Figura 28) e com o aumento da demanda para a produção de células solares é possível que o custo possa subir bastante também. Além disso, sem a reciclagem dos módulos e redução da espessura das camadas de semicondutores haverá possivelmente escassez de material para fazer as células.

Figura 28 – Abundância de elementos

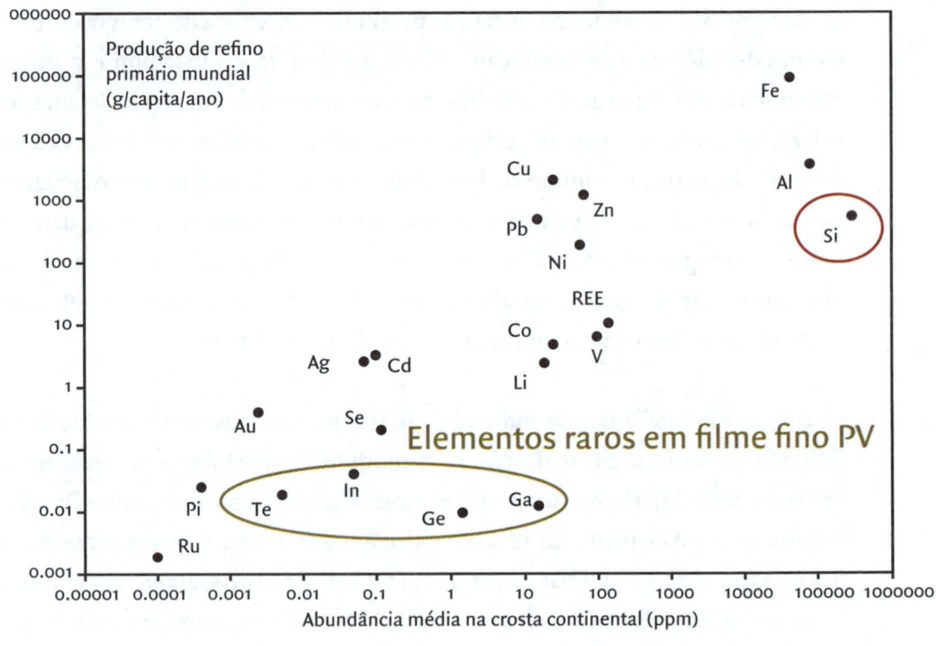

Fonte: *Adaptado de FTHENAKIS (2009)*

3.3 DISSELENETO DE COBRE, ÍNDIO E GÁLIO (CIGS)

Os filmes finos de CIGS compõem mais uma tecnologia capaz de ser fabricada em substratos flexíveis, que tem como uma liga semicondutora tipo *p*, o Cu(In, Ga)Se_2 e, da mesma maneira que acontece nas células de CdTe, o semicondutor do tipo *n* é o CdS (LIMA et al., 2017).

O mesmo autor destaca que a eficiência deste tipo de tecnologia vem aumentando nos últimos anos e este fato está associado principalmente a melhorias no controle das propriedades do semicondutor, que são dependentes da composição, como a possibilidade de incorporar gálio (Ga) e enxofre (S) e variar a banda proibida. O grande desafio na produção de células de CIGS é justamente o controle da composição.

De acordo com o NREL, o ponto central dos avanços do CIGS foi o desenvolvimento do "processo de três etapas". Tal processo permite a formação de uma camada de filme fino CIGS que seja da composição adequada e que permita que os portadores de carga fotogerados tenham um tempo de vida longo o suficiente na camada CIGS do dispositivo para que consigam ser separados e coletados nos contatos frontal e traseiro antes de se recombinarem. Esta separação e coleta são essenciais para confirmar uma alta eficiência de conversão (NREL, 2019).

Em laboratório, as eficiências recordes atingidas foram de 23,35 ± 0,5% de acordo com (GREEN et al., 2019). Segundo o Portal Solar (2019), os índices de eficiência para painéis solares CIGS normalmente operam na prática na faixa de 10-12%, e já existem alguns sendo vendidos no Brasil passando dos 13%.

A Tabela 10 traz uma comparação das tecnologias de filmes de acordo com os recordes de eficiência obtidos em laboratórios e observados na prática.

Tabela 10 – Comparação de eficiências dos filmes finos

Tecnologia	Recorde de eficiência das células (%)	Eficiências dos módulos fotovoltaicos (%)
Silício Amorfo	10,2 ± 0,3%.	6-9
Telureto de Cádmio	21,0 ± 0,4 %	18,2
CIGS	23,35 ± 0,5	13

Fonte: *Elaboração própria*

3.4 CÉLULAS SENSIBILIZADAS POR CORANTES (DSSC)

As células solares sensibilizadas por corantes (DSSC) também pertencem ao grupo das células solares de filmes finos e possuem destaque pelo seu baixo custo e por utilizarem materiais abundantes e não tóxicos em sua composição. Foram primeiramente desenvolvidas em 1991, por Michael Grätzel e Brian O'Regan, e por isso são também conhecidas como células solares de Grätze (SOBRINHO, 2016).

As DSSC modernas contêm no geral cinco componentes: 1. um suporte mecânico revestido de TCO; 2. um semicondutor fino, geralmente TiO_2; 3. o corante na superfície do semicondutor; 4. uma solução eletrolítica contendo um mediador redox; 5. um contraeletrodo capaz de regenerar o mediador redox.

Nas últimas duas décadas, as eficiências das DSSC aumentaram significativamente de um valor inicial de 7%, em 1991, até o recorde atual de 12%. Apesar dos avanços, as eficiências das DSSC são baixas se comparadas às células de c-Si e a questão da estabilidade também aparece como um fator a ser aprimorado (SOBRINHO, 2016).

3.5 CÉLULAS FOTOVOLTAICAS ORGÂNICAS (OPV)

As células FVs orgânicas (OPV) utilizam a nanotecnologia para a formação de filmes finos sobre substratos flexíveis. Diferentemente das tecnologias mencionadas anteriormente, são utilizados dois tipos de materiais semicondutores orgânicos para formar uma espécie de junção *pn*, na qual em um transitam elétrons e, em outro, lacunas.

De acordo com NELSON (2002), existem outros importantes aspectos que distinguem os materiais FVs orgânicos dos semicondutores orgânicos:

a. As excitações fotogeradas, ou seja, os elétrons excitados com a presença de luz estão estreitamente vinculados e não se dissociam espontaneamente em cargas separadas. A dissociação requer cerca de 100 meV de entrada de energia em comparação com alguns meV para um semicondutor cristalino. Portanto, a geração do doador de carga não resulta necessariamente da absorção da luz;

b. O transporte de carga não ocorre dentro de uma banda, ele prossegue entrando entre estados localizados e isto resulta em baixa mobilidade;

c. A gama espectral de absorção óptica é relativamente estreita, inferior ao espectro visível compreendido de 370 nm a 750 nm;

d. Os coeficientes de absorção são altos (aproximadamente 105 cm^{-1}), então, no comprimento de onda de pico, altas densidades de elétrons podem ser alcançadas com filmes com menos de 100 nm de espessura;

e. Alguns materiais apresentam instabilidade na presença de oxigênio ou água, devido à oxidação do catodo, como ocorre com o fulereno.

Segundo o NREL (2019), a força que as OPVs apresentam está relacionada à diversidade de materiais orgânicos que podem ser projetados e sintetizados para atuarem como absorvedores, receptores de carga e interfaces. Outras vantagens das células FVs orgânicas também são listadas por diversos autores e estão pautadas na leveza, alta flexibilidade mecânica, facilidade de integração mecânica com outros produtos e substratos, elevada transparência e custos de fabricação menores em comparação com as tecnologias inorgânicas convencionais, principalmente pelos substratos plásticos utilizados (IBRAHIM & HASSAN, 2019).

Já SCHARBER & SARICIFTCI identificaram em 2013 as células orgânicas como possibilidade de novas oportunidades de mercado, como integradas em itens de vestimentas. Além disso, o baixo tempo de retorno de energia (energia gerada comparada com a energia gasta para a fabricação dos painéis), baixo impacto ambiental durante a fabricação e rapidez no processo rolo a rolo também representam vantagens desta tecnologia.

É evidente que as vantagens desta tecnologia são grandes, mas em contrapartida, as desvantagens das células FVs orgânicas ainda afetam seu avanço na competição com as outras possibilidades de energia solar. Em termos de custo x benefício, as OPVs ainda estão muito atrás das tecnologias de silício, já que a eficiência das células e a vida útil ainda são muito inferiores. Ainda que testes de estabilidade acelerados tenham extrapolado a vida útil das OPVs em até quinze anos, as condições utilizadas não são totalmente representativas das instalações externas reais (RAFIQUE, 2018).

Segundo dados mais atualizados do NREL (2019), em escala laboratorial alcançou-se 13,2% de eficiência e em aplicações reais este número ainda não ultrapassou a casa dos 5%.

Mundialmente, existem poucas empresas produzindo e trabalhando com células de OPV, sendo exemplos a alemã OPVIUS e a americana NanoFlex Power Corporation. Essas empresas priorizam as utilizações de OPV para mercados da arquitetura e soluções em que o uso dos painéis convencionais de silício, por exemplo, não são a melhor opção, como em superfície curvas ou em projetos em que se faz necessária a personalização e baixo peso de painéis (FREITAS, 2019).

No Brasil, o mercado da tecnologia de células FVs orgânicas é dominado pela SUNEW, empresa brasileira fundada em 2015. Localiza-se em Belo Horizonte, junto ao centro de pesquisa da CSEM Brasil (fundada em 2006). A SUNEW tem a responsabilidade de fazer a ponte da pesquisa até o mercado e busca soluções para atender às necessidades dos clientes com a integração dos produtos.

Os painéis de OPV são fabricados na própria sede da Companhia. O processo de produção é o rolo a rolo, em que os filmes são impressos sob um substrato de PET e outras camadas são adicionadas para formação do painel.

A Figura 29 mostra a representação de uma célula FV orgânica genérica com seus elementos principais.

Figura 29 – Representação de uma célula de OPV

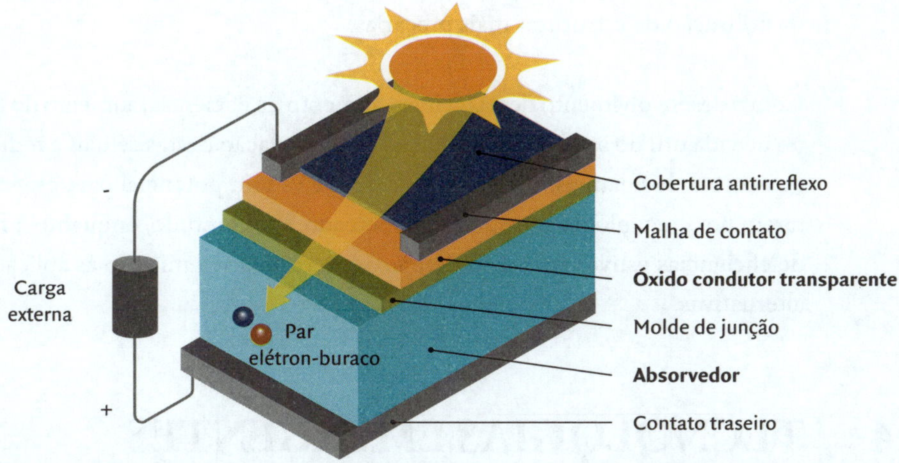

Fonte: *Adaptado do NREL (2019)*

A primeira camada da célula é o revestimento antirreflexo, responsável pela diminuição da reflexão pela superfície da célula. Em seguida ao contato de grade, existe uma camada de óxido condutor transparente (TCO) e a camada absorvente (composta de polímeros). Completando o sanduíche da célula orgânica encontra-se o contato traseiro.

O foco das aplicações das células orgânicas não é a geração de energia elétrica. A conversão da energia solar é utilizada como marketing para diferenciar seus produtos. A utilização dessas células se dá em *SmartBuildings*: possibilidade de integração das células FVs orgânicas em materiais de construção convencionais, como fachadas, claraboias, janelas, telhas e outros; mobiliário urbano: os painéis de OPV podem ser integrados em diferentes estruturas urbanas, como pontos de ônibus e bancos de praça; mobilidade: as características de leveza e flexibilidade dos filmes orgânicos possibilitam a integração da tecnologia em automóveis, semirreboques, caminhões, ônibus e outros.

Além das aplicações mencionadas anteriormente, existe a possibilidade de integrar o OPV em algumas aplicações promissoras como estruturas leves para reservatórios de água e barragens de usinas hidrelétricas, soluções off-grid para regiões isoladas e eletrônica de consumo como carregadores de dispositivos eletrônicos. Existe ainda a possibilidade de aplicar esta tecnologia em comunidades de baixa renda e que exigem componentes FVs mais leves, por conta da utilização de estruturas mais precárias.

Com o desenvolvimento dessas células, aumento de eficiência, aumento do tempo de vida útil do material, diminuição da degradação destas células e redução dos custos dos painéis, as tecnologias de OPVs têm potencial para representarem uma tecnologia disruptiva no mercado FV. Contudo, enquanto a faixa de eficiências estiver em torno de 5%, os mercados se limitarão às aplicações alternativas.

4 TECNOLOGIAS EMERGENTES

4.1 PEROVSKITA

Células solares de perovskitas (PSCs) são baseadas em haletos orgânico-inorgânicos e o termo se referia, originalmente, ao óxido de titânio de cálcio mineral ($CaTiO_3$), foi descoberto nos Montes Urais da Rússia em 1839 e nomeado em homenagem ao mineralogista russo Lev Perovski. Mas as perovskitas nas células solares têm pouco em comum com esse mineral, apenas a sua estrutura ABX_3, em que A e B são cátions e X é o ânion (EXTANCE, 2019).

As células solares de perovskita têm apresentado uma rápida ascensão. Atualmente, a aplicação desses materiais em células FVs tem se tornado objeto de estudo de diversos grupos de pesquisas e observa-se considerável evolução na arquitetura das células e na eficiência de conversão. Um fato relevante é que pode ser associada ao silício.

Os primeiros registros de dispositivos FVs com perovskitas, relatados em 2009, apresentavam uma eficiência de apenas 3,8%. No entanto, a facilidade de produção dos cristais em laboratório – ao misturar soluções de sal de baixo custo em conjunto para formar um filme fino – levou os pesquisadores a conseguir rapidamente melhorar seu desempenho. O recorde registrado em laboratório para células de junção simples de perovskita é de 24,2 ± 0,8%. Já para múltiplas junções (perovskita/Si) registrou-se o recorde de 28,0 ± 0,7% (GREEN et al., 2019).

A seguir é mostrado o esquema básico de uma célula de junção simples de perovskita, com seus elementos principais de composição (Figura 30).

Figura 30 – Desenho esquemático de uma célula de perovskita

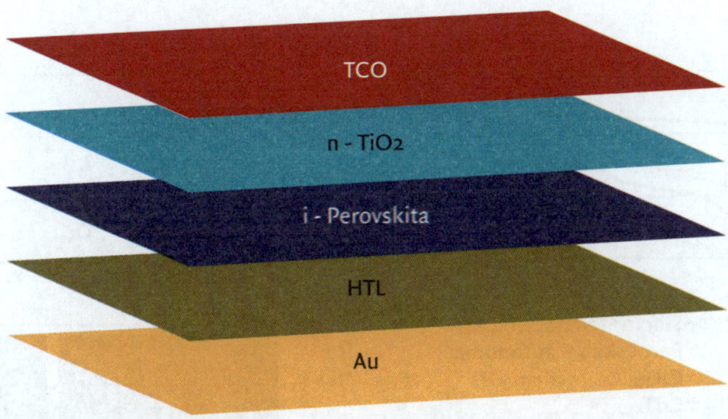

Fonte: *Adaptado de JEAN et al. (2015)*

Nesta célula típica representativa, a camada ativa é composta por perovskita (sendo a responsável por absorver a radiação), a camada transportadora de elétrons (ETL) é geralmente composta pelo TiO_2 e existe ainda a camada transportadora de lacunas (HTL). Fechando o sanduíche existe o eletrodo condutor transparente (TCO) e na outra extremidade é depositado um metal (Au, Ag ou Al), completando o dispositivo.

Apesar dos números alcançados em laboratório serem elevados, ainda não se tem conseguido a capacidade de fazer essas células com altas eficiências para grandes áreas. Um dos problemas é que em grandes áreas acaba sendo difícil produzir revestimentos uniformes, o outro é que está associado à resistividade.

Na multinacional Panasonic, por exemplo, pesquisadores conseguiram obter 20,6% de eficiência em uma célula de perovskita de 6,25 cm². No entanto, quando 35 células foram combinadas em um módulo de 412 cm², a eficiência caiu para 12,6% (EXTANCE, 2019).

A Figura 31 retrata justamente essa rapidez de ganho de eficiência que pesquisadores ao redor do mundo alçaram e também mostra a perda de eficiência quando se deixa a escala laboratorial para células maiores, para as tecnologias de perovskita/silício, Mono-Si, células de perovskita, CIGS e CdTe.

Figura 31 – Evoluções na eficiência e eficiências relacionadas ao tamanho da célula

TAMANHO IMPORTA

A eficiência de células solares que usam materiais perovskita, de baixo custo, tem crescido rapidamente (esquerda). Mas os registros de laboratório são definidos em amostras bem pequenas; a eficiência de células perovskita diminui em tamanhos maiores.

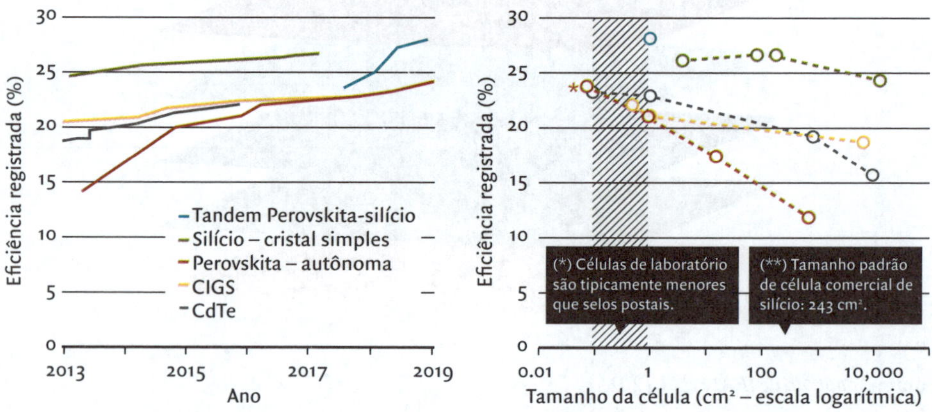

Os registros mostrados são para células de silício "heterojunção" (ex.: silício cristalino com um filme fino de silício amorfo). Não são mostradas as células "multijunção", as quais são mais eficientes, mas são também muito caras e complexas para se fabricar em escala para uso comercial . Não foi informado o tamanho de célula de 24,2% de eficiência. Áreas maiores que 243 cm² usualmente representam células conectadas juntas, em módulos (painéis). CIGS, disseleneto de cobre, índio e gálio. CdTe, telureto de cádmio.

Fonte: *Adaptado do EXTANCE (2019)*

Apesar da dificuldade de reproduzir para a realidade os feitos em laboratório, as células de perovskitas são mais simples e mais baratas de fabricar dos que as tecnologias baseadas em silício. A literatura aponta que os métodos mais comuns de produção dessas células são: deposição de solução em uma etapa

(*One-step solution deposition*), deposição sequencial de soluções em duas etapas (*Two-step sequential solution deposition*), deposição a vácuo, processo de deposição assistida por vapor e engenharia de solvente (RAPHAEL et al. 2018).

O principal desafio associado às células de perovskita é saber se elas poderão durar tanto tempo quanto os painéis de silício, que duram em torno de 25 anos. O comportamento dessas células sob temperaturas, pressão e umidade é incerto e pesquisas estão sendo desenvolvidas na tentativa de resolver o problema, porém o fato dos painéis solares comerciais já encapsularem seus materiais FVs em plástico e vidro para proteção é um sinal positivo para a tecnologia. Pode funcionar também para a maioria das células de perovskita.

Outra questão a ser analisada é a utilização de chumbo na composição das células, já que este elemento traz riscos à saúde humana e ao meio ambiente. Porém, de acordo com VASCONCELOS (2017), apesar de a preocupação ambiental ser grande em relação ao chumbo, a quantidade utilizada é muito pequena. Seu uso em células solares na forma de filmes finos seria muito menos impactante para o ambiente do que as baterias de chumbo-ácido, por exemplo.

Portanto, as células de perovskita apresentam uma possibilidade tecnológica promissora, na qual elas podem ser produzidas na forma de filmes ultrafinos e transparentes, formando painéis leves e flexíveis – o que permite uma quantidade maior de aplicações, porém com alguns entraves a serem resolvidos. A utilização deste material associada ao silício é uma possibilidade atraente de ganho de eficiência e redução de custo de fabricação e representa uma possibilidade de mercado.

4.2 MULTIJUNÇÃO

As células de múltiplas ou multijunção detêm o atual recorde mundial de eficiência FV, convertendo 47,1 ± 2,6% (GREEN et al., 2019) da energia solar em eletricidade (em laboratório e com uso de concentradores). As células de multijunção mais comuns são as III-V, em que se faz referência a um ou mais elementos do grupo III da tabela periódica (boro, alumínio, gálio, índio, tálio e nipônio – ou nihônio, antigo unúntrium), em combinação com um ou mais elementos do grupo V (nitrogênio, fósforo, arsênico, antimônio, bismuto e moscóvio – antigo ununpentium). A Figura 32 representa a estrutura de uma célula de multijunção.

Figura 32 – Estrutura de uma célula multijunção

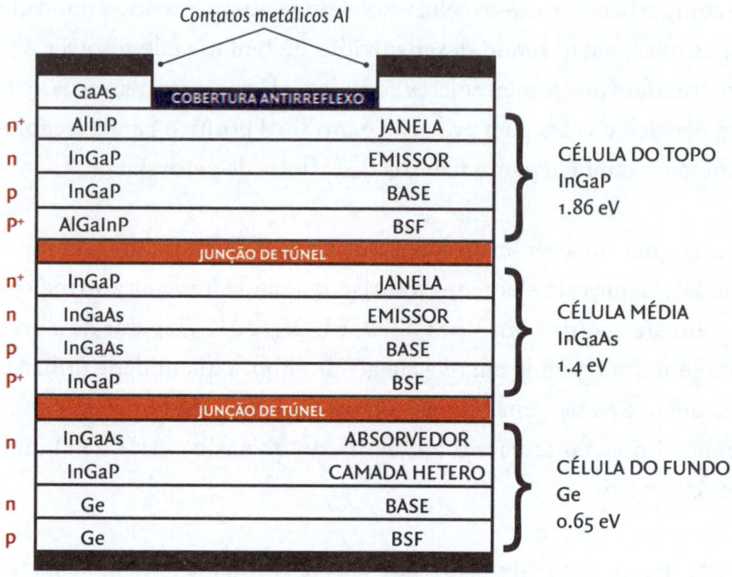

Fonte: *Adaptado de YASTREBOVA (2007)*

A limitação fundamental no rendimento de uma célula de uma junção convencional é o *gap* de energia, diferença de energia entre o fundo da banda de condução e o topo da banda de valência. Os fótons com energia maior que a do *gap* de energia têm o excesso de energia transformado em calor, enquanto aqueles com energia inferior não são absorvidos e sua energia é perdida.

O conceito multijunção é uma maneira de dividir o espectro solar em regiões, de forma que a radiação de cada parte seja absorvida numa das junções, na que tenha o *gap* de energia mais adequado à absorção daquela parcela do espectro solar de acordo com a Figura 33.

Figura 33 – Multijunção: Capacidade de absorção de diferentes comprimentos de onda

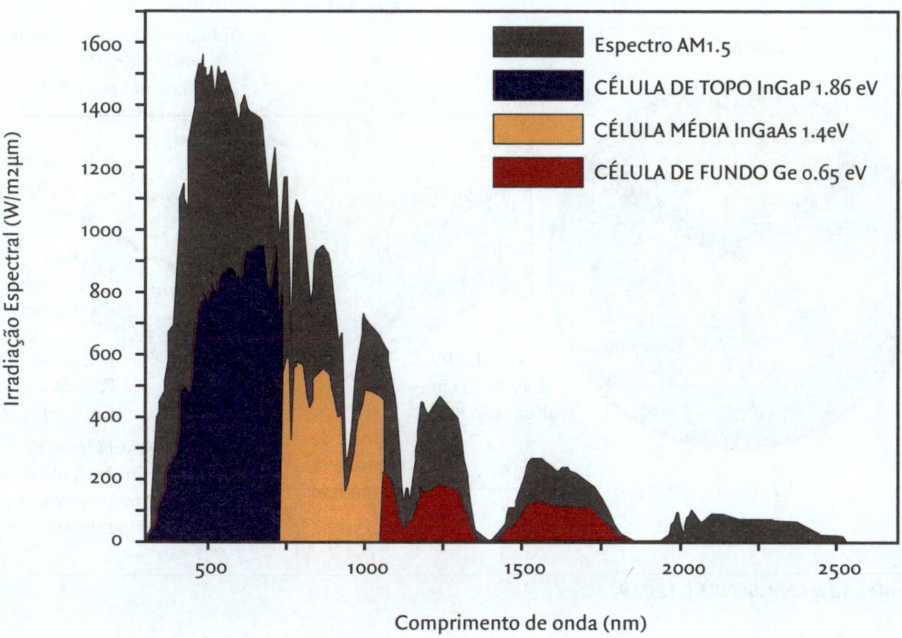

Fonte: *Adaptado de YASTREBOVA (2007)*

Atualmente, um dos grandes desafios da tecnologia FV é a produção de dispositivos baseados em células de multijunções com um preço acessível ao mercado. Esses tipos de células vêm sendo utilizados apenas em aplicações espaciais em razão do alto custo associado ao processo de produção e aos elementos utilizados na composição da célula. Mesmo para algumas aplicações em satélites, o custo das células chega a ser 25% do preço total do satélite.

Uma possibilidade que tem envolvido diversos estudos e apresenta futuro promissor é o uso de concentradores solares nessas células, em que com células de poucos centímetros é possível obter altas eficiências. O princípio das células com concentração é simples: lentes ou espelhos concentram a irradiação solar de uma grande área em uma célula FV pequena. São comuns razões de concentração de 500 ou mais. Nestas razões, a alta eficiência da célula é mais importante que o seu custo. A Figura 34 exemplifica a utilização de alta concentração com a utilização de uma caixa de lentes Fresnel.

Figura 34 – Multijunção com concentrador

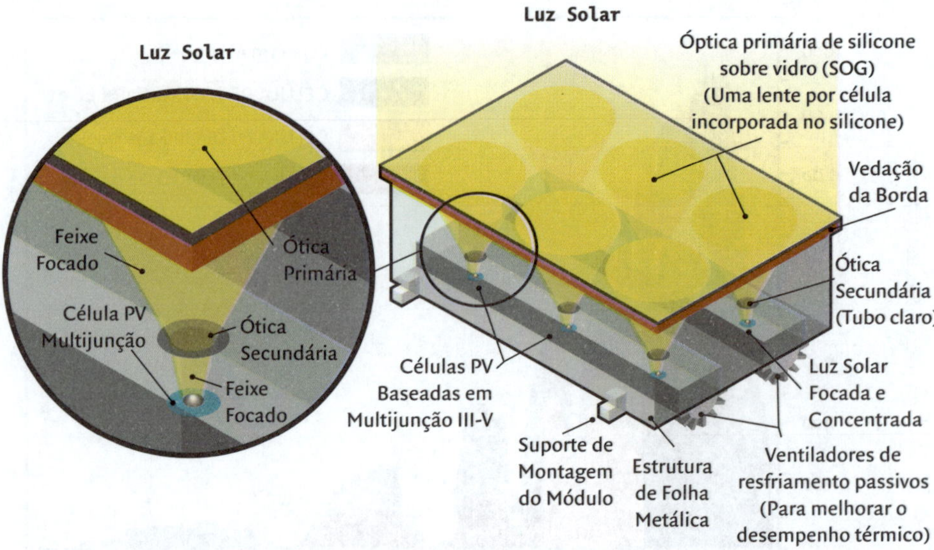

Fonte: *Adaptado do NREL (2019)*

5 CONCLUSÕES

Dados apontam que a Ásia (principalmente a China) continuará a ter a maior capacidade instalada total de ESFV, mesmo com os cortes em investimentos anunciados pelo governo chinês, com uma quota de mais de 50% até 2050, seguido pela América do Norte (20%) e a Europa (10%).

Na seção 2 foi mostrado que as tecnologias baseadas em silício tendem a permanecer dominando o mercado da ESFV. As eficiências observadas na prática para os módulos chegam a quase 27% e novas configurações têm se mostrado alternativas interessantes no ganho da eficiência e melhoria de *performance* como as PERC, PERT, PERL, módulos bifaciais e *half-cells*.

No terceiro item, são abordadas as tecnologias de filmes finos que surgiram com um objetivo claro: redução de custos de produção e fabricação mais econômica em termos de utilização de materiais e de consumo energético. O CdTe se mostra como a mais competitiva com o silício por conta das altas eficiências atingidas pelos módulos FVs (cerca de 18%). As tecnologias de a-Si, CIGS, DSSC e OPV são alternativas interessantes para aplicações nas quais não se justifica a utilização de módulos de silício, como aquelas integradas em projetos arquitetônicos (BIPV).

As tecnologias emergentes são descritas na seção 4. As células de perovskita aparecem como uma opção promissora de tecnologia FV, mas que ainda enfrenta desafios para tirar do laboratório e colocar na prática. Questões relacionadas à durabilidade e o comportamento dessas células sob temperatura, pressão e umidade ainda são incertas.

As células de multijunção detêm o atual recorde mundial de eficiência FV com mais de 47% de eficiência (em laboratório e com uso de concentradores). Essa tecnologia se mostra como uma oportunidade, mas ainda enfrenta alguns desafios como a redução de custos de produção.

REFERÊNCIAS BIBLIOGRÁFICAS

ALDO. Disponível em: <https://www.aldo.com.br/loja/categoria/energia-solar/produtos/painel-solar>. Acesso em: 12 dez. 2019.

AZOMATERIALS. Disponível em: <https://www.azom.com/article.aspx?ArticleID=16715>. Acesso em: 10 dez. 2019.

BOSIO, A. et al. "Manufacturing of CdTe thin Film Photovoltaic Modules". Thin Solid Films, ago. 2011, v. 519, Issue 21, p. 7522-7525.

CANADIAN SOLAR. Disponível em: <https://www.canadiansolar.com/module/>. Acesso em: 27 mai. 2020.

CHAN, K. S. K. Disponível em: <https://www.kschan.com/>. Acesso em: 19 dez. 2019.

COUTINHO, N. F. "Células Solares Sensibilizadas por Corante". Dissertação de mestrado – Física, Universidade Estadual de Campinas: Campinas, SP, 2014, p. 106.

DIENSTMANN, G. "Energia solar: uma comparação de tecnologias". Projeto de diplomação – Engenharia Elétrica, UFRGS: Porto Alegre, 2009, p. 92.

EXTANCE, A. "Perovskites on Trial". NATURE, jun. 2019, v. 570, p. 429-432.

FREITAS, A. M. "Experimental Performance of Commercial OPV Panels Tested Outdoor". Renewable Energy, maio 2019, v. 135, p.1004-1012.

FTHENAKIS, V. "Photovoltaics Recycling and Sustainability". In: *Photovoltaics Recycling Scoping Workshop*. IEEEPVSC, Philadelfia, EUA, 11 jun. 2009, 24 p.

GREEN, M. A. et al. "Solar cell efficiency tables" (version 54). Progress in Photovoltaics, maio 2019, v. 27, p. 565–575.

IBRAHIM, M. & HASSAN, H. "Influence of Active Layer Thickness on the Performance of Organica Photovoltaics With Light Trapping". IEE Transactionsonelectrondevices, jul. 2019, v. 66, n. 7.

IRENAa. "Future of solar photovoltaic – Deployment, investiment, technology, grid integration and social-economic aspects". International Renewable Energy Agency, 2019.

IRENAb. "Capacidade das Renováveis – Estatísticas 2019". International Renewable Energy Agency, 2019.

IRENAc. "End-of-life Management – Solar Photovoltaic Panels". International Renewable Energy Agency, 2016.

ITRPV. Disponível em: <https://itrpv.vdma.org/>. Acesso em: 7 dez. 2019.

JEAN, J. et al. "Pathways for solar photovoltaics". Energy and Environmental Science. 2015, Issue 4.

JINKO SOLAR. Disponível em: <https://jinkosolar.com/en/site/project>. Acesso em: 27 mai. 2020.

LIMA, F. A. S. "Eletroposição de Filmes Finos de CdTe para aplicação em células solares fotovoltaicas". Dissertação de mestrado, Ciências Físicas Aplicadas, UFCE: Fortaleza, 2010, p. 114.

LIMA, R. M. C. et al. "Caracterização de células solares de filmes finos de CIGS". Revista Matéria, 2017, v. ISSN 1517-7076 artigo e-11925.

MARQUES, F. C. "Minicurso de fabricação de células solares e módulos fotovoltaicos". Instituto de física Gleb Wathagin, IFGW/Unicamp: Campinas, 2014.

MinhaCasaSolar. Disponível em: <http://blog.minhacasasolar.com.br/o-que-e-a-tecnologia-half-cell/>. Acesso em: 7 dez. 2019.

NELSON, J. "Organic Photovoltaic Films". MaterialsToday. maio 2012, v. 5, Issue 5, p. 20-27.

NREL. Disponível em: <https://www.nrel.gov/pv/organic-photovoltaic-solar-cells.html>. Acesso em: 22 nov. 2019.

NREL. "Best Research-Cell Efficiency Chart". Disponível em: <https://www.nrel.gov/pv/cell-efficiency.html>. Acesso em: 2 dez. 2019.

PVEDUCATION. Disponível em: <https://www.pveducation.org/pvcdrom/manufacturing-si-cells/high-efficiency-solar-cells>. Acesso em: 12 dez. 2019.

RAFIQUE, S. et al. "Fundamentals of bulk heterojunction organic solar cells: An overview of stability/degradation issues and strategies for improvement". Renew. Sust. Energ. Rev. (84), 2018, p. 43-53.

RAPHAEL, E. et al. "Células Solares de Perovskitas: uma nova tecnologia emergente". Química Nova: São Paulo, jan. 2018, v. 41, nº 1.

SAMPAIO, J. A. et al. "Silício Grau Solar: uma revisão das tecnologias de produção". CETEM/MCTIC, 2019.

SCHARBER, M., & SARICIFTCI, N. "Efficiency of Bulk-Heterojunction Organic Solar Cells". Progress in Polymer Science, 2013, v. 38, Issue 12, p. 1929-1940.

SINOVOLTAICS. Disponível em: <https://sinovoltaics.com/learning-center/solar-cells/pert-solar-cells/>. Acesso em: 19 dez. 2019.

SOBRINHO, L.C.O. "Desenvolvimentos e pesquisas na terceira geração de células fotovoltaicas". Projeto de Graduação em Engenharia Elétrica. UFRJ: Rio de Janeiro, 2016, p. 37.

SOLAR CANAL. Marcelo Gradella Villalva, Disponível em: <https://canalsolar.com.br/index.php/artigos/item/64-tecnologia-perc-a-nova-geracao-de-celulas-fotovoltaicas>. Acesso em: 10 dez. 2019.

Solar Portal. Disponível em: <https://www.portalsolar.com.br/tipos-de-painel-solar-fotovoltaico.html#ancora6>. Acesso em: 17 dez. 2019.

Solarquotes. Disponível em: <https://www.solarquotes.com.au/panels/photovoltaic/dye-sensitised-cells/>. Acesso em: 28 jan. 2020.

VASCONCELOS, Y. "Luz mais eficiente". Tecnologia Energia, Pesquisa FAPESP 260, 2017, p. 65-68.

VOCESOLAR. Disponível em: <https://vocesolar.com.br/>. Acesso em: 17 dez. 2019.

YASTREBOVA, N. V. "High-Efficiency Multi-Junction Solar Cells: Current Status and Future Potential". Centre for Research in Photonics. University of Ottawa, 2007.

CAPÍTULO 4

ARMAZENAMENTO

André de Oliveira e Marco Antonio Haikal Leite

1 INTRODUÇÃO

A sociedade atual passa por um processo de dependência do consumo de energia elétrica cada vez maior. Tal dependência é representada na produção de bens e serviços, bem como no consumo da sociedade. As empresas se tornam cada vez menos tolerantes a falhas ou interrupções no sistema de fornecimento de energia elétrica, uma vez que tais problemas podem causar graves prejuízos e perdas econômicas para elas (CHAGAS, 2007).

A fim de atender às necessidades de sistemas de fornecimento de energia confiáveis, é utilizado um sistema de armazenamento de energia elétrica, que tem a função de suprir o consumo em momentos que a fonte principal de fornecimento de energia não esteja disponível.

Os sistemas de armazenamento de energia possuem aplicações bastante distintas e não se restringem somente ao suprimento do fornecimento de energia elétrica, compreendendo outras naturezas de armazenamento, tais como as de natureza térmica (como as de termoacumulação), de natureza mecânica (como as de acumulação, utilizada por usinas hidrelétricas), volantes de inércia, dentre outras (SERRA et al., 2016). A adoção de determinada tecnologia de armazenamento é dada pela utilização destino do sistema de fornecimento de energia do usuário. A Figura 35 mostra diferentes usos de armazenamento de energia elétrica diante de diversas aplicações.

Em sistemas FVs, para geração de energia elétrica em CC ou corrente alternada, a solução mais apropriada para armazenamento é a utilização de baterias. Para utilização em aquecimento, a conversão direta de energia elétrica em energia térmica através de resistências de aquecimento é o método mais indicado e para aproveitamento de água em momentos que não se utiliza ou não é possível utilizar o bombeamento, armazena-se a água em locais elevados, onde é possível obter um volume de pressão adequado para a sua utilização (AKBARI et al., 2018). Esse trabalho tem como foco aplicações de geração de energia elétrica em sistemas FVs. Tendo isso em vista, o aspecto de armazenamento abordado será o de baterias.

Figura 35 – Diferentes usos de armazenamento de energia

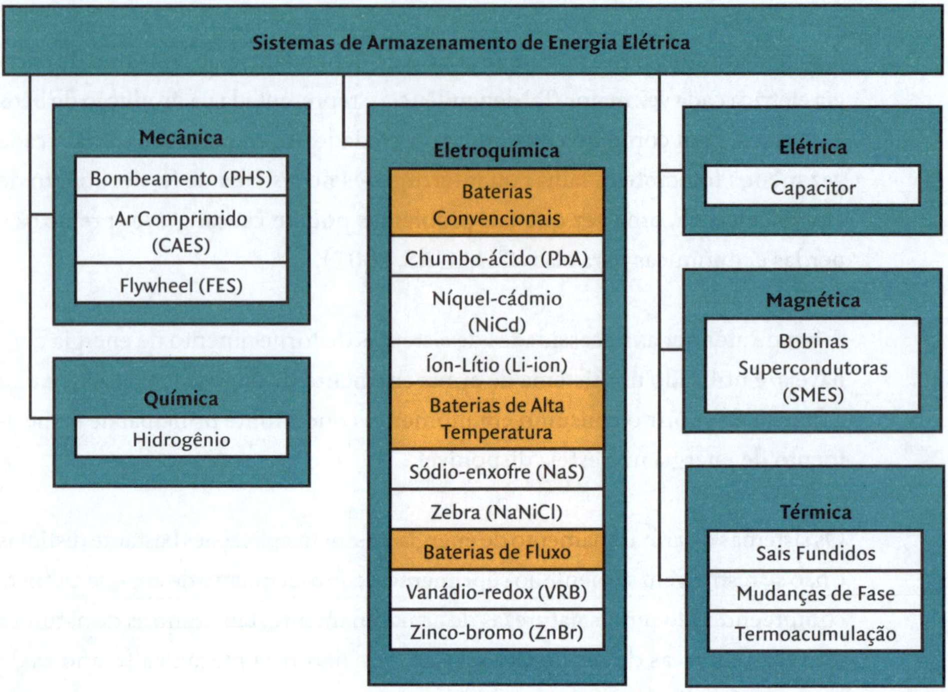

Fonte: *Adaptado de SERRA et al. (2016)*

2 BATERIAS

A bateria é uma forma de armazenamento de energia elétrica, que consiste de um conjunto de células ou vasos eletroquímicos, ligados em série ou paralelo, capazes de armazenar a energia elétrica na forma de energia química, através de um processo de oxidação e redução que ocorrem em seu interior. Quando a bateria, já carregada, for ligada a uma carga elétrica, uma CC será produzida a partir da conversão da energia química em energia elétrica (PINHO & GALDINO, 2014).

As baterias podem ser categorizadas em dois grupos, dependendo do tipo de célula: primárias e secundárias. As células primárias compõem baterias que só podem ser utilizadas uma vez (não recarregáveis) e após a descarga total, as baterias devem ser descartadas. Geralmente esse tipo de bateria é utilizada em sistemas de baixa potência, como relógios de pulso, iluminação de emergência, caixas de som, dentre outros sistemas eletrônicos (PINHO & GALDINO, 2014). As células secundárias correspondem às baterias que podem ser carregadas com o auxílio de uma fonte de energia externa e utilizada diversas vezes. São também chamadas de acumuladores ou baterias de armazenamento, indicadas para o uso em aplicações de longo prazo, como celulares e sistemas FVs (CHAGAS, 2007).

2.1 CARACTERÍSTICAS DAS BATERIAS PARA SISTEMAS ELÉTRICOS

As principais características a serem consideradas para instalação em sistemas elétricos são: capacidade da bateria, taxa de carga e descarga, tensão de corte, estado da carga, profundidade da descarga, resistência interna e vida útil (LUNA FILHO, 2017). A seguir será detalhada cada uma dessas características.

Capacidade da bateria: É a medida da capacidade total que uma bateria possui para armazenar energia elétrica, usualmente expressa na forma de Ah ou mAh. Isso equivale ao tempo que uma bateria é capaz de fornecer energia a uma carga, com determinada corrente. Por exemplo, uma bateria com 100 Ah é capaz de suportar uma carga que consuma 2 A durante um período de 50 horas.

Taxa de carga e descarga: Corresponde à corrente de carga ou de descarga da bateria no sistema. Está relacionada com a razão entre a capacidade total e o tempo de carga ou de descarga da bateria. É geralmente expressa em A ou mA.

Tensão de corte: É a menor tensão de operação da bateria. Esse valor é fornecido pelo fabricante da bateria, geralmente em V. Caso a bateria seja submetida a níveis de tensão inferiores ao nível da tensão de corte, as células sofrerão um processo interno de degradação.

Estado da carga: Também conhecido pelo acrônimo proveniente da língua inglesa SoC. Representa o percentual de energia útil disponível em relação à energia total da bateria. Com a bateria completamente carregada, o valor é máximo e conforme a bateria se descarrega, esse valor diminui. Essa característica é importante para definir e monitorar a quantidade de energia restante, bem como os ciclos de carga da bateria.

Profundidade da descarga: Corresponde ao percentual de energia já utilizada em relação à energia total da bateria. É conhecida também pelo acrônimo DoD de língua inglesa. Esse parâmetro é importante para definir a vida útil de uma bateria e a profundidade de descargas em diversos ciclos de utilização.

Resistência interna: É a resistência elétrica interna da bateria. É um parâmetro que varia de acordo com projeto da bateria e está atrelado à eficiência dela. Diversos fatores provocam o aumento da resistência interna, como a temperatura, sulfatação, descarga completa, dentre outros. Esse aumento da resistência interna implica em uma redução da quantidade de energia que pode ser transferida à carga e consequentemente na redução da sua eficiência.

Vida útil: É o tempo em que a capacidade efetiva da bateria atinge 80% de sua capacidade nominal. Esse tempo sofre variações dependendo das condições em que a bateria é operada, como as tensões e cargas às quais a bateria é submetida, a temperatura, o projeto de construção e a tecnologia utilizada.

2.2 TIPOS DE BATERIAS

Existem diversas tecnologias já conhecidas e muitas em estágio de desenvolvimento ou inserção no mercado, em função de diferentes circunstâncias, usos e aplicações. A seguir, serão apresentadas as principais baterias empregadas em sistemas de armazenamento de energia elétrica.

2.2.1 CHUMBO-ÁCIDO

Estas baterias possuem placas de chumbo que são imersas em uma solução líquida de H_2SO_4. Suas características principais são: baixo custo, facilidade de fabricação, alta confiabilidade e fácil indicação do estado de carga. Todas essas características fizeram com que esse tipo de bateria tivesse grande aceitação no mercado, principalmente por conta da sua ótima relação custo e benefício. De todas as tecnologias conhecidas, essa é a que atualmente está mais madura (SERRA et al., 2016).

Suas principais desvantagens são o ciclo de vida relativamente pequeno (entre 50 e 500 ciclos), densidade de energia limitada (de 30 a 40 Wh/kg), dificuldade de fabricação de módulos muito pequenos (inferiores a 500 mAh) e o fato do Pb ser um metal tóxico.

Outra desvantagem importante é que essas baterias não devem sofrer uma descarga completa, pois, quando a carga fica abaixo de um determinado nível, ocorre um fenômeno chamado de sulfatação, que consiste na formação de cristais de sulfato de chumbo nas placas das células, onde gradualmente esses cristais se unem, formando cristais maiores, que não se decompõem no carregamento da bateria, reduzindo a sua capacidade máxima, de modo permanente.

2.2.2 NÍQUEL-CÁDMIO

Sua estrutura interna é composta de um catodo de hidróxido de Ni e um anodo de Cd. Sua principal vantagem está no fato desse tipo de bateria ser menos afetado por descargas, podendo inclusive sofrer uma descarga completa. Essas baterias são amplamente utilizadas em concessionárias de energia elétrica e em baterias de eletrodomésticos.

Suas principais desvantagens são: a reduzida capacidade de recarga, sua eficiência (que oscila entre 60% e 70%), o fato dessas baterias apresentarem perdas de carga elevadas e a elevada toxidez do Cd.

Sua tecnologia é também considerada madura, apresentando bom desempenho e vida útil, no entanto, as baterias de chumbo-ácido ainda têm maior espaço no mercado em razão do seu custo (que é o menor de todos os tipos de baterias) (SERRA et al., 2016).

2.2.3 NÍQUEL METAL HIDRETO

Trata-se de uma bateria com o mesmo princípio da bateria de Ni-Cd, utilizando no eletrodo positivo o hidróxido de níquel. No entanto, o eletrodo negativo é um hidreto metálico. Suas principais características são a baixa resistência interna, alta densidade de energia, grande tempo de vida útil, ótimo desempenho em correntes de carga e descarga elevadas, utilização de metais não tóxicos, elevada taxa de autodescarga e o fato de necessitar de muita manutenção.

Historicamente essas baterias tiveram custos relativamente elevados, no entanto, atualmente elas estão com preços menores, chegando próximo do valor das baterias de Ni-Cd. Isso abre uma série de oportunidades para essas baterias ganharem espaço no mercado, além da preocupação com danos ambientais e o descarte delas. Suas principais aplicações são para a computação móvel e equipamentos eletrônicos sem fio (SERRA et al., 2016).

2.2.4 ÍONS DE LÍTIO

Essas baterias são compostas de células que utilizam diferentes composições químicas formadas a partir de combinações do Li com outros elementos. O eletrodo positivo é tipicamente formado por um óxido de lítio, como o óxido de lítio-cobalto, óxido de lítio-manganês e o fosfato de lítio-ferro. O eletrodo negativo é geralmente composto por carbono grafite. Suas principais características são:

a. O longo ciclo de vida útil (entre 2.000 e 3.000 ciclos);

b. Elevada densidade de energia (entre 85 e 150 Wh/kg);

c. Rápida capacidade de carga;

d. Baixa taxa de autodescarga (inferior à metade da taxa das baterias de Ni-Cd e níquel metal hidreto);

e. O custo inicialmente elevado (em comparação com os demais tipos de baterias, sendo inicialmente praticamente o dobro do preço de fabricação das demais), vem baixando significantemente, tendo reduzido 80% entre 2010 e 2017e estando próximo de atingir a estabilização da redução;

f. Degradação rápida em altas temperaturas;

g. Envelhecimento mesmo se não estiver em uso.

Quando comparado com o desenvolvimento tecnológico das baterias de chumbo-ácido, ou mesmo as de Ni-Cd, as baterias de lítio apresentam um estágio médio de maturidade tecnológica, podendo ainda haver possibilidade de redução de custos com o avanço dessa tecnologia. Seus principais usos estão em sistemas eletrônicos pequenos, como baterias de *smartphones* e *notebooks*, veículos elétricos e aplicações estacionárias, como sistemas FVs (PINHO & GALDINO, 2014).

2.2.5 SÓDIO-NÍQUEL-CLORO

Essa tecnologia pertence a um grupo conhecido como baterias de sal fundido. São constituídos de cloreto de níquel como eletrodo positivo e de sódio como eletrodo negativo. Como os eletrodos estão no estado líquido, a transferência de íons é facilitada. Suas propriedades mais relevantes são a boa segurança operacional, maior tensão por célula (em comparação com as demais tecnologias), elevada densidade de energia e potência, altas temperaturas de operação, eficiência e descarga profunda (cerca de 80%).

Essas baterias foram inicialmente projetadas para uso veicular, mas já estão sendo aplicadas em sistemas de armazenamento de fontes renováveis de energia. Essa tecnologia ainda está em um estágio inicial de amadurecimento e isso dificulta a sua entrada no mercado, pelo alto custo de fabricação e questões de confiabilidade, já que ainda não é tão confiável quanto os tipos já consolidados comercialmente (PINHO & GALDINO, 2014).

2.2.6 BATERIAS DE FLUXO DE VANÁDIO OU VANÁDIO-REDOX

Nas baterias de fluxo, diferente dos tipos anteriores, a carga é feita por componentes químicos dissolvidos em dois tanques externos, separados da célula, na qual se localizam o catodo e o anodo. Durante o carregamento e o descarregamento, esses componentes químicos são bombeados para a célula. Nas baterias de vanádio-redox, como o nome sugere, os componentes químicos são espécies iônicas de vanádio que se baseiam em reações de oxirredução dessas espécies. A Figura 36 mostra um esquema de uma bateria de fluxo.

As principais características dessa bateria são a elevada vida útil, ultrapassando dez mil ciclos, a baixa densidade de energia (10 a 25 Wh/kg) e a possibilidade de reciclar seus eletrólitos. A quantidade de energia armazenada por essas baterias depende basicamente do tamanho de seus tanques externos. Geralmente são usadas para aplicações estacionárias, devido à necessidade de equipamentos adicionais como bombas, sensores e unidades de controle e possuem grandes dimensões. Essa tecnologia é considerada madura, no entanto, ainda há bastante espaço para seu desenvolvimento (ASSUNÇÃO JUNIOR, 2015).

Figura 36 – Esquema padrão de uma bateria de fluxo

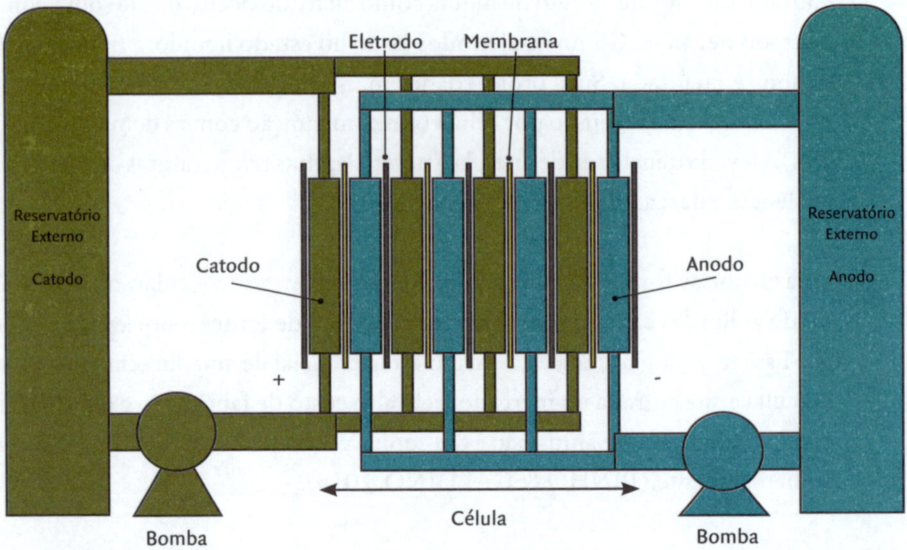

Fonte: *Adaptado de AKBARI et al. (2018)*

2.2.7 BATERIAS DE FLUXO DE FERRO

As baterias de fluxo de ferro têm eletrólito de cloreto de sódio dissolvido em água, sendo consideradas de baixo custo. A empresa ESSS alega que sua bateria utilizando esta tecnologia tem rendimento de 75% CC-CC, incluindo os sistemas auxiliares e durabilidade de mais de vinte mil ciclos sem degradação mesmo para descargas profundas. Como a temperatura de operação interna é de 50 °C, não necessita de ar-condicionado, uma vantagem considerável em relação às baterias de íons de lítio. O processo é isotérmico e o eletrólito tem pH entre 3 e 4, sendo não inflamável, não perigoso e facilmente reciclável. Dispensa também sistemas de combate a incêndio.

A bateria possui capacidade para uma carga completa realizada em menos de um segundo. Sua manutenção é simples, constando de uma inspeção a cada seis meses e adição de eletrólito, outra grande vantagem. Sua vida útil é de 25 anos.

É um sistema comercial, cujo custo atual é 450 US$/kWh para sistemas com capacidade de armazenamento de energia para 4 horas e 250 US$/kWh para sistemas com capacidade de armazenamento de energia para 10 horas.

Sua principal desvantagem é a necessidade de muito espaço e sua principal utilização é em sistemas de apoio à rede, também chamado de sistemas ancilares (INTERSOLAR, 2020).

2.2.8 BATERIA DE ESTADO SÓLIDO

As baterias de estado sólido têm o eletrólito como principal diferença em relação às demais baterias, que ao invés de ser uma solução líquida, é uma liga de metal no estado sólido. O catodo é um óxido metálico, em geral, são os mesmos óxidos metálicos utilizados nas diversas baterias. O anodo é usualmente composto pela liga metálica de Li, utilizado principalmente pela sua alta densidade energética.

Suas principais características são a sua elevadíssima densidade energética, podendo alcançar valores da ordem de 500 Wh/kg, carga rápida e faixa operacional de temperatura que varia entre -30 e +100 °C.

Sua principal aplicação é para o veículo elétrico. As principais desvantagens são a condutividade, que nos eletrólitos sólidos é menor que a do líquido e a dificuldade de produção em larga escala (RWTH, 2019).

2.2.9 OUTROS SISTEMAS DE ARMAZENAMENTO

Outros sistemas de armazenamento que não utilizam baterias podem ser citados, como a chamada criobateria, desenvolvida pela empresa *Highview Power*, atualmente em fase de demonstração de uma unidade de tamanho comercial. Também é um sistema de grande porte idealizado para apoio à rede em sistemas ancilares. Não é propriamente uma bateria, mas um ciclo térmico com liquefação de ar, armazenamento em tanques criogênicos para posterior expansão em turbinas. A empresa alega que o sistema tem rendimento de 60%.

Outro sistema que pode ser citado é fornecido pela empresa sueca Azelio. É um sistema que se adequa melhor para geração solar térmica, mas que pode ser também utilizado para sistemas FVs. Consiste em tanques de termoacumulação de alumínio fundido que fornecem calor para um motor Stirling, que é um motor de combustão externa. O rendimento alegado é de 29% para eletricidade e de 90% incluindo a energia térmica. O sistema tem módulos de 25 a 30 kW cada. A temperatura de trabalho nos tanques é de 565 °C. O tempo de carregamento do sistema é de seis horas. A empresa está fornecendo um sistema de 25 kW para o Marrocos (INTERSOLAR, 2020).

Outro sistema em destaque é o armazenamento de hidrogênio. O hidrogênio é o elemento mais abundante no universo, mas na Terra ele está associado ao oxigênio, na forma de água ou ao carbono, na forma de hidrocarbonetos.

Para a obtenção do hidrogênio a partir da água, utiliza-se o processo denominado eletrólise e para a obtenção a partir de hidrocarbonetos é feita a reforma a vapor. Ambos os processos requerem grande quantidade de energia.

Uma vez obtido, o hidrogênio pode ser utilizado em máquinas de combustão interna como motores, turbinas ou mesmo queima direta, entretanto seu melhor rendimento pode ser obtido através de conversão em energia elétrica em uma célula a combustível.

A célula a combustível é um dispositivo eletroquímico que converte diretamente a energia química produzida pelo combustível em eletricidade e vapor d'água. Sua estrutura básica consiste de uma camada de eletrólito em contato com um catodo e um anodo. Usualmente o anodo é alimentado continuamente com um gás combustível, enquanto o catodo recebe um oxidante que é geralmente o oxigênio do ar. A reação eletroquímica que ocorre nos eletrodos produz uma corrente elétrica.

É utilizada em sistemas de produção de energia elétrica com potência variando entre dezenas de kWs até a casa dos MWs e aplicações veiculares. Suas principais vantagens são a alta eficiência (até 50%) e ausência de emissão de poluentes (quando é utilizado o hidrogênio no estado puro).

2.2.10 COMPARAÇÃO ENTRE AS TECNOLOGIAS

A Tabela 11 mostra dados técnicos comparativos entre algumas tecnologias descritas anteriormente.

Tabela 11 – Comparativo entre características técnicas de baterias

Tecnologia	Eletrólito	Densidade Energética [Wh/kg]	Eficiência [%]	Vida Útil [anos]	Vida Cíclica [ciclos]	Temperatura de Operação: Carga Padrão [°C]	Temperatura de Operação: Descarga [°C]	Aplicações Típicas (exemplos)
Chumbo-ácido	H_2SO_4	20 a 40	80 a 90	3 a 20	250 a 500	-10 a +40	-15 a +50	Uso estacionário, tração automotiva
Níquel-cádmio	KOH	30 a 50	60 a 70	3 a 25	300 a 700	-20 a +50	-45 a +50	Uso estacionário, tração, ferramentas
Níquel-hidreto-metálico	KOH	40 a 90	80 a 90	2 a 5	300 a 600	0 a +45	-20 a +60	*Notebooks*, *smartphones*, câmeras fotográficas, veículos elétricos e híbridos, brinquedos
Íon de lítio	Polímeros orgânicos	90 a 150	90 a 95	-	500 a 1000	0 a +40	-20 a +60	*Notebooks*, *smartphones*, filmadoras, *smartcard*, veículos elétricos e híbridos
Sódio-níquel-cloro	β”-Al_2O_3	Aprox. 100	80 a 90	-	Aprox. 1000	+270 a +300	+270 a +300	Veículos elétricos e híbridos (possíveis aplicações estacionárias)
Vanádio-redox	V_2O_5	10 a 25	70 a 85	10 a 20	10000 a 15000	+10 a +40	+10 a +40	Uso em sistemas de fornecimento de energia elétrica, solar e eólica

Fonte: *Adaptado de PINHO & GALDINO (2014)*

3 UTILIZAÇÃO NOS SISTEMAS FOTOVOLTAICOS

A escolha dos sistemas FVs depende da aplicação e da disponibilidade dos recursos energéticos (MAESTRI, 2018).

Em diversos casos nos SISOL, a utilização de baterias é feita em conjunto com a utilização de controladores de carga para nivelar o consumo aos valores suportados por elas, a fim de preservar sua vida útil. Nesse caso, o tipo de bateria muito utilizada é a de chumbo-ácido, em razão de seu menor custo.

Também é comum a utilização de armazenamento térmico para os períodos em que não for possível a utilização de energia, como, por exemplo, o período noturno.

Os sistemas híbridos também apresentam diversas possibilidades de utilização de baterias, por exemplo, o excedente de energia gerado pode ser armazenado em baterias e posteriormente utilizado caso haja falha ou falta de energia da rede, operando de forma separada, até que haja o restabelecimento da energia da concessionária. Outro exemplo de utilização é o armazenamento do excedente de energia em baterias para posterior injeção ao sistema da concessionária.

É um sistema com elevada versatilidade, contudo apresenta alta complexidade de instalação.

4 PANORAMAS E PERSPECTIVAS

Nesse tópico serão abordados a situação atual do mercado global de baterias, bem como aspectos de custos, inovações, desempenho e normalização.

4.1 PANORAMA GLOBAL

Os sistemas de armazenamento possibilitam que empreendimentos de energias renováveis se tornem mais competitivos, além dos benefícios de confiabilidade e regularidade de sua fonte energética. Por esses motivos, o mercado de armazenamento esteve em crescimento consistente nos últimos anos, tendo, em 2018, alcançado o patamar de 3,3 GW de capacidade total de armazenamento em baterias para os sistemas conectados às redes das distribuidoras de energia elétrica. O tipo de armazenamento mais utilizado é o hídrico, correspondendo a 160 GW (REN21, 2019). A Figura 37 mostra a distribuição das potências para três tipos de armazenamento.

Figura 37 – Capacidade instalada para sistemas de armazenamento no ano de 2018

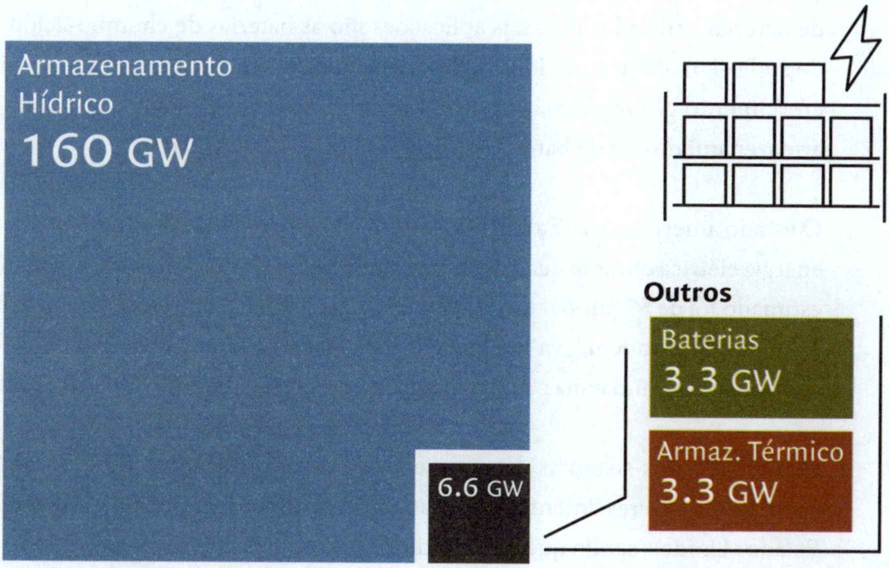

Fonte: *Adaptado de REN21 (2019)*

As aplicações de baterias são divididas em dois grupos, de acordo com as associações internacionais: FTM e BTM. As aplicações FTM são voltadas para os sistemas de geração, distribuição e transmissão, que proporcionam serviços auxiliares de estabilidade e alívio de carga. Em diversos casos são requisitos obrigatórios exigidos pelo operador do sistema. Em geral, são sistemas para aplicações de grande escala (na ordem de 1 MW ou superior). As utilizações BTM são voltadas para sistemas comerciais, industriais e residenciais, primariamente com a finalidade de redução de consumo de energia elétrica e, consequentemente, redução do valor da fatura de energia. Também são usualmente chamadas de aplicações de pequeno porte.

Austrália, China, Coreia do Sul, Reino Unido e Estados Unidos juntos representaram 80% do total de novos sistemas de armazenamento de energia instalados em 2018. Para os sistemas solares FVs, mais de 40% dos novos projetos também de 2018 foram implementados utilizando sistemas de armazenamento com baterias. Baterias para utilizações FTM contribuíram para a redução de preços totais. Com a utilização de um sistema de armazenamento no sul da Austrália, fabricado pela empresa Tesla, foi possível obter uma economia de 40 milhões de dólares no ano de 2018, ao evitar picos de energia e com a estabilização da rede de distribuição nacional australiana (REN21, 2019). Os tipos mais usuais de baterias utilizados para tais aplicações são as baterias de chumbo-ácido, as de sódio-enxofre e as de íons de lítio, sendo que esta última apresenta maior crescimento global. Em 2017, 90% da carga nova adicionada a sistemas de armazenamento foi de baterias de íons de lítio (IRENA, 2019).

O estado americano da Califórnia teve em 2019 uma falha no fornecimento de energia elétrica durante quatro dias por causa de incêndios florestais. O prejuízo estimado foi de 57 bilhões de dólares. A empresa PG&E está enfrentando ações na justiça que podem levá-la à falência. Isto levou ao interesse da instalação de sistemas de redundância e independência energética (INTERSOLAR, 2020).

O mercado dos sistemas de armazenamento em aplicações BTM também acompanhou o crescimento, observado principalmente na Europa, Austrália e Estados Unidos, sendo que, neste último, durante a primeira metade do ano de 2018, a capacidade instalada das residências superou a capacidade dos sistemas de grande porte (REN21, 2019).

A Tabela 12 apresenta os principais projetos de adições ao sistema de armazenamento de energia, sob a ótica de baterias, global, planejadas e em operação.

Tabela 12 – Principais projetos de adições dos sistemas de baterias

Projeto	Tipo de bateria	Localização	Capacidade (MW)	Status/Data
Hudson Solar I PV Park - Battery Energy Storage System	Íons de Lítio	Estados Unidos	150	Anunciado/2020
China Energy Engineering Group Jiangsu Electric Power Design Institute - BESS	Íons de Lítio	China	131	Anunciado/2021
EWE Gasspeicher Flow Battery Energy Storage System	Fluxo	Alemanha	120	Anunciado/2023
NGK Insulators-Abu Dhabi Battery Energy Storage Systems	Sódio	Emirados Árabes Unidos	108	Em operação/2019
Jiangsu Electric Power-Zhenjiang Battery Energy Storage System	Íons de Lítio	China	101	Em operação/2018
Hornsdale Power Reserve - Battery Energy Storage System	Íons de Lítio	Austrália	100	Em operação/2017
Kellistown Battery Energy Storage System	Íons de Lítio	Irlanda	100	Anunciado/2020
UK Power Reserve-Fluence - Battery Energy Storage Systems Phase II	Íons de Lítio	Reino Unido	60	Em operação/2019
Hardin Solar 2 PV Park - Battery Energy Storage System	Íons de Lítio	Estados Unidos	60	Anunciado/2020
PREPA Coto Laurel - BESS	Íons de Lítio	Estados Unidos	55	Em operação/2016
Pivot Power-Nursling Electricity Sub-station - Battery Energy Storage System	Íons de Lítio	Reino Unido	50	Anunciado/2020
Pivot Power-Norwich - Battery Energy Storage System	Íons de Lítio	Reino Unido	50	Anunciado/2020
Pivot Power-Harker Electricity Sub-Station - Battery Energy Storage System	Íons de Lítio	Reino Unido	50	Anunciado/2020
LunengHaixi State Multi--Energy Complementary Base Energy Storage System	Íons de Lítio	China	50	Em operação/2019
BuzenSubstation - BESS	Sódio	Japão	50	Em operação/2016
Swindon Battery Energy Storage System	Íons de Lítio	Reino Unido	50	Anunciado
Centrica-Roosecote Battery Energy Storage System	Íons de Lítio	Reino Unido	49	Em operação/2018
EDF West Burton Battery Energy Storage System	Íons de Lítio	Reino Unido	49	Em operação/2018
Jardelund-EnspireME - Battery Energy Storage System	Íons de Lítio	Alemanha	48	Em operação/2018

Fonte: *Adaptado de GLOBALDATA (2020)*

4.2 CUSTOS

Os custos das baterias vêm apresentando reduções ao longo dos anos. O valor das baterias para sistemas de grandes aplicações teve decréscimo de 40% ao longo do ano de 2018. O aumento da utilização das baterias de íons de lítio acompanhou a redução do seu preço, sendo que de 2010 a 2017 houve uma redução de 80% do custo por unidade de consumo (US$/kWh) (REN21, 2019). Em 2016, o custo de instalação de sistemas de armazenamento com bateria de íons de lítio esteve na faixa de 200 a 840 US$/kWh. Como já mencionado, a tecnologia das baterias de íons de lítio ainda é relativamente nova, assim, é possível obter uma sensível redução de custos com o seu aprimoramento. Estima-se que a produção dessas baterias alcance a marca de 250 GWh para 2020, liderada pelo mercado chinês, que veio aumentando significativamente sua participação na produção ao longo dos últimos anos (IRENA, 2017).

Os custos de implementação no sistema dependem da utilização do sistema em si. Os gastos com baterias de Li em sistemas residenciais correspondem aproximadamente a 46% do total, ao passo que em grandes aplicações esse valor é aproximadamente 35% (IRENA, 2017).

A tecnologia das baterias de chumbo-ácido é bem amadurecida e seu preço é relativamente baixo, comparado com os outros tipos de baterias, contudo, o mercado não está consolidado. Os produtores constantemente estão buscando alternativas para melhorar o desempenho, usabilidade e reduzir o custo das baterias.

Essas baterias tiveram um incremento no número de sistemas híbridos e sistemas de baixo custo nos últimos anos, contudo, as baterias de chumbo-ácido perderam significativamente seu espaço em diversas aplicações, sendo substituídas por dispositivos com maior eficiência e tempo de vida, principalmente por baterias de íons de lítio. Em 2016 os custos variaram entre 105 e 473US$/kWh e espera-se que em 2030 esses valores alcancem a faixa de 50 a 240 US$/kWh (IRENA, 2017).

Explorando a possibilidade da implementação em sistemas estacionários, as baterias de sódio-níquel-cloro e outras voltadas para aplicações em altas temperaturas também tiveram reduções do seu custo ao longo dos últimos anos.

Em 2016, seu preço variava entre 315 e 488 US$/kWh, e em 2030 estima-se que esse valor estará variando entre 127 e 197 US$/kWh. Um fator que está limitando a tecnologia atualmente é a baixa quantidade de fabricantes, em todo o mundo, que trabalha com essa tecnologia. Dessa forma, o amadurecimento dessa tecnologia se torna lento. Com a entrada de outras empresas no ramo, espera-se conseguir melhores resultados de desempenho e consequentemente custos menores (IRENA, 2017).

As baterias de fluxo de vanádio ainda possuem preço elevado em razão de seu tamanho e sua complexidade de instalação. Mesmo com o crescente uso da tecnologia de íons de lítio, as baterias de vanádio-redox deverão ter um grande decréscimo em seu custo de implementação. Os custos para instalação em 2016 estavam entre 315 e 1050 US$/kWh e projeta-se valores entre 108 e 360 US$/kWh para 2030 (IRANY, KUMAR, GNOTH & GUESMI, 2019).

As baterias de fluxo de ferro, como informado anteriormente, apresentam seu custo atual em 450 US$/kWh para sistemas com capacidade de 4 horas e 250 US$/kWh para sistemas com capacidade de 10 horas.

O custo para sistemas de células combustíveis a hidrogênio também apresenta constante redução. Em 2016, o preço teve variação entre 53 e 230 US$/kW e em 2020 estima-se que o custo fique em torno de 40 US$/kW (ESTADOS UNIDOS, 2017).

4.3 ASPECTOS REGULATÓRIOS

A questão do armazenamento de energia está percebendo uma evolução na questão regulatória em todo o mundo. Diversas políticas de incentivo à utilização do armazenamento foram adotadas ao longo dos últimos anos. Os leilões de energia elétrica ocorreram em 48 países em 2018, um grande aumento em relação ao ano de 2017, que contou com a participação de 29 países (REN21, 2019). Além disso, também em 2018, a República do Líbano viabilizou três propostas de geração solar FV de 100 MW cada, somando 300 MW de capacidade instalada total, com armazenamento de 70 MWh mínimo para cada sistema (LÍBANO, 2019).

Diversas outras medidas foram tomadas para favorecer o desenvolvimento das tecnologias. Alguns países adotaram medidas para incentivar sua produção nacional e impulsionar a tecnologia, como a Índia, que determinou um mínimo de 50% de fabricação de componentes em território nacional para todos os projetos futuros de energia solar.

Em 2018, a agência de energias renováveis australiana, junto com o governo do estado de Vitória (Austrália), financiou a instalação da tecnologia de armazenamento para atuar no sistema de transmissão, de forma a ajudá-lo extraindo potência em momentos de pico de consumo. A Irlanda implementou novas políticas que favoreceram a aceleração de implantação de novos projetos de armazenamento que totalizaram 370 MW. A Austrália lançou uma política de subsídios, num total de 100 milhões de dólares australianos (aproximadamente 66 milhões de dólares americanos, considerando a taxa de conversão monetária atual) para a instalação de baterias em sistemas domésticos para promover principalmente a instalação FV em telhados (REN21, 2019).

Contudo, ainda há muito espaço para aprimoramento dessas políticas, muitos governos, operadores do sistema, financeiras e agências regulatórias ainda desconhecem as características do sistema de armazenamento, limitando seu avanço tecnológico. É de grande importância vencer essas barreiras através de políticas de incentivos fiscais, de pesquisa e desenvolvimento e de disseminação do conhecimento sobre os benefícios do armazenamento.

A IRENA aponta uma série de medidas para alavancar o crescimento do mercado de baterias para grandes aplicações (IRENA, 2019). São elas:

a. Redução do investimento inicial: apesar da queda do preço das baterias, para muitos investidores, esse custo ainda é muito elevado. Os governos poderiam prover subsídios para os fabricantes de baterias para reduzir o seu custo de produção;

b. Criar um instrumento regulatório para valorar o armazenamento: o sistema de distribuição atual se baseia em geração e consumo. No armazenamento, essas funções por vezes se misturam e se torna difícil encaixá-lo nesse modelo. Ao criar um instrumento regulatório pode ser observada a participação do armazenamento no ambiente livre de comercialização, venda de serviços de estabilização do operador do sistema;

c. Criar projetos pilotos: para qualquer tecnologia ganhar espaço no mercado é importante o conhecimento do seu funcionamento, *performance* e capacidade de produção. Os governos poderiam financiar projetos na área de armazenamento para impulsionar sua adoção no mercado.

4.4 INOVAÇÕES E TENDÊNCIAS

As políticas de incentivo econômico para geração de energia como a *feed-in tariff* serão gradualmente extintas, devido às questões como o rápido avanço das tecnologias de sistemas FVs e seu custo de instalação estar cada vez menor. Com isso, soluções como os sistemas híbridos (que favorecem o autoconsumo) se tornam mais atrativas, pois a energia utilizada para consumo próprio terá valor maior em relação à energia exportada para a rede (AKBARI et al., 2018).

Uma das grandes tendências está na utilização de baterias para veículos elétricos. O governo chinês planeja encerrar a produção de veículos convencionais e substituir por veículos totalmente elétricos ou híbridos (que utilizam célula FV e baterias). Estima-se que em 2020 sejam produzidos dois milhões de veículos dessa categoria e, em 2025, que alcance 20% da produção total de veículos. A França e o Reino Unido também caminham para essas soluções, implementando normas para proibir o uso de automóvel convencional doméstico até 2040. A Índia é mais agressiva e quer proibir essa utilização até 2030. O Brasil também está em processo de implementação de norma similar, com meta também para o ano de 2030.

O maior desafio para isso será a integração da infraestrutura elétrica atual com o veículo elétrico, bem como a integração com o mercado, e esse desafio irá proporcionar um ótimo caminho para o desenvolvimento do mercado de armazenamento (AKBARI et al., 2018).

Uma das inovações observadas está no gerenciamento e controle de conjuntos de baterias para prover estabilização da energia da rede de transmissão e distribuição. A Alemanha iniciou em 2018 um teste utilizando diversas baterias de sistemas de armazenamento residenciais, totalizando 1 MW de potência combinada para contribuir numa distribuição estável de energia. Além disso, estuda-se a viabilidade de utilizar baterias de veículos elétricos como forma de aumentar a estabilidade da rede (REN21, 2019).

Segundo (IRANY, KUMAR, GNOTH & GUESMI, 2019), existem também outras duas principais tendências de desenvolvimento para sistemas de armazenamento: baterias de estado sólido e baterias de fluxo. Uma das apostas para o carro elétrico é o uso de baterias de estado sólido, grandes montadoras como Ford, BMW e Hyundai estão apostando na tecnologia de estado sólido (UNIVERSIDADE DO COLORADO, 2020).

O desenvolvimento tecnológico das baterias caminha também para o monitoramento inteligente. Um uso eficiente do sistema de monitoramento da bateria irá garantir alta estabilidade da tensão de saída e maior eficiência. Além disso, é importante ressaltar que o futuro não deve caminhar para um aumento de tamanho das baterias, mas sim um aumento de sua capacidade, com a adoção de novas baterias e desenvolvimento das baterias atuais para incrementar a sua densidade energética (AKBARI et al., 2018).

Apesar do avanço tecnológico de outras tecnologias, a bateria de íons de lítio ainda é a opção mais viável (em termos de custo, *performance* e tempo de vida) atualmente e a previsão é que se mantenha assim ao menos até 2025 (ESTADOS UNIDOS, 2019). Isso é possível de se perceber por conta do grande volume de projetos nos quais essa tecnologia é empregada. O crescimento do mercado de veículos elétricos e do uso estacionário (especialmente nas aplicações FTM) e o aumento nas pesquisas impulsionaram bastante esse segmento (GLOBAL DATA, 2020).

5 CONSIDERAÇÕES FINAIS

Conforme exposto no item anterior, é possível perceber que não há uma determinada tecnologia que terá a hegemonia absoluta no futuro do mercado de baterias, contudo, é perceptível a forte tendência na permanência do uso de baterias de Li, dada sua versatilidade e a queda forte do seu custo.

Diferentes tecnologias de armazenamento no mercado estão ganhando forte destaque também, em face das necessidades da sociedade, isso favorece o seu amadurecimento. De acordo com o exposto no texto anteriormente, todas essas tecnologias têm o seu potencial de crescimento, no entanto, dadas as circunstâncias atuais, podendo ser destacadas:

a. Baterias de estado sólido, impulsionadas pelo uso no veículo elétrico;

b. Baterias de fluxo, para aplicações estacionárias;

c. Armazenamento de hidrogênio, com eletrólise e células a combustível.

Os segmentos que têm maior possibilidade de definir os rumos do mercado de baterias dos próximos anos são a aplicação estacionária, especialmente os serviços ancilares, o veículo elétrico e o *smartphone*.

REFERÊNCIAS BIBLIOGRÁFICAS

AKBARI, H.; BROWNE, M. C.; ORTEGA, A.; HUANG, M. J.; HEWITT, N. J.; NORTON, B. & MCCORMACK, S. J. *Efficient Energy Storage Technologies for Photovoltaic Systems*, 2018.

ASSUNÇÃO JUNIOR, M. D. "Modelagem matemática de baterias de redox de vanádio". Dissertação de Mestrado em Ciências de Computação e Matemática. ICMC-USP: São Paulo: 2015.

CHAGAS, M. W. "Novas tecnologias para avaliação". Dissertação de Mestrado em Desenvolvimento de Tecnologia. Curitiba, 2007.

ESTADOS UNIDOS. *Energy Storage Technology and Cost Characterization Report*. EUA, 2019.

ESTADOS UNIDOS. *Hydrogen and Fuel Cells Overview*. Departamento de energia: EUA, 2017.

GLOBAL DATA. Power industry in 2020: Electric vehicles, digitalization, grid-scale energy storage, microgrids and corporate PPAs to be key trends, says GlobalData. Disponível em: <https://www.globaldata.com/power-industry-in-2020-electric-vehicles-digitalization-grid-scale-energy-storage-microgrids-and-corporate-ppas-to-be-key-trends-says-globaldata/>. Acesso em: 4 fev. 2020.

INTERSOLAR. Congresso Americano de Energia Solar. San Diego, EUA, 2020.

IRANY, R.; KUMAR, A.; GNOTH, D. & GUESMI, A. "Latest trends in energy storage 2019". Conselho Energético Mundial, (2019).

IRENA. Electricity Storage and Renewables: Costs and Markets to 2030. Abu Dhabi, EAU, 2017.

IRENA. *Innovation Landscape Brief: Utility-Scale Batteries.* Abu Dhabi, EAU, 2019.

LANE, A.-L.; BOORK, M. & THOLLANDER, P. *Barriers, Driving Forces and Non-Energy Benefits for Battery Storage in Photovoltaic (PV) Systems in Modern Agriculture.* Suécia, 2019.

LÍBANO. *Call for Expression of Interest (EOI) to Participate in Proposal Submissions of Solar Photovoltaic (PV) Farms with Energy Storage in Lebanon.* Ministério de Energia e Água: Líbano, 2019.

LUNA FILHO, G. J. "Previsão da autonomia de baterias de chumbo-ácido aplicadas a sistemas híbridos de geração de energia utilizando o método kibam". Dissertação submetida ao Programa de Pós-Graduação em Engenharia Elétrica para obtenção do título de Mestre. Centro de Tecnologia e Ciências/ UFPE: Recife, 2017.

MAESTRI, H. G. "Dimensionamento de um sistema fotovoltaico autônomo para alimentação de um dispositivo de monitoramento de parâmetros elétricos em linhas de transmissão". Trabalho de Conclusão de Curso de Engenharia Elétrica. UFSC: Florianópolis, 2018.

PINHO, J. T. & GALDINO, M. A. "Manual de Engenharia para Sistemas Fotovoltaicos". Centro de Pesquisas da Eletrobras (CEPEL): Rio de Janeiro, 2014.

REN21. (2019). "Renewables 2019 Global Status Report". Disponível em: <HYPERLINK "https://ren21.net/gsr-2019/pages/foreword/foreword/" https://ren21.net/gsr-2019/pages/foreword/foreword/>. Acesso em: Paris, França.

RWTH. "Production of All-Solid-State Battery Cells". Universidade Técnica da Renânia do Norte-Vestfália: Alemanha, 2019.

SCHEIBLER, G. "Projeto de um sistema de abastecimento de energia elétrica auxiliar a partir de painéis fotovoltaicos para uso residencial". Trabalho de conclusão de curso – Engenharia de Controle e Automação. UNIVATES: Lajeado, RS, 2015.

SERRA, E. T.; ORLANDO, A. D.; MOSSE, A. & MARTINS, N. "Armazenamento de energia: situação atual, perspectivas e recomendações". Academia Nacional de Engenharia: Brasil, 2016.

TRINDADE, R. H. "Estudo das características de baterias recarregáveis possíveis de serem utilizadas no projeto Satélite Universitário, ITASAT". Instituto Tecnológico da Aeronáutica: São José dos Campos, SP, 2006.

UNIVERSIDADE DO COLORADO. Solid Power, CU Boulder spinoff, forms partnership with Ford Motor Co. to further develop batteries for next-gen electric vehicles (13 mai. 2019): Disponível em: <https://www.colorado.edu/venturepartners/2019/05/13/solid-power-cu-boulder-spinoff-forms-partnership-ford-motor-co-further-develop-batteries>. Acesso em: 12 nov. 2019.

ZHANG, C.; WEI, Y.-L.; CAO, P.-F. & LIN, M.-C. "Energy storage system: Current studies on batteries and power condition system". *Renewable and Sustainable Energy Reviews*. Elsevier, 2017, v. 82(P3), p. 3091-3106.

ENERGIA FOTOVOLTAICA NO BRASIL

IMPACTOS AMBIENTAIS, SOCIOECONÔMICOS, REGULATÓRIO

CAPÍTULO 5
IMPACTOS AMBIENTAIS DA ESFV – TECNOLOGIAS BASEADAS EM SILÍCIO

Anna Carolina Sermarini

1 INTRODUÇÃO

Nenhuma fonte de energia ou mesmo atividade humana está livre de impactos ambientais. Porém, frente a outras fontes de energia, principalmente as de origem fóssil, a energia solar parece ser menos nociva ao meio ambiente. Para que seja possível evidenciar tal fato, seria importante realizar avaliações de ciclo de vida comparando as diferentes fontes.

A ACV é uma técnica, normalizada pela ISO, desenvolvida para mensuração dos possíveis impactos ambientais causados como resultado da fabricação e utilização de determinado produto ou serviço. É um método detalhado, robusto e exaustivo, que traz resultados quantitativos, mas com limitações na comparação devido à flexibilidade permitida na metodologia. Tal ferramenta demanda tempo e utilização de *softwares* pagos para que sejam feitas análises completas. Tal procedimento foge do escopo deste trabalho e para mensurar os impactos ambientais da energia solar serão aplicadas outras metodologias de avaliação de impacto.

Inicialmente é importante elucidar o conceito de impacto ambiental. De acordo com a Resolução CONAMA 001/86 considera-se:

> *"impacto ambiental qualquer alteração das propriedades físicas, químicas e biológicas do meio ambiente, causada por qualquer forma de matéria ou energia resultante das atividades humanas que, direta ou indiretamente, afetam: a saúde, a segurança e o bem-estar da população; as atividades sociais e econômicas; a biota; as condições estéticas e sanitárias do meio ambiente; a qualidade dos recursos ambientais."*

A avaliação de Impacto Ambiental (AIA) engloba os estudos realizados para identificar, prever, interpretar e prevenir os efeitos ambientais que determinadas ações, planos, programas ou projetos podem causar à saúde, ao bem-estar humano e ao ambiente, incluindo alternativas ao projeto ou ação, e pressupondo a participação do público (BOLEA, 1984).

Há inúmeros tipos de ferramentas disponíveis para auxiliar na identificação dos impactos ambientais. Vários são os métodos de AIA existentes para os mais variados projetos e situações, porém, não existe um específico que se aplique a todo e qualquer estudo. As metodologias à disposição apresentam potencialidades e limitações, sendo que a decisão da escolha do método a ser aplicado em cada caso vai depender de fatores como recursos técnicos e financeiros disponíveis, disponibilidade de dados, tempo para a realização e produtos finais pretendidos (CASTRO, VILLELA et al., 2015).

2 MÉTODOS UTILIZADOS NO BRASIL

Os métodos e as técnicas de AIA são mecanismos estruturados para coletar, analisar, comparar e organizar informações e dados sobre impactos ambientais de um empreendimento, projeto e outros. São instrumentos formais e predefinidos, especificamente relacionados com as diferentes disciplinas envolvidas no processo de avaliação, com o objetivo de quantificar e/ou qualificar os impactos. A seguir, serão descritas as principais metodologias de avaliação de impacto ambiental encontradas na literatura.

2.1 MÉTODO AD HOC

O método AD HOC consiste na formação de grupos de trabalho multidisciplinares com profissionais aptos, de diferentes áreas de atuação, que são escolhidos de acordo com as características da proposta sob análise, apresentando suas impressões baseadas na experiência para elaboração de um relatório que irá relacionar o projeto a ser implantado com seus possíveis impactos causados.

Sua vantagem é a estimativa rápida dos impactos de forma organizada e com facilidade de compreensão pelo público em geral, além de apresentar baixo custo. Porém, este método não realiza um exame detalhado das intervenções e variáveis ambientais envolvidas, provocando um alto grau de subjetividade nos seus resultados (CASTRO, VILLELA et al., 2015).

2.2 MÉTODO CHECK-LIST (LISTAGEM)

Este método se baseia no diagnóstico e na enumeração dos impactos de projetos a partir dos estudos feitos por especialistas dos meios físico, biótico e socioeconômico. Os especialistas relacionam os impactos decorrentes das fases de implantação e operação do projeto levantando as informações mais importantes. Este método é mais descritivo do que quantitativo (PÕDER e LUKKI, 2011).

Quando aplicado de maneira isolada, deve desenvolver a AIA de forma simples, de fácil interpretação e de maneira dissertativa. A referida metodologia é adequada às situações com escassez de dados e quando a avaliação deve ser disponibilizada em um curto espaço de tempo. Além de relativamente rápida, proporciona menores gastos e é facilmente compreensível pelo público em geral. Em contrapartida, exibe um alto grau de subjetividade, visto que considera a análise qualitativa e deixa de lado o caráter quantitativo da avaliação (CREMONEZ, CREMONEZ et al., 2014).

2.3 MATRIZES DE INTERAÇÕES

A matriz de interação refere-se a uma listagem de controle de duas dimensões que relaciona os fatores com as ações. Esse método é muito eficiente na identificação de impactos diretos, já que tem por objetivo relacionar as interações entre os fatores ambientais e os componentes do projeto.

A Matriz de Leopold, elaborada em 1971, é uma das mais utilizadas mundialmente e é baseada em uma lista de 100 ações com potencial de possíveis provedores de impacto ambiental e 88 características ambientais, fornecendo uma combinação de 8.800 casos. Neste método, inicialmente é necessário assinalar todas as possíveis interações entre as ações e os fatores, para que posteriormente se estabeleça a magnitude e a importância de cada impacto em uma escala que varia de 1 a 10. A partir disto, é possível identificar e avaliar se o impacto em questão é positivo ou negativo (CREMONEZ, CREMONEZ et al., 2014).

Ainda de acordo com os autores, o problema com esse método é que a atribuição de peso é subjetiva ou normativa, uma vez que envolve atribuição de peso relativo ao fator afetado no âmbito do projeto. A atribuição da magnitude é relativamente objetiva ou empírica, pois se refere ao grau de alteração provocado pela ação sobre o fator ambiental. Por outro lado, o método permite uma fácil compreensão do público em geral, abordando fatores sociais, comportando dados qualitativos e quantitativos, fornecendo boa orientação para a realização de estudos e introduzindo a multidisciplinaridade.

2.4 REDES DE INTERAÇÃO

As redes de interação surgiram para avaliar os impactos indiretos. Neste método, se estabelece a sucessão de impactos ambientais gerados por uma ação, através de quadros e diagramas, permitindo retraçar, a partir de um impacto, o conjunto de ações que o causaram.

O método de redes é útil e pode ser usado junto com outros métodos, assegurando a identificação de impactos de segunda ordem. A possibilidade de cruzamento de disciplinas, podendo analisar, em uma mesma cadeia de impactos, efeitos sobre a economia, fauna, água, dentre outros, pode ser considerada uma grande vantagem. Por outro lado, a principal desvantagem deste método está na extensão das redes, provocando a não definição de impactos de curto e longo prazo (CASTRO, VILLELA et al., 2015).

2.5 SUPERPOSIÇÃO DE CARTAS

A superposição de cartas se remete aos métodos cartográficos desenvolvidos no âmbito do planejamento territorial. Neste método, busca-se adaptar as técnicas cartográficas para aplicá-las na avaliação de impactos ambientais, visando à localização e à identificação da extensão dos efeitos sobre o meio através do uso de fotografias aéreas sobrepostas.

A metodologia consiste na montagem de uma série de mapas temáticos, sendo que em cada mapa indica-se uma característica cultural, social e física que reflete um impacto. Esses mapas quando integrados produzem a síntese da situação ambiental de uma determinada área geográfica, podendo ser elaborados de acordo com os conceitos de vulnerabilidade ou potencial dos recursos ambientais (conforme a necessidade de obtenção de cartas de restrição ou de aptidão do solo). A intensificação das cores é entendida como áreas com impactos ambientais mais intensos (CREMONEZ, CREMONEZ et al., 2014).

As devantagens estão associadas à subjetividade dos resultados, à limitação na quantificação dos impactos e à difícil integração de impactos socioeconômicos, além de não considerar a dinâmica dos sistemas ambientais e requerer altas quantias para sua aplicação. Por outro lado, apresentam visualizações espacial e geográfica dos fatores ambientais, tal como da extensão dos impactos, proporcionando fácil comparação de alternativas.

2.6 MODELOS DE SIMULAÇÃO

Os modelos de simulação representam o que há de mais moderno em termos de avaliação de impactos ambientais. São modelos matemáticos cuja proposta é simular a estrutura e o funcionamento dos sistemas ambientais, considerando todas as relações biofísicas e antrópicas possíveis de serem compreendidas no fenômeno estudado, o que implica na complexidade do método. Seu objetivo é fornecer diagnósticos e prognósticos da qualidade ambiental da área de influência do projeto e por ser um método mais sofisticado que os demais, geralmente é empregado em projetos de grande porte (CASTRO, VILLELA et al., 2015).

Os mesmos autores explicitam que dentre as suas vantagens está considerar a dinâmica dos sistemas ambientais, interações entre fatores, impactos e variável temporal, promover troca de informações, interações das disciplinas e o tratamento organizado de grande quantidade de variáveis quantitativas e qualitativas. As desvantagens são: depende da disponibilidade de dados apropriados e de qualidade, requer capacitação (especialistas), tempo e tem elevado custo.

3 METODOLOGIA UTILIZADA

Comparando os métodos apresentados pode-se afirmar que nenhum método para avaliação de impacto necessariamente é o melhor para ser usado em todas as ocasiões. Além disso, dois métodos podem ser combinados para tornar a avaliação mais completa e precisa, já que as avaliações são bastante subjetivas.

Para o presente trabalho, uma adaptação da metodologia de avaliação dos impactos ambientais *check-list* se mostrou o mais adequado para utilização já que é um método simples e de fácil interpretação. Foi realizada uma enumeração dos impactos ambientais associados às diferentes fases do ciclo de vida do painel FV, através de revisão bibliográfica de estudos de impactos ambientais realizados no Brasil e no mundo, consulta a diversas fontes oficiais, além de um estudo de campo incluindo entrevista com especialistas e verificação de impactos ambientais da GC.

Foram também analisados os impactos ambientais da aplicação dos módulos: para GC (USFV) e GD. Nesta seção, será analisada a cadeia de painéis FVs de Silício.

Estudos de ACV apontam que a maior contribuição no total dos impactos gerados nessa cadeia de produção sendo finalizada na China não está no fato do transporte utilizado, e sim na matriz energética utilizada na China – em 2018, 85,4% da energia primária total consumida foi proveniente de fontes fósseis (não renováveis), sendo o carvão a principal fonte, com 58,2% desta demanda total (BP, 2019) – o que faz com que a fabricação dos painéis resulte em altas taxas de emissões de poluentes (PUPIN, 2019). Vale destacar que uma eventual alocação das instalações industriais em regiões cuja matriz seja considerada mais limpa, como é o caso do Brasil, pode alterar este cenário, fazendo com que a utilização de módulos FVs seja ainda mais benéfica sob o aspecto ambiental.

A Figura 38 mostra as diferentes fases de ciclo de vida de módulos FVs de silício, em que foram relacionados os impactos ambientais para então realizar uma análise dos impactos positivos e negativos associados a essa fonte de energia.

Figura 38 – Fases do ciclo de vida dos painéis fotovoltaicos de silício

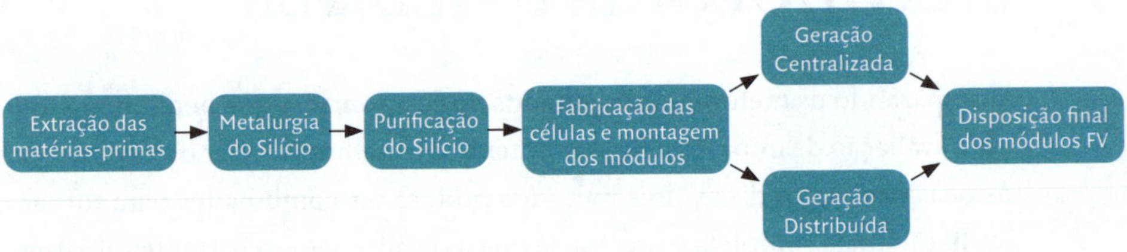

Fonte: *Elaboração própria*

Para as fases do ciclo de vida do berço ao túmulo (que se inicia na extração das matérias-primas e vai até a disposição final dos módulos FVs) serão listados os impactos ambientais e classificados quanto à natureza (positivos e negativos).

Uma vez que os módulos FVs sejam fabricados, eles podem ser destinados a GC ou a GD. Para a GC, a utilização dos painéis em uma usina solar FV está associada a diversos impactos ambientais, em sua maioria negativos, que serão abordados mais à frente. Quando olhamos para a GD, menos impactos ambientais são observados. Ambos permitem deslocar uma demanda em energia que pode envolver fontes fósseis, mas a diferença se faz basicamente na necessidade de infraestruturas não existentes.

Quando a vida útil dos dispositivos FVs chega ao fim ou eles precisam ser substituídos, existem algumas opções diferentes de destinação, que estão associadas a impactos variados.

De acordo com BEZERRA et al. (2018), em uma ACV aplicada a painéis FVs, os processos de maior demanda energética e que apresentam uma maior participação em todas as categorias de impacto foram a produção de silício metalúrgico e do módulo FV com 47% e 21%, respectivamente.

4 EXTRAÇÃO DE MATÉRIAS-PRIMAS

As matérias-primas utilizadas para a fabricação do silício são o quartzo e o carvão. O quartzo é um dos minerais mais abundantes da terra e possui estrutura cristalina composta por tetraedros de SiO_2, comumente chamado de sílica. Já o carvão pode ser de origem mineral – combustível fóssil ou vegetal, considerado uma fonte de energia renovável.

4.1 IMPACTOS AMBIENTAIS DA EXTRAÇÃO DO QUARTZO

Dentre as inúmeras ocorrências na natureza, areias, arenitos, quartzitos e cristais de rochas são exemplos de onde podemos encontrar o quartzo. Esse mineral está presente em praticamente todo o mundo, no interior de quase todos os tipos de rochas ígneas, metamórficas e sedimentares. Apesar de sua abundância na crosta terrestre, a sua ocorrência como reserva (de extração fácil e viável) é mais restrita a alguns países. Nesse sentido, o Brasil destaca-se por ser um local extremamente favorecido em termos da matéria-prima quartzo, pois concentra quase que a totalidade das reservas desse mineral existente no mundo (cerca de 95% das reservas mundiais) (LÜDKE, 2018).

A extração do quartzo ocorre através de atividades de mineração. Não foram identificados impactos ambientais positivos, mas foram identificados 15 impactos ambientais negativos associados a essa atividade:

a. Remoção da vegetação em todas as áreas de extração;

b. Poluição dos recursos hídricos (superficiais e subterrâneos) pelos produtos químicos utilizados na extração de minérios;

c. Contaminação dos solos por elementos tóxicos;

d. Proliferação de processos erosivos, sobretudo em minas antigas ou desativadas que não foram reparadas pelas empresas mineradoras;

e. Sedimentação e poluição de rios pelo descarte indevido do material produzido não aproveitado (rochas, minerais e equipamentos danificados);

f. Poluição do ar a partir da queima ao ar livre de mercúrio (muito utilizado na extração de vários tipos de minérios);

g. Evasão forçada de animais silvestres previamente existentes na área de extração mineral;

h. Poluição sonora gerada em ambientes e cidades localizados no entorno das instalações;

i. Contaminação de águas superficiais (doce e salgada) pelo vazamento direto dos minerais extraídos ou seus componentes;

j. Degradação da paisagem e poluição visual;

k. Geração de resíduos e disposição inadequada de rejeitos;

l. Mortandade de peixes em áreas de rios poluídos pelos elementos químicos oriundos de minas;

m. Risco de acidentes envolvendo barragens de rejeitos;

n. Aumento expressivo da turbidez da água;

o. Redução da disponibilidade de minerais.

4.2 IMPACTOS AMBIENTAIS DA EXTRAÇÃO DO CARVÃO

4.2.1 CARVÃO MINERAL

Existem diversos impactos ambientais negativos relacionados ao carvão mineral, seja na sua exploração, preparação, utilização e transporte. A extração dessa matéria-prima também ocorre através de atividades de mineração e os impactos ambientais identificados encontram-se listados a seguir.

a. Drenagem ácida de minas – é comum em minas de carvão a liberação de ácido sulfúrico e ferro dissolvido;

b. A poluição do ar nas minas de carvão se deve principalmente às emissões de material particulado e gases como o CH_4, SO_2, NOx e CO;

c. A poluição do ar das usinas de carvão é causada pela liberação de gases como SO_2, NOx, material particulado e metais pesados, levando à poluição atmosférica, chuva ácida, toxinas no ambiente e inúmeros efeitos respiratórios e cardiovasculares;

d. Incêndios de carvão podem ocorrer em minas de carvão abandonadas e pilhas de resíduos de carvão;

e. Geração de resíduos como cinzas volantes, cinzas de fundo e lodo de dessulfuração de gases de combustão, que contém mercúrio, urânio e outros metais pesados;

f. Remoção da vegetação em todas as áreas de extração e poluição visual;

g. Evasão forçada de animais silvestres previamente existentes na área de extração mineral.

4.2.2 CARVÃO VEGETAL

O carvão vegetal é um produto resultante da queima ou carbonização da madeira, principalmente de eucalipto, devido à rusticidade, produtividade e às características da madeira.

No Brasil, a produção de carvão vegetal é destinada ao atendimento da demanda de diversos segmentos da indústria como a siderurgia – abrigando a produção de silício. Os impactos ambientais relacionados à extração dessa matéria-prima são positivos e negativos e estão enumerados a seguir (RODRIGUES, 2016).

A. Negativos

a. Desmatamento – a utilização da madeira para a produção de carvão vegetal é muitas vezes proveniente de floresta nativa;

b. Desapropriação de terras para cultivos destinados a este fim;

c. Extinção de espécies nos locais de plantio;

d. Proliferação de pragas;

e. Elevação de temperaturas locais e regionais;

f. Empobrecimento do solo e aumento de processos erosivos;

g. Diminuição dos índices pluviométricos;

h. Assoreamento de rios e lagos;

i. Poluição atmosférica com a queima da madeira para obtenção do carvão vegetal;

j. Riscos à saúde humana – para a mão de obra que fica diariamente exposta às fumaças dos fornos e para os moradores dos arredores.

B. Positivos

a. Possibilidade de fácil adaptação do eucalipto a diversas regiões;

b. A forma como é realizado o plantio desta cultura, permite a criação de corredores ecológicos interligando fragmentos de matas nativas;

c. Possibilidade de devolução de até 30% de nutrientes (como P, K, Ca e N) do solo se as cascas, folhas, galhos e raízes do eucalipto forem deixadas no local da colheita;

d. A utilização de carvão vegetal desloca uma demanda que seria atendida por recursos fósseis.

É possível perceber que, apesar da utilização de carvão vegetal apresentar mais impactos ambientais negativos do que o carvão mineral, esses impactos são considerados menos nocivos e, também, pelo fato de haver impactos positivos, sua utilização é preferencial. Outro ponto relevante é que no Brasil vem sendo utilizada madeira de reflorestamento para esta atividade, o que é ainda mais vantajoso.

5 METALURGIA DO SILÍCIO

Uma vez que estão listados os impactos ambientais das matérias-primas utilizadas na fabricação do silício, entramos agora nas suas etapas de produção.

Os principais impactos ambientais da produção de Si-GM estão listados a seguir:

a. Geração de efluentes líquidos industriais;

b. Geração de efluentes líquidos sanitários;

c. Geração de efluentes líquidos de águas pluviais;

d. Geração de resíduos sólidos;

e. Geração de ruídos;

f. Risco de incêndios;

g. Geração de subprodutos – escória da produção de Si-GM. Quando é utilizado para algum fim, como para fazer peças de fundição de aço, é considerado um impacto positivo;

h. Geração de emissões atmosféricas.[1]

1 *A principal emissão dessa etapa é o pó de sílica (formado como um subproduto do processo de fundição) e que pode causar doenças pulmonares. Os impactos não ficam restritos a essa emissão, já que para a formação da massa redutora e no processo de aquecimento são liberados gases tóxicos e causadores de efeito estufa, como CO (fatal), SiO, NO_X, SO_X e CO_2.

6 PURIFICAÇÃO DO SILÍCIO

As impurezas desempenham um papel fundamental em células solares de silício. Quando injetadas intencionalmente, as dopantes (como boro e fósforo), em pequenas quantidades, são desejáveis para a formação da junção *p-n*.

O silício para uso nas placas FVs deve atingir elevado grau de pureza, que dependendo da tecnologia pode requisitar até 99,9999999%. Para tanto, são necessárias etapas de purificação do silício, que apresentam vários impactos ambientais (REIS, 2015):

a. Uso de SiH_4 – é um risco significativo por ser extremamente explosivo e apresenta um perigo potencial para os trabalhadores e comunidade do entorno da fábrica;

b. Geração de substância tóxica – a produção de SiH_4 e HCl_3Si resulta em $SiCl_4$ como resíduo, uma substância extremamente tóxica, que reage com a água causando queimaduras na pele, prejuízos ao sistema respiratório e irritação nos olhos;

c. Emissão de gás de efeito estufa – o hexafluoreto de enxofre (SF_6) é utilizado para limpar os reatores utilizados na produção de silício e é extremamente potente e prejudicial;

d. Potencial de ocorrência de chuva ácida – emissões de SO_2;

e. Possíveis lançamentos na água – em todo o processo de purificação do silício há manipulação de diversos produtos químicos e necessidade de resfriamento dos gases e do próprio material;

f. Riscos associados à utilização de produtos químicos que podem requerer procedimentos especiais de manipulação e eliminação:

- Produtos químicos corrosivos são utilizados para remover as impurezas e como materiais de limpeza de semicondutores – HCl, H_2SO_4, HNO_3 e HF;
- Processo de dopagem do material semicondutor – PH_3 (tóxico e pirofórico) ou gás tóxico de AsH_3 (fatal). Mesmo usados em pequenas quantidades, a contenção inadequada ou liberação acidental apresenta riscos

ocupacionais. O processo de dopagem ainda inclui $POCl_3$, PCl_3, BBr_3 e BCl_3;

- O C_3H_8O é usado para limpar as células de silício. A superfície da pastilha é oxidada em SiO_2 para proteger a célula solar;
- Produtos químicos liberados em emissões atmosféricas como $C_2H_3Cl_3$, oxicloreto de fósforo e de estanho, C_3H_6O e NH_3.

g. Especificamente para o caso do silício policristalino, há ainda outros materiais usados na produção, que precisam de um cuidado especial para manusear e procedimentos para utilizá-lo: NH_3, catalisador de Cu, B_2H_6, $C_4H_8O_2$, acetato de vinilo etilo, hidrogênio, H_2O_2, íon catalisador de amina, nitrogênio, SiO_3, $SnCl_2$, Ta_2O_5, Ti e TiO_2;

h. Já para o caso do Mono-Si, além dos produtos químicos utilizados em toda a produção de células de c-Si, existem alguns produtos químicos que devem ser considerados em relação à sua manipulação para que não ocorra acidente: NH_4F, nitrogênio, oxigênio, fósforo, oxicloreto de fósforo e estanho.

7 FABRICAÇÃO DAS CÉLULAS E MONTAGEM DOS MÓDULOS

O detalhamento dos processos de corte, fatiamento e polimento fogem do escopo e objetivo desta seção. É importante salientar que todas as etapas envolvem a emissão de muitos particulados e componentes químicos, com alto grau de potencial poluidor (e que para uma análise mais completa, deveriam ser contabilizados os impactos ambientais de suas produções). A seguir, os impactos identificados nesta etapa:

a. Geração de resíduos – serrar os cilindros c-Si para a fabricação das lâminas cria uma quantidade significativa de resíduos de pó de silício (pode haver perda de até 50% do material, que será emitido para o ar e a água utilizada para enxaguar as células);

b. Utilização de alumina – o polimento mecânico utiliza a alumina, tem que ter um manuseio especial, armazenamento e descarte adequado;

c. Utilização de hidróxido de sódio e de potássio – a etapa de lavagem química libera grandes quantidades desses hidróxidos. Estes produtos químicos cáusticos são perigosos para os olhos, pulmões e pele;

d. Utilização de chumbo na interligação de circuitos eletrônicos e da fiação;

e. Utilização de prata e alumínio para fazer os contatos elétricos das células.

8 GERAÇÃO CENTRALIZADA

Os empreendimentos de geração FVs, também conhecidos como usinas solares, apresentam inúmeros impactos ambientais associados às diferentes fases: Planejamento (PL), Implantação (IM), Operação (OP) e Desativação (DS).

Para definição dos impactos ambientais, assim como nas etapas anteriores, foi realizado um levantamento e análise de estudos de impactos ambientais disponíveis. Além disso, em visita de campo à cidade de Pirapora, em Minas Gerais, foi possível conversar com entidades importantes que estiveram envolvidas no processo de implantação da USFV de Pirapora, a maior usina de energia solar em operação no Brasil (321 MW de capacidade instalada).

A implantação de uma usina solar, principalmente deste porte, gera diversos impactos associados ao meio socioeconômico (na maioria positivo) como: geração de empregos, dinamização da economia local, ampliação da arrecadação de impostos e outros que serão minuciosamente abordados em relatório de impactos sociais.

É importante destacar que para que haja a implantação de um empreendimento é necessário um processo de licenciamento ambiental e cumprimento de diversas condicionantes (quanto maior o potencial poluidor, mais condicionantes e medidas mitigatórias são impostas). De acordo com a resolução CONAMA 279/2001, foi estabelecido que empreendimentos com impacto ambiental de pequeno porte, relacionados ao incremento da oferta de energia elétrica no país, passariam por procedimento simplificado de licenciamento ambiental.

O que tem se observado é que empreendimentos de grande porte passaram a ser divididos em vários empreendimentos de pequeno porte para não precisarem de um EIA, que é muito mais complexo e aprofundado. A USFV de Pirapora, por exemplo, foi dividida em onze "partes" que formam o complexo. Sendo assim, obtiveram o licenciamento ambiental através de RAS.

Para abordar os impactos ambientais, primeiramente foi desenvolvida uma tabela com os impactos ambientais no meio físico e identificada a ocorrência dos impactos nas diferentes fases mencionadas previamente. Além disso, são classificados quanto à natureza: positivos e negativos (Quadro 1).

Quadro 1 – Impactos ambientais no meio físico – Usina Solar Fotovoltaica

	Fase do empreendimento				
Impactos	**PL**	**IM**	**OP**	**DS**	**Natureza**
Intensificação de processos erosivos		X	X		Negativo
Formação de áreas degradadas		X			Negativo
Contaminação dos solos		X	X		Negativo
Alteração na qualidade das águas		X	X		Negativo
Geração de efluentes líquidos e resíduos		X	X	X	Negativo
Alteração na qualidade do ar		X			Negativo
Alterações no efeito do Albedo		X	X		Negativo
Alterações na temperatura da superfície			X		Negativo
Alterações no microclima local		X	X		Negativo
Emissão de GEE		X		X	Negativo
Alterações no regime de precipitação		X			Negativo
Poluição sonora		X		X	Negativo
Perda na cobertura vegetal nativa		X			Negativo
Mudança de paisagem		X			Negativo
Geração de resíduos sólidos		X			Negativo
Alteração da estrutura do solo		X			Negativo
Recomposição da cobertura vegetal				X	Positivo
Alteração no regime de escoamento superficial		X	X		Negativo
Alteração na qualidade de águas subterrâneas		X	X		Negativo
Geração de efluentes sanitários		X			Negativo

Fonte: *Elaboração própria*

É possível perceber que os impactos ambientais da usina solar ao meio físico são praticamente todos de natureza negativa (à exceção da recomposição da cobertura vegetal na fase de desativação, quando ocorre).

A Quadro 2 traz os impactos ambientais relacionados ao meio biótico nas diferentes fases da USFV.

Quadro 2 – Impactos ambientais no meio biótico – Usina Solar Fotovoltaica

	Fase do empreendimento				
Impactos	PL	IM	OP	DS	Natureza
Afugentamento temporário da fauna		X	X		Negativo
Perda de habitat para a fauna		X	X		Negativo
Recuperação das Áreas de Preservação		X	X		Positivo
Barreiras à movimentação de espécies		X	X		Negativo
Invasão de plantas exóticas		X	X	X	Negativo
Perda de biodiversidade		X			Negativo
Liberação de patógenos no solo			X		Negativo
Redução de visibilidade dos animais			X		Negativo
Diminuição de abrigos de avifauna		X	X		Negativo
Riscos de acidentes com animais ou causados por animais		X	X		Negativo

Fonte: *Elaboração própria*

Apesar dos impactos ambientais da USFV serem numerosos, em visita de campo ao Norte de Minas Gerais, pôde-se constatar que a escolha do local para implantação do empreendimento se faz, na maioria das vezes, em áreas que já se encontram antropizadas, principalmente composta por pasto e vegetação rasteira. Diante disso, os impactos ambientais da Usina Solar de Pirapora se apresentaram como pouco significativos, ainda que existentes. Especialistas consultados na localidade afirmaram que é possível perceber que o local onde encontra-se complexo solar FV de Pirapora em 2007 (muito antes de sua implantação em 2014) já era degradado, comprovando a afirmação anterior.

Portanto, a escolha do local para implantação de usinas solares deve levar em conta, além das características favoráveis à fonte (como índices de radiação solar), locais em que os impactos ambientais sejam pouco significativos como áreas de pasto, sem plantações, pouco favorável como habitat de animais e com pouca cobertura vegetal que teria que ser removida.

9 GERAÇÃO DISTRIBUÍDA

A GD, em que a geração elétrica é realizada junto ou próxima à carga é uma modalidade que vem crescendo substancialmente no Brasil.

Em casos de aplicação em telhados, não foram identificados estudos que relacionem impactos ambientais negativos associados a esta fase do ciclo de vida de painéis solares, o que provavelmente significa que realmente não há (algumas pessoas podem considerar a existência de poluição visual). Já quando os painéis são instalados no terreno, podem ser observados impactos negativos como os apontados ao meio físico na GC.

Por outro lado, impactos ambientais positivos são verificados, principalmente pela substituição da fonte de energia. A energia solar é uma fonte que, quando gerada próxima à carga, deixa de apresentar os aspectos e impactos negativos associados à utilização de energia proveniente de hidroelétricas, como é o caso do Brasil. Em outros países que utilizam fontes não renováveis de energia em sua matriz, a substituição por essa energia limpa apresenta ainda mais benefícios.

10 DISPOSIÇÃO FINAL DOS MÓDULOS FV

De acordo com REIS (2015) este assunto ainda é uma tarefa de difícil análise já que a experiência em desmontagens de sistemas FVs ainda é pequena. Os módulos apresentam uma vida útil de cerca de 25 anos (ou seja, a produção de energia do painel após 25 anos será pelo menos 80% da potência original) e grande parte destes instalados atualmente ainda não alcançaram esse prazo (principalmente no Brasil). Ainda assim, existem alguns estudos em andamento que tratam da importância de dar uma destinação adequada aos módulos que atingiram seu fim de vida, ou até aqueles que necessitam ser substituídos, como abordado em OLIVEIRA et al. (2017).

Uma vez que a maioria dos países ainda não criou uma regulamentação específica para os painéis FVs, a classificação dada acaba sendo de resíduo domiciliar comum. Na Europa, porém, foi definido que os resíduos FVs são REEE (resíduos de equipamento elétricos e eletrônicos) e existe a diretiva REEE (DIRETIVA 2012/19/UE DO PARLAMENTO EUROPEU E DO CONSELHO) que determina um gerenciamento para a destinação final desses resíduos sólidos, com o objetivo de minimizar impactos ambientais significativos e danos à saúde humana.

Vale destacar que já existem empresas e associações sendo criadas, tal como a *PV Cycle* (http://www.pvcycle.org/), fundada a partir de uma associação entre fabricantes/importadores de placas FVs e setores públicos em diferentes países e níveis de governo da Europa, que oferece serviços de gerenciamento de resíduos FVs.

No Brasil, como mencionado anteriormente, tanto a classificação quanto a gestão dos resíduos das placas FVs ainda são pouco discutidas. Em fevereiro de 2020 foi publicado no Diário Oficial da União o Decreto nº 10.240/2020, que regulamenta a obrigatoriedade quanto à implementação de logística reversa de eletroeletrônicos e seus componentes de uso exclusivamente doméstico (excluindo-se os produtos corporativos (B2B) e de *home care*, com uso ou aplicação em serviços de saúde) em âmbito nacional. No Anexo 1 do decreto encontra-se a relação dos produtos eletrônicos em que se deve aplicar a logística reversa e o Painel FV está na lista. As obrigações para os componentes do setor são:

- Para os consumidores a obrigação se aplica ao descarte de forma ambientalmente correta (Pontos de Entrega Voluntária – PEV);
- Os comerciantes têm por obrigação informar aos consumidores sobre os PEVs, acondicionar de forma correta os equipamentos e efetuar a devolução para o distribuidor ou fabricante;
- Os fabricantes e importadores e os distribuidores são responsáveis por dar a destinação final ambientalmente correta de todos os equipamentos.

Vale ressaltar que o Decreto também não abrange pilhas, baterias e lâmpadas, tendo em vista que esses produtos já possuem sistema de logística reversa próprios. Além disso, se aplica apenas para usos domésticos não incluindo, portanto, os resíduos da GC.

As possibilidades existentes para a destinação final dos módulos pós-consumo são, portanto, a reciclagem ou disposição em aterro sanitário. Um gerenciamento incorreto dos resíduos FVs envolve a perda de metais escassos e preciosos (por exemplo, Ag, Cu, Ga, In, Ge) e materiais convencionais (por exemplo, alumínio e vidro) e importantes questões ambientais decorrentes da liberação de substâncias perigosas, como o Pb, metal altamente tóxico (FIANDRA, 2019).

Os processos de reciclagem de resíduos FVs podem ser realizados através de técnicas mecânicas, químicas, térmicas e lasers, em conjunto ou separadamente. A escolha das técnicas e dos processos utilizados dependerá da tecnologia empregada, do custo associado e da minimização dos impactos ambientais causados (OLIVEIRA et al., 2017).

No Brasil foi identificada apenas uma empresa que realizará esta atividade, que na verdade é a primeira empresa de reciclagem de módulos e sistemas FVs da América Latina – a SunR. Até a publicação deste relatório a empresa ainda estava em processo de estruturação para iniciar seus serviços.

Em estudo realizado por FAIRCLOTH et al. (2019), ao comparar a destinação de resíduos FVs para aterros sanitários ou reciclagem, foi possível perceber que o aterro sofre mais impactos ambientais em todas as categorias de impactos analisadas. Segundo resultados do estudo, o potencial de depleção da camada de ozônio com a reciclagem é menor em cerca de 25%, a formação de oxidantes fotoquímicos em cerca de 15%, o potencial de eutrofização em cerca de 14% e o potencial de aquecimento global em cerca de 24%, como é possível perceber na Tabela 13.

Tabela 13 – Impactos da deposição em aterro e da reciclagem

Resultados de avaliação de impacto usando o método de expansão do sistema por alocação

		LANDFILL	LGRF	FRELP
Mudança climática	KG CO2 EQ	1.9E+04	4.6E+02	-4.0E+03
Destruição de ozônio	KG CFC-11 EQ	4.4E-03	1.9E-04	-1.4E-04
Acidificação do solo	KG SO2 EQ	1.1E+02	-1.6E+00	-3.3E+01
Eutrofização de água doce	KG P EQ	9.0E+00	1.0E+00	-2.0E+00
Eutrofização de água salgada	KG N EQ	4.8E+01	3.2E+00	-1.0E+00
Intoxicação humana	KG 1,4-DB EQ	1.4E+04	1.5E+03	-2.9E+03
Formação fotoquímica oxidante	KG NMVOC	7.9E+01	1.8E+00	-1.4E+01
Formação de material particulado	KG PM10 EQ	4.2E+01	7.1E-02	-1.1E+01
Ecotoxicidade terrestre	KG 1,4-DB EQ	4.3E+01	1.7E-01	-1.3E-01
Ecotoxicidade de água doce	KG 1,4-DB EQ	3.2E+02	3.2E+01	-7.8E+01
Ecotoxicidade de água salgada	KG 1,4-DB EQ	4.0E+02	5.1E+01	-9.5E+01
Radiação ionizante	KBQ U-235 EQ	3.4E+03	3.4E+02	-1.9E+02
Ocupação de terras agrícolas	M2A	1.3E+03	2.0E+02	-1.6E+02
Ocupação de terras urbanas	M2A	1.8E+02	1.9E+01	-4.5E+01
Transformação natural da terra	M2	2.8E+00	2.2E-01	-4.1E-01
Destruição da água	M3	4.8E+02	2.8E+01	-6.9E+00
Destruição de metal	KG FE EQ	3.1E+03	1.4E+03	-3.4E+02
Destruição de fósseis	KG OIL EQ	5.2E+03	2.6E+02	-8.1E+02

Fonte: *Adaptado de FAIRCLOTH et al. (2019)*

Os valores encontrados para a deposição em aterro (Landfill) são maiores quando comparados com a reciclagem feita em uma instalação de reciclagem de vidro (LGRF), o que justifica a escolha da recuperação dos materiais, quando visto sob a ótica ambiental.

11 TRANSPORTES

Em toda a cadeia produtiva até a utilização dos painéis e disposição final existe um elemento importante que é o transporte. Os impactos ambientais estão relacionados à utilização de combustíveis fósseis – principalmente poluição atmosférica. A utilização de células FVs chinesas como acontece atualmente no Brasil, e montagem dos módulos em território nacional, implica o deslocamento de grandes distâncias e, com isso, impactos ambientais associados. Sendo assim, sob o ponto de vista ambiental, se justificaria a produção nacional de células FVs.

12 MEDIDAS MITIGADORAS

Nenhuma atividade está livre de impactos ambientais como foi visto ao longo do capítulo. Diante disto, existem algumas medidas mitigadoras que visam à redução ou eliminação dos impactos ambientais negativos relacionados à atividade impactante. Tais medidas são fundamentais para a garantia da sustentabilidade da geração de energia, por exemplo.

No caso da energia solar utilizando tecnologias de silício existem medidas mitigadoras para todas as etapas do processo de produção e aplicação dos módulos FVs. Na etapa de extração das matérias-primas as medidas mitigadoras são: recuperação de áreas degradadas; tratamento e destinação adequada para os rejeitos; controle de qualidade da água dos rios do entorno das atividades de extração; controle de níveis de ruídos; acompanhamento e medições dos níveis das barragens de rejeitos de mineração; controle e tratamento de gases e material particulado e manejo da fauna e flora.

Durante as etapas de metalurgia e purificação de silício e também de fabricação das células e montagem dos módulos, podem ser feitos o controle de emissões e uso de lavadores. A emissão de poluentes no processo de fabricação de células FVs acaba sendo reduzida e bastante controlada. Além disso, deve ser realizado o tratamento e destinação adequada para os efluentes; Controle de níveis de ruídos e, quando possível, reutilização de subprodutos como matérias-primas.

Muitos são os impactos ambientais negativos verificados na aplicação dos módulos na GC. Porém, diversas medidas mitigadoras existem para atenuá-los: fazer o manejo da fauna durante a realização da supressão vegetal; interromper as atividades quando for encontrado um animal até que ele seja retirado; recuperação das áreas degradadas; escolha de locais para a implantação que já sejam áreas degradadas; controle de qualidade da água e do ar em torno das atividades e tratamento de efluentes e resíduos.

Dar uma destinação ambientalmente adequada aos painéis quando chegam ao final de sua vida útil também é considerada uma medida mitigadora de impactos negativos.

13 CONCLUSÕES

Não existe um método único e o mais indicado para se avaliar os impactos ambientais de algum produto ou processo. As metodologias disponíveis apresentam vantagens e desvantagens, como apresentado na seção 2. A possibilidade de adaptação de alguma já existente se mostra viável em alguns tipos de projetos. No presente trabalho, uma adaptação da metodologia *check-list* – por ser um método simples e mais qualitativo – se mostrou adequada para enumerar os impactos ambientais de cada fase do ciclo de vida associado à energia solar.

Embora renovável, a ESFV apresenta impactos ambientais em todas as etapas do ciclo de vida dos painéis e módulos FVs de silício. Na primeira etapa do processo, nas extrações das matérias-primas, a utilização de carvão vegetal se mostra menos nociva ao meio ambiente quando comparada à utilização de carvão mineral, conforme mencionado no item 4.

Com a seção 5, percebeu-se que a produção do silício e preparação das células apresentam diversos impactos ambientais, principalmente associados à utilização de materiais tóxicos e grande quantidade de energia demandada nos processos.

Olhando somente para o ponto de vista ambiental, tem se mostrado que faria sentido produzir as células FVs no Brasil, mas uma análise mais profunda se torna necessária. O fato de o país utilizar carvão vegetal de reflorestamento e possuir reservas de quartzo de alto grau de pureza colaboram com esta premissa.

A GC utilizando como fonte de energia o sol, tem se mostrado uma alternativa energética muito promissora no país. Porém, é importante destacar que inúmeros impactos ambientais foram identificados e a escolha adequada do local para implantação da usina se mostrou fator relevante para a minimização destes. Já a fase da GD, apresentou impactos ambientais pouco significativos.

Quando os painéis e módulos FVs chegam ao fim de sua vida útil ou precisam ser substituídos, um assunto de suma importância aparece, como destacado na seção 10. O gerenciamento desses resíduos de maneira adequada é importante para que os impactos relacionados a esta fase sejam minimizados. A reciclagem de painéis se mostrou como alternativa mais eficiente e a necessidade de legislação específica para tal assunto se mostra urgente em países como o Brasil. O Decreto 10.240/2020 surgiu com o intuito de responsabilizar agentes do setor para o gerenciamento de resíduos FVs de uso doméstico e já é um avanço.

Cabe ressaltar que seria necessário realizar uma análise do ciclo de vida também dos outros componentes não modulares, como as estruturas e equipamentos eletrônicos, para poder ter uma dimensão mais detalhada dos impactos ambientais, mas tal exploração não cabe ao escopo do presente trabalho.

Por fim, é importante evidenciar que a escolha da utilização da energia solar é muito positiva quando comparada a outras fontes de energia, principalmente as de origem fóssil. Este relatório teve por objetivo atentar ao fato de que há impactos negativos associados a essa fonte, mas que esses impactos são totalmente passíveis de serem minimizados por medidas mitigadoras implementadas nas diversas etapas do ciclo de vida.

REFERÊNCIAS BIBLIOGRÁFICAS

BEZERRA, J. L.; LIRA, M. A. T. & SILVA, E. A. "Avaliação do ciclo de vida aplicada a painéis fotovoltaicos". VII Congresso Brasileiro de Energia Solar. Gramado, 17 a 20 de abril de 2018.

BOLEA, M. T. E. *Evaluación del impacto ambiental*. Madrid, Espanha. 1984.

BP Statistical Review – 2019. China's energy market in 2018. Disponível em: <https://www.bp.com/content/dam/bp/business-sites/en/global/corporate/pdfs/energy-economics/statistical-review/bp-stats-review-2019-china-insights.pdf>. Acesso em: 27 jan. 2020.

CASTRO, M. B. D. et al. "Metodologias para avaliação de impactos ambientais". XII Congresso Nacional de Meio Ambiente de Poços de Caldas, 2015.

CEPEL. "Manual de Engenharia para Sistemas Fotovoltaicos". CEPEL-CRESESB: Rio de Janeiro, 2014.

CONAMA. Conselho Nacional do Meio Ambiente. "Resolução n° 001" de 23 de janeiro de 1986.

CONAMA. Conselho Nacional do Meio Ambiente. "Resolução n° 279" de 27 de junho de 2001.

CREMONEZ, F. E. et al. "Avaliação de impacto ambiental: metodologias aplicadas no Brasil". Revista Monografias Ambientais – REMOA, 2014, v.13, n.5, dez. 2014, p. 3821-3830.

DECRETO Nº 10.240, de 12 de fevereiro de 2020. Regulamenta a implementação de sistema de logística reversa de produtos eletroeletrônicos e seus componentes de uso doméstico.

DIRETIVA 2012/19/UE do Parlamento Europeu e do Conselho. Relativa aos resíduos de equipamentos elétricos e eletrónicos (REEE), de 4 de julho de 2012.

FAIRCLOTH, C. C. et al. "The environmental and economic impacts of photovoltaic waste" management in Thailand. Resources, Conservation and Recycling, 2019, v. 143, abr. 2019, p. 260-272.

FIANDRA, V. et al. End-of-life of silicon PV panels: "A sustainable materials recovery process. Waste Management", fev. 2019, v. 84, p. 91-101.

LÜDKE, M. C. *A rota metalúrgica do silício: da extração do quartzo à obtenção do silício de grau fotovoltaico*. Araranguá, 2018.

OLIVEIRA, D. B. et al. "Destinação final das placas fotovoltaicas pós consumo no Brasil". Projeto de graduação. Escola Politécnica da Universidade de São Paulo: São Paulo, 2017, p. 100.

PÕDER, T. & LUKKI, T. "A critical review of checklist-based evaluation of environmental impact statements". Impact Assessment and Project Appraisal, v. Journal Impact Assessment and Project Appraisal, 2011, v. 29, n. 1, p. 27-36.

PUPIN, P. C. "Avaliação dos impactos ambientais da produção de painéis fotovoltaicos através de análise de ciclo de vida". Dissertação de pós-graduação. Engenharia de Energia da Universidade Federal de Itajubá: Itajubá, MG, 2019, p. 124.

REIS, D. C. "Análise crítica do processo de licenciamento ambiental de usinas fotovoltaicas". Dissertação de mestrado. Engenharia Elétrica. Escola de Engenharia da Universidade Federal de Minas Gerais: Belo Horizonte, 2015, p. 152.

RODRIGUES, T. I. "Diagnóstico ambiental da produção de carvão vegetal no município de Tabaí – RS". Trabalho de conclusão de curso, Engenharia ambiental. Centro de Ciências Exatas e Tecnológicas, do Centro Universitário Univates: Lajeado, RS, 2016, p. 88.

TERRA & SOL SOLUÇÕES EM ENERGIA SUSTENTÁVEL. Disponível em: <https://www.terraesolenergia.com.br/blog/placas-solares-no-seu-telhado/>. Acesso em: 14 jan. 2019.

CAPÍTULO 6

IMPACTOS AMBIENTAIS DA ESFV – TECNOLOGIAS DE FILMES FINOS

Anna Carolina Sermarini

1 INTRODUÇÃO

Dando continuidade aos estudos dos impactos ambientais da ESFV, serão abordados no presente capítulo os impactos relacionados às tecnologias de filmes finos: CdTe, a-Si, CIGS e OPV.

Uma das preocupações mais comuns relacionadas às tecnologias de filmes finos é que a obtenção de alguns materiais utilizados na fabricação, como Te, In e Ge, está limitada uma vez que são subprodutos da produção de Cu, Pb e Zn e, portanto, sua geração está intimamente relacionada à produção de metais comuns. Além disso, a toxicidade dos materiais utilizados na fabricação dos filmes finos é uma questão relevante e que deve ser analisada (FTHENAKIS, 2009).

Poucos estudos que avaliam os impactos ambientais são conduzidos para tecnologias de filmes finos. A Tabela 14 traz o número de estudos encontrados por Stamford e Azapagic (2019), bem como o potencial de aquecimento global medido em g CO_2 eq./kWh.

Tabela 14 – Resumo do potencial de aquecimento global (GWP) de tecnologias de filmes finos

TIPO PV	GWP (g CO_2 eq. /kWh)				
	Número de estudos	Mínimo	Máximo	Média	Mediana
a-Si	1	20	21	21	20/21
CIGS	2	19	43	28	26
CdTe	7	11	28	19	18

Fonte: *Adaptado de STAMFORD & AZAPAGIC (2019)*

Da mesma forma que existem mais abordagens e estudos na literatura para o CdTe, este trabalho reúne informações mais detalhadas sobre os impactos ambientais deste tipo de tecnologia.

2 CdTe

Para analisar os impactos ambientais associados à tecnologia de filmes finos com CdTe, será abordado o processo de produção da principal fabricante mundial, a First Solar. Para explorar o tema, questões como o tempo de retorno de energia, emissão de gases de efeito estufa, emissões atmosféricas de Cd, disponibilidade de Te, uso da água, impactos na biodiversidade e nos solos serão abordados.

O departamento do CENER, da fundação Chile, realizou, em 2013, um estudo completo com avaliação ambiental, de saúde e segurança da tecnologia de CdTe da empresa First Solar. Os pontos mais relevantes serão abordados a seguir e corroborados com outras fontes consultadas.

2.1 CÁDMIO

O Cd é um subproduto da fundição de minérios de Zn (aproximadamente 80%), minérios de Pb (cerca de 20%) e, em menor grau, de minérios de Cu. Sendo assim, é importante destacar que a produção deste elemento não depende da demanda do mercado FV (VELLINI et al., 2017).

Por ser um metal pesado e considerado potencialmente poluente, a utilização do Cd durante todo o processo produtivo requer cuidados como monitoramento e controle de emissões para o ar e lançamentos de efluentes. Tais medidas são declaradas como adotadas pela First Solar e serão abordadas mais à frente.

Apesar da toxicidade associada ao elemento Cd ser alta e preocupante, vários estudos mostram que a toxicidade e riscos à saúde são muito menores quando combinado ao Te para formar o CdTe. A Figura 39 compara o elemento Cd e outros compostos que contêm Cd com o CdTe.

Como é possível perceber, em todas as categorias analisadas – dose letal oral aguda, concentração letal de inalação aguda, mutagenicidade e concentração letal aquática aguda – o CdTe apresentou valores que corroboram para o fato de seu uso apresentar perigo baixo ou inexistente.

Figura 39 – Comparação de toxicidade de Cd e CdTe

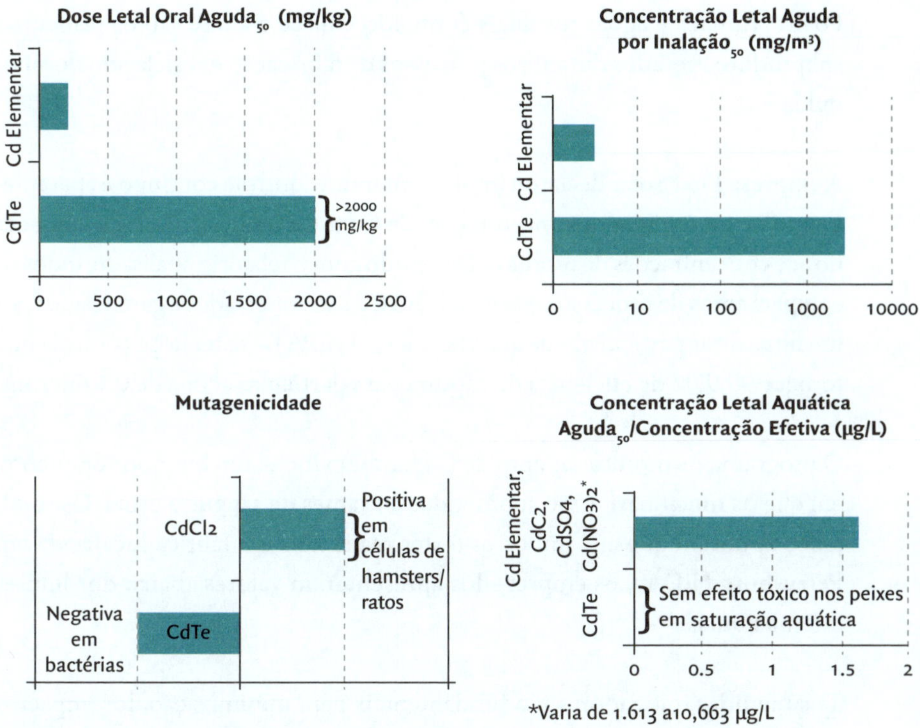

Fonte: *Adaptado do CENER (2013)*

2.2 TELÚRIO

O Te é um metal raro que pode ser extraído como subproduto dos lodos formados durante o refino eletrolítico do Cu. Marwede e Reller (2012) realizaram um estudo para analisar o potencial da reciclagem de módulos de CdTe na disponibilidade de Te para a indústria de painéis FVs que utilizam esta tecnologia. Seus resultados apontaram que até 2038 a demanda de Te para ser utilizada na indústria de CdTe poderia ser inteiramente atendida pela reciclagem de painéis que já tivessem chegado ao fim da vida útil. Portanto, a reciclagem de painéis de CdTe tem suma importância para cobrir a escassez do Te e evitar emissões de Cd para o meio ambiente.

2.3 ANÁLISES DE IMPACTOS AMBIENTAIS

Poeira, fumaça e águas residuais contendo Cd, Te e CdTe são os principais subprodutos gerados durante os processos de fabricação e reciclagem dos módulos.

A empresa First Solar declarou implementar um controle contínuo e aparentemente bastante eficaz de concentrações de Cd no ar interior, níveis de emissões no ar e concentrações de resíduos. De acordo com o relatório analisado, todos os equipamentos de processos que envolvam Cd são conectados e gerenciados por um filtro de ar particulado de alta eficiência (HEPA) – sistema de controle que fornece 99,97% de eficiência de captura para partículas acima de 0,1 microns.

O programa de monitoramento de Cd também inclui um biomonitoramento, em que os funcionários são submetidos a exames de sangue e urina. Os resultados apontam que em ambos os testes realizados em fábrica localizada em Perrysburg (EUA), os empregados apresentaram valores abaixo dos limites internacionais.

Tais medidas mitigadoras são fundamentais para minimização dos impactos ambientais ao longo da cadeia produtiva dos painéis FVs de filmes finos.

Quanto às águas residuais, a First Solar declarou implementar um processo de tratamento de água que inclui operações como precipitação de metais, filtragem e polimento por troca iônica. Além disso, há uma contínua verificação do conteúdo de Cd na água que vai ser descarregada e, se estiver fora das especificações, o esgoto é recirculado novamente para os sistemas de tratamento de águas residuais. Esses processos reduzem os níveis de Cd em águas residuais para menos de 20 ppb (valor típico é de 10 ppb).

2.4 ASPECTOS DO CICLO DE VIDA DOS PAINÉIS FOTOVOLTAICOS DE CDTE DA FIRST SOLAR

Os aspectos que foram considerados incluem tempo de retorno de energia, emissões de gases de efeito estufa, uso de água, impactos na biodiversidade e uso da terra.

2.4.1 TEMPO DE RETORNO DE ENERGIA

O tempo de retorno de energia é o período necessário para um sistema de energia gerar a mesma quantidade de energia (em termos de equivalente de energia primária) que foi usada para produzir o próprio sistema.

De acordo com dados fornecidos pela First Solar, para uma irradiação de 1700 kWh/m^2/ano, o tempo de retorno de energia para painéis de CdTe está entre 0,8 e 2,1 anos. A Figura 40 traz uma comparação dos tempos de retorno de energia das diferentes tecnologias de painéis FVs, nas mesmas condições de irradiação de 1700 kWh/m^2/ano.

Figura 40 – Tempo de retorno de energia (ano) para diferentes tecnologias de PV

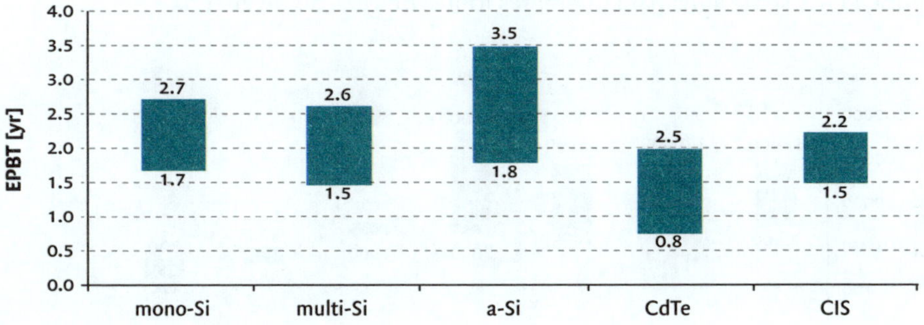

Fonte: *Adaptado do CENER (2013)*

2.4.2 EMISSÃO DE GASES DE EFEITO ESTUFA (GEE)

Atualmente, uma boa medida para avaliar os poluentes associados à geração de eletricidade é o grama de CO_2 equivalente emitido. As emissões de GEE foram calculadas com a implantação dos módulos da First Solar sob as condições de irradiação do norte do Chile. Para todos os cenários considerados, o potencial de aquecimento global obtido pelo módulo de CdTe foi de aproximadamente 12 g de CO_2 eq./kWh (CENER, 2013). A título de comparação, de acordo com o Balanço Energético Nacional BEN (2019), a intensidade de carbono na geração elétrica brasileira em 2018 foi de 88 g CO_2 eq./kWh.

2.4.3 USO DA ÁGUA

Além dos gases de efeito estufa e outras emissões de poluentes, a demanda de água doce para a geração de eletricidade é um importante indicador de sustentabilidade para avaliar diferentes tecnologias.

Fthenakis e Kim (2010) analisaram o uso de água doce para diferentes tecnologias de geração de energia em um contexto dos EUA, baseados em estudos anteriores que utilizavam uma abordagem do ciclo de vida. Eles quantificaram que para a fabricação de módulos de CdTe, utiliza-se 787,3 L/MWh (baseado em uma irradiação de 1800 kWh/m^2/ano e uma vida útil de 30 anos). Esse número se apresenta menor do que para algumas outras fontes de energia, como pode ser percebido na Figura 41.

Figura 41 – Uso de água para diferentes fontes de geração de energia

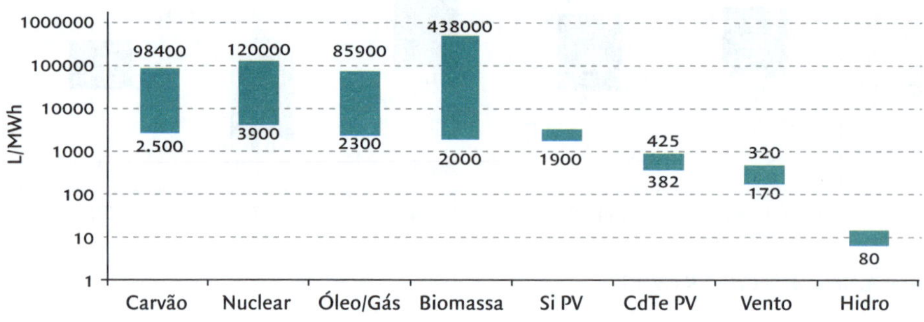

Fonte: *Adaptado do CENER (2013)*

2.4.4 USO DA TERRA E BIODIVERSIDADE

Os mesmos impactos que foram identificados para a utilização das tecnologias baseadas em silício, associados ao uso da terra e à biodiversidade local na implantação de usinas solares, são verificados no caso de painéis de CdTe – e dos outros tipos também. De fato, o que difere uma tecnologia da outra é a matéria-prima e o processo de produção empregada. A utilização como conversão de energia e os impactos associados a esta fase são os mesmos.

De acordo com o CENER (2013), a First Solar implementou melhores práticas para prevenir e mitigar os impactos ambientais verificados na fase de implantação das usinas solares. Dentre elas, estão:

a. Evasão ou minimização de conflitos: realizar levantamentos de habitats e espécies, construção de locais com baixo impacto – empregar medidas como aberturas de caminhos para animais serem capazes de circular e evitar uso de produtos químicos tóxicos;

b. Restauração: restauração e manutenção da cobertura vegetal removida durante a construção para melhorar o habitat;

c. Desenvolvimento de áreas de compensação para preservação de espécies na construção de projetos em áreas ambientalmente sensíveis, quando necessário.

2.4.5 RECICLAGEM

De acordo com informações de tecnologia de reciclagem da First Solar, aproximadamente 90% do peso do módulo é recuperado, sendo a maioria vidro que pode ser usado em novos produtos. A recuperação estimada de Cd e Te é de aproximadamente 95%. Este semicondutor não refinado é embalado para processamento adicional por um parceiro de reciclagem para criar um material semicondutor para uso em novos módulos. O material que não pôde ser recuperado é descartado de acordo com os requisitos de destinação final de resíduos.

3 CIGS

A tecnologia de filme fino de CIGS está entrando cada vez mais no mercado de ESFV e nos últimos anos apresenta rápida expansão. No entanto, seus impactos ambientais permanecem amplamente desconhecidos, principalmente considerando as técnicas de fabricação CIGS mais novas.

Em um estudo realizado por Stamford & Azapagic (2019), foram analisados os impactos ambientais do ciclo de vida de instalações FVs de CIGS. Os pontos mais relevantes abordados pelos autores serão apresentados a seguir.

Foi realizado um estudo de ACV cujos limites do sistema abrangem a fabricação, instalação e operação do sistema – utilizando-se o software LCA GaBi TS para modelagem e o ReCiPe 2016 para mensuração dos impactos. A análise foi baseada em uma unidade funcional de 1 kWh de eletricidade gerada em uma instalação doméstica com uma capacidade típica de 3 kWp e, para levar em conta a variação regional da insolação e seu efeito sobre os impactos, duas regiões foram consideradas: uma com baixos níveis de insolação (Reino Unido) e outra com altos níveis de insolação (Espanha). Presumiu ainda, que a produção dos componentes ocorresse na Alemanha, líder mundial de sistemas CIGS.

3.1 FABRICAÇÃO DO MÓDULO DE CIGS COM CDB

O processo de fabricação dos módulos de CIGS mais comum se dá através da técnica de banho químico, conhecida como CBD. Os principais itens de consumo da fase de fabricação são o Ar e o Mo, bem como o vidro plano. Apenas 50% do Mo é depositado no substrato, com o restante sendo recuperado e devolvido ao fabricante para reciclagem. O Ar é um gás nobre, estável e não reativo, não apresentando problemas ao meio ambiente. A deposição de cada camada de Mo sobre o substrato é seguida por gravação a laser, que possui consumo zero ou desprezível de material; no entanto, ele usa bastante eletricidade.

O estágio seguinte é a deposição CIGS, que requer granulado de Cu, In, Ga e Se. Os três primeiros são embalados em contêineres de polietileno que, com base nos dados do fabricante do CIGS, não são reciclados e, posteriormente, supõe-se que sejam depositados em aterros.

Em seguida, a camada tampão de CdS é depositada via CBD exigindo amônia, tioureia e CdS. A amônia líquida é embalada em um contêiner a granel intermediário de 1.000 litros (plástico, em uma estrutura de metal), que se supõe reutilizar 50 vezes. A tioureia é embalada em uma caixa de papelão depositada em aterro, enquanto o CdS é armazenado em uma garrafa PET que é descartada como resíduo perigoso em uma instalação de aterro subterrâneo. O resíduo gerado durante a lavagem do gás de ventilação do CBD é descartado em aterro sanitário.

Após a deposição de CdS, um óxido condutor transparente de ZnO dopado com alumínio (AZO) é depositado no substrato. A deposição de AZO e ZnO deixa uma quantidade mínima de material residual nos cabeçalhos, que é perdida. O AZO e o ZnO são embalados em caixas de madeira, que são devolvidas ao fornecedor para reutilização.

O final do processo envolve a ablação da borda do laser, vedação com fita butílica, laminação com folha de acetato de etilvinila e uma placa frontal de vidro temperado com baixo teor de ferro e instalação de uma caixa de junção e cabos usando resina epóxi para selar os orifícios de contato. Finalmente, o módulo acabado é embalado em uma caixa de papelão ondulado que é depositada em aterro após o uso.

3.2 INSTALAÇÃO, OPERAÇÃO E MANUTENÇÃO

O estudo de Stamford & Azapagic (2019) considerou nos cálculos a inclusão de 3% adicionais dos módulos CIGS para compensar as substituições dos painéis e presumiram que os painéis e as peças elétricas fossem transportados 100 km até o local da instalação.

Dois cenários de localização foram considerados para a instalação – Reino Unido e Espanha – para contabilizar rendimentos diferentes do sistema relacionados a distintos níveis de insolação. No cenário do Reino Unido, o rendimento foi calculado em 873 kWh/kWp/ano com base nos dados de 4.127 instalações no banco de dados de microgeração *Sheffield Solar*. Para o cenário espanhol, o rendimento foi estimado em 1500 kWh/kWp/ano, com base nos valores previstos para Sevilha a partir do PVGIS da UE. Nos dois cenários, os sistemas são transportados da Alemanha por estrada e as distâncias de transporte foram estimadas em conformidade.

Em termos de operação, a eficiência dos módulos foi estimada em 15% com base nos dados do fabricante – essa eficiência é típica para módulos comerciais atualmente. A manutenção compreende a lavagem de painéis com 20 litros de água por painel ao longo da sua vida útil, assumida em 30 anos. O gerenciamento de resíduos em fim de vida útil dos painéis não pôde ser contabilizado devido à falta de processos de reciclagem para o CIGS.

3.3 ANÁLISES DOS IMPACTOS AMBIENTAIS

Os resultados encontrados no estudo de Stamford & Azapagic (2019) mostraram que os impactos da instalação no Reino Unido são 72% maiores que os da Espanha, diretamente proporcional ao diferencial de irradiância solar entre os dois países. A Tabela 15 traz os impactos ambientais encontrados para as instalações nos dois locais.

Tabela 15 – Impactos ambientais dos painéis fotovoltaicos de CIGS

Impacto (kWh)	Reino Unido	Espanha
Alterações climáticas, excl. carbono biogênico [g CO_2 eq.]	25,1	14,6
Formação de partículas finas [mg PM2.5 eq.]	48,2	28,1
Depleção fóssil [g eq. de óleo]	8,12	4,73
Consumo de água doce [m³]	0,14	0,0812
Ecotoxicidade em água doce [g 1,4 diclobenzeno eq.]	1,3	0,758
Eutrofização em água doce [mg P eq.]	38,8	22,6
Toxicidade humana, câncer [g 1,4 diclobenzeno eq.]	3.09	1,8
Toxicidade humana, sem câncer [kg 1,4 diclobenzeno eq.]	0,251	0,146
Radiação ionizante [mBq C-60 eq. para o ar]	5.19	3.02
Uso da terra [eq. colheita anual]	1.01×10^{-3}	5.89×10^{-4}
Ecotoxicidade marinha [g 1,4 diclobenzeno eq.]	1,93	1,12
Eutrofização marinha [mg N eq.]	1,72	1.02
Depleção de metal [kg Cu eq.]	5,52	3,21
Formação fotoquímica de ozônio, ecossistemas [mg NOx eq.]	73,6	42,8
Formação fotoquímica de ozônio, saúde humana [mg NOx eq.]	71,6	41,7
Destruição do ozônio estratosférico [µg de CFC-11 eq.]	11,8	6,85
Acidificação terrestre [g SO_2 eq.]	0,135	0,0783
Ecotoxicidade terrestre [kg 1,4 diclobenzeno eq.]	0,503	0,293

Fonte: *Adaptado de STAMFORD & AZAPAGIC (2019)*

Para contextualizar, o impacto das mudanças climáticas pela rede elétrica britânica e espanhola em 2017 foi equivalente a 310 e 305 g CO_2 eq./kWh, respectivamente. Esses valores, estimados no trabalho de Stamford & Azapagic (2019), são baseados nos números anuais de geração de eletricidade da ENTSO-E (2018) e nas emissões de GEE do ciclo de vida para sistemas de energia fornecidos pelo IPCC. Portanto, uma instalação CIGS no Reino Unido representa uma economia de GEE de aproximadamente 285 g CO_2 eq./kWh (ou 92%) e uma instalação na Espanha representa uma economia de 290 g CO_2 eq./kWh (ou 95%).

No processo de fabricação do CIGS, o consumo de eletricidade é o principal contribuinte para a maioria dos impactos, responsável em média por 13% dos impactos totais do ciclo de vida. No entanto, a contribuição do consumo de eletricidade é altamente variável nas categorias de impacto, variando de 0,1% do total para a depleção de metais a 34% para a depleção do ozônio estratosférico. Isso reflete o fato de que o mix médio de eletricidade na Alemanha ainda é bastante dependente de combustíveis fósseis (58% do mix total).

O sistema de montagem em telhado, o transporte, a instalação e a manutenção são partes menos críticas do ciclo de vida, contribuindo com uma média de 9%, 4% e 0,1%, respectivamente. No entanto, a montagem no telhado é um dos principais contribuintes para o consumo de água doce (42%). Isso é atribuído à produção de alumínio, que é usado para vários tipos de trilhos, conectores e ganchos no sistema de montagem.

Comparado aos sistemas FVs equivalentes de CdTe, silício mono e policristalino, o CIGS tem impactos de 6 a 10 vezes mais baixos em 16 das 18 categorias, com as mudanças climáticas sendo de 16% a 200% mais baixas. No entanto, o sistema CIGS tem cerca de cinco vezes maior depleção de metais devido ao In. Seu uso pode ser reduzido minimizando a espessura do CIGS e recuperando metais raros no final de sua vida útil. Nesse sentido, os esforços futuros na produção FV do CIGS devem se concentrar na redução contínua da quantidade de metais raros e na reciclagem de módulos.

4 SILÍCIO AMORFO

O a-Si é outra tecnologia que também tem sido utilizada na produção de sistemas FVs. Esses dispositivos geralmente são obtidos depositando filmes finos em uma variedade de substratos, incluindo vidros, metais e polímeros. Apesar de sua baixa eficiência de conversão de energia, os sistemas baseados em a-Si são considerados uma tecnologia ecológica (SOARES, 2018).

Em um estudo comparativo de cinco tecnologias FVs através da ACV, SOARES (2018) demonstrou que o filme fino de a-Si foi a tecnologia com menor impacto em 81% das análises, enquanto o silício policristalino apresentou impactos ambientais mensurados como altos na escala do estudo em 79% das análises. A Figura 42 traz esses resultados encontrados para a classificação de impactos extremos, altos, moderados, baixos e muito baixos.

Figura 42 – Impacto ambiental atribuído a cada tecnologia fotovoltaica para 1 m² de painel fotovoltaico

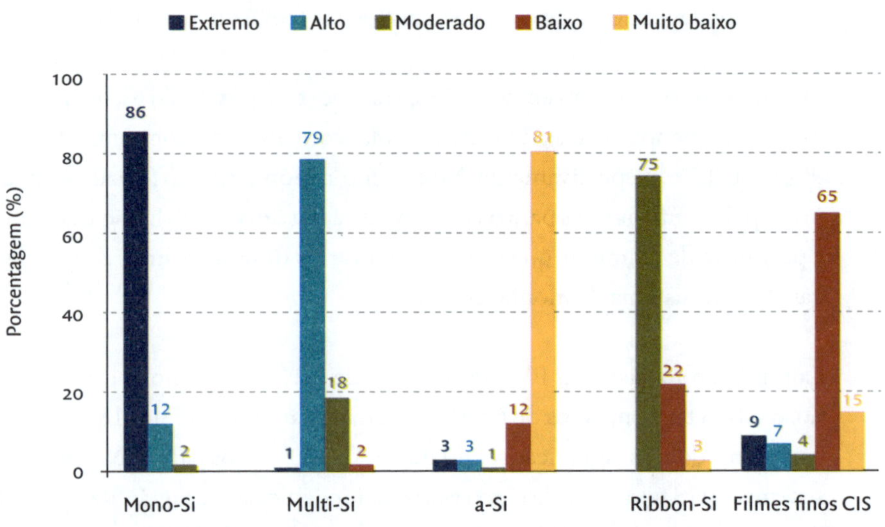

Fonte: *Adaptado de SOARES (2018)*

Outro parâmetro que foi analisado foi o impacto ambiental dos painéis solares quanto ao potencial de aquecimento global. Esse aspecto é mostrado na Figura 43, que descreve o potencial de aquecimento global para horizontes temporais de 20 (GWP 20) e 100 (GWP 100) anos em relação ao CO_2. Novamente, os silícios mono e policristalinos exibiram os maiores potenciais de aquecimento global, enquanto o a-Si mostrou o menor.

Figura 43 – Potencial de aquecimento global para horizontes temporais de 20 (GWP 20) e 100 (GWP 100) anos em relação ao CO2

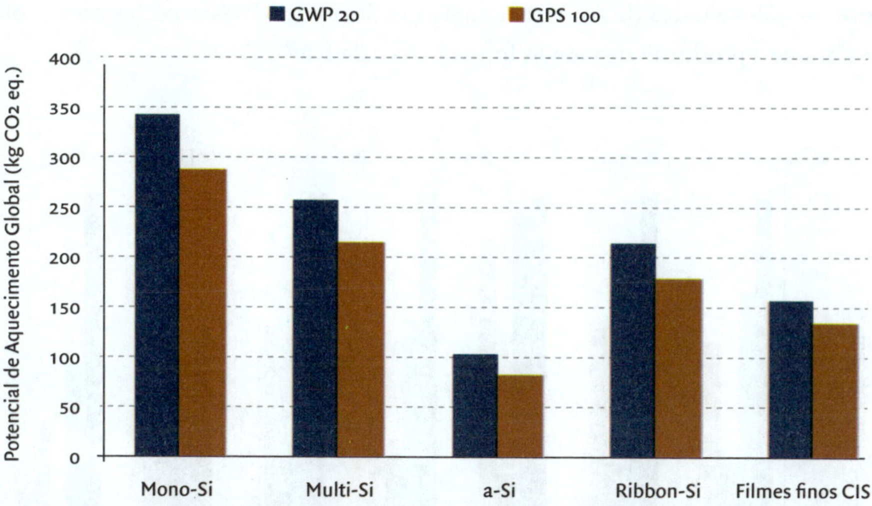

Fonte: *Adaptado de SOARES (2018)*

A Figura 44 mostra os resultados da ACV referentes à emissão de várias espécies no ar, solo e água durante a produção de painéis FVs de 1 m^2. Para cada indicador, o resultado máximo foi definido como 100% e os resultados atribuídos a outras tecnologias foram expressos em termos da porcentagem desse valor máximo. O mono-Si apresentou as maiores emissões de CO_2, NOx, compostos orgânicos voláteis não metânicos (NMVOC), particulados com tamanhos abaixo de 2,5 µm e SO_2 no ar.

O Mono-Si também exibiu a maior demanda biológica de oxigênio (DBO, no gráfico está a sigla em inglês: BOD) na água (cerca de 0,5 kg por metro quadrado de painel FV). A DBO está relacionada à quantidade de oxigênio dissolvido necessária aos organismos biológicos aeróbicos para decompor as espécies orgânicas presentes em uma amostra de água. Assim, quanto maior a concentração de matéria orgânica na água residual, maior será sua DBO.

Vale ressaltar a alta liberação de Cd no solo exibida pelo a-Si. O valor máximo avaliado para esta tecnologia foi de cerca de 52 ppm por metro quadrado de painel FV. Apesar dos baixos valores de liberação de Cd para as tecnologias consideradas no trabalho, são necessários mais estudos para avaliar o impacto ambiental atribuído a esta liberação.

Figura 44 – Resultados da ACV referentes à emissão de várias espécies no ar, solo e água durante a produção de painéis fotovoltaicos de 1 m²

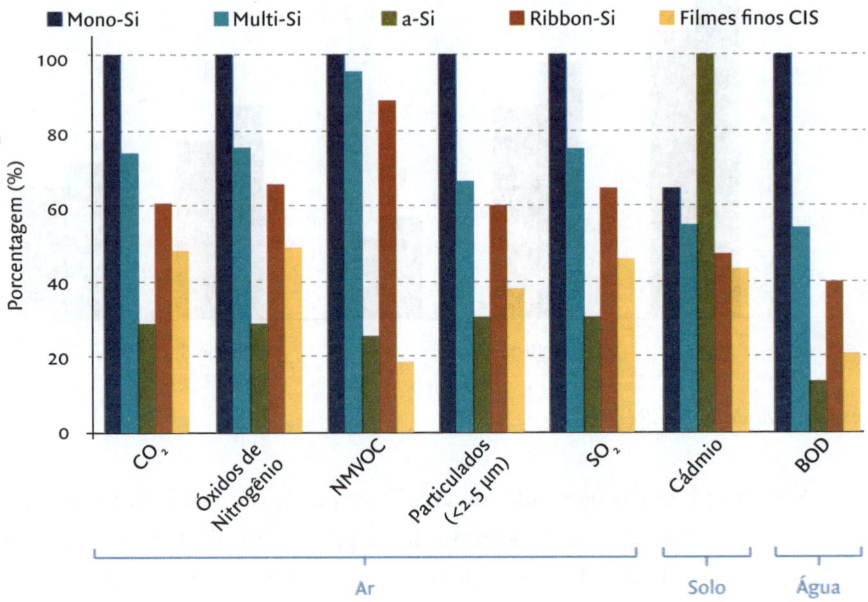

Fonte: *Adaptado de SOARES (2018)*

Em outro estudo realizado por KHAENSON et al. (2017), compararam-se os impactos ambientais de duas usinas solares da Tailândia: uma de silício policristalino com 90 MW de capacidade instalada localizada no norte do país e outra de filme fino de a-Si de 55 MW, no centro.

A ACV feita contou com a unidade funcional de 1 kWh e fronteira do sistema que vai desde a produção dos módulos, transporte, instalação e reciclagem. Os resultados encontrados estão descritos a seguir e vão ao encontro do estudo analisado anteriormente: a-Si apresenta menos impactos ambientais, de maneira geral.

A Figura 45 traz os resultados encontrados para as diversas categorias de impactos ambientais dentre as tecnologias comparadas.

Figura 45 – Resultados de impactos ambientais de 1 kWh de energia solar

Impacto da categoria	Unidade	Módulo de fabricação	Transporte	Instalação	Reciclagem	Total
Silício Multicristalino						
Cancerígeno	DALYs	0	0	0	0	0
Respiração de orgânicos	DALYs	0	1.60E-12	1.46E-12	-2.79E-13	2.78E-12
Respiração de inorgânicos	DALYs	3.89E-09	5.85E-10	1.12E-010	-6.94E-09	3.21E-08
Mudança climática	DALYs	3.89E-09	1.26E-10	1.09E-09	-2.33E-09	2.78E-09
Radiação	DALYs	0	0	0	0	0
Destruição de Ozônio	DALYs	0	0	0	0	0
Ecotoxicidade	PDF*m²*yr	0	0	0	0	0
Acidificação/Eutrofização	PDF*m²*yr	6.83E-05	3.77E-05	7.19E-06	-3.49E-05	7.83E-05
Uso da terra	PDF*m²*yr	0	0	1.2E-02	0	1.25E-02
Mineral	MJ surplus	5.40E-02	0	0	-1.57E-03	5.24E-02
Combustível fóssil	MJ surplus	1.84E-02	9.08E-04	0	0	1.93E-02
Silício Amorfo em filme fino						
Cancerígeno	DALYs	0	0	0	0	0
Respiração de orgânicos	DALYs	2.52E-12	1.4E-12	1.85E-12	-1.45E-12	4.33E-12
Respiração de inorgânicos	DALYs	8.08E-09	5.14E-10	1.44E-10	-4.08E-09	4.66E-09
Mudança climática	DALYs	2.10E-08	1.10E-10	1.40E-09	-1.0E-08	1.05E-08
Radiação	DALYs	0	0	0	0	0
Destruição de Ozônio	DALYs	0	0	0	0	0
Ecotoxicidade	PDF*m²*yr	1.15E-02	0	0	0	1.15E-02
Acidificação/Eutrofização	PDF*m²*yr	3.04E-04	3.31E-05	9.27E-06	-1.75E-04	1.71E-04
Uso da terra	PDF*m²*yr	0	0	1.41E-02	0	1.41E-02
Mineral	MJ surplus	4.46E-02	0	0	-6.24E-06	4.46E-02
Combustível fóssil	MJ surplus	0	7.97E-04	0	0	7.97E-04

Fonte: *Adaptado de KHAENSON et al. (20'7)*

As células de a-Si não requerem uma estrutura cristalina rígida e, consequentemente, têm um processo de fabricação muito mais simples e mais barato. Como o nome sugere, elas também são incrivelmente finas e são medidas em milionésimos de polegada, o que resulta em uma economia significativa em materiais – com fabricação exigindo cerca de 1/300 de material quando comparado ao silício policristalino (KHAENSON et al. 2017).

Na fase de transporte, a utilização de combustíveis fósseis foi, em ambos os casos, a principal categoria de impacto devido ao consumo de diesel. O impacto ambiental do transporte de células para a usina do Norte foi marginalmente maior porque a fábrica estava 37 quilômetros mais longe do fabricante. A localização da planta influenciou diretamente nos resultados encontrados pelos autores.

Na fase de instalação, a maior categoria de impacto foi o uso da terra, em razão das grandes quantidades de terra arável necessárias para construir as usinas solares. Como a eficiência das células de a-Si é menor – normalmente operam com eficiência em torno de 7 a 13%, significa que elas requerem até quatro vezes a quantidade de espaço que células de silício policristalino.

5 OPV

As células solares orgânicas têm como características atraentes serem extremamente finas e flexíveis, exigindo pequenas quantidades de material ativo e processamento *roll-to-roll* (R2R) baseado em solução. Essas características tornam a facilidade de produção, instalação e uso de OPVs particularmente atrativas, enquanto reduzem potencialmente os impactos ambientais dos OPVs em comparação com a tecnologia de silício convencional (TSANG, 2016).

Um estudo realizado por ZIMMERMANN et al. (2012) identificou os efeitos no meio ambiente da tecnologia FV orgânica e os principais resultados serão abordados a seguir.

5.1 COMPOSIÇÃO DO OPV

5.1.1 SUBSTRATO: PET

As camadas funcionais que convertem a luz solar em energia elétrica nas células FVs orgânicas são sensíveis ao oxigênio, à umidade e à temperatura. Sendo assim, elas geralmente são incorporadas ao PET que também lhes fornece flexibilidade mecânica. Se não for reciclado ou incinerado sob condições controladas, o PET geralmente é queimado em lareiras descontroladas, jogado em aterros sanitários ou simplesmente eliminado em ambientes terrestres, de onde pode alcançar sistemas aquáticos como oceanos (ZIMMERMANN et al., 2012).

Os mesmos autores destacam que além da fragmentação em pequenos pedaços, o PET é um polímero considerado não biodegradável em condições ambientais e é um material persistente (sua decomposição demora muitos anos). Do ponto de vista ambiental, seria preferível a utilização de PET biodegradável em células de OPV, mas existe um *trade-off* nesta questão já que a característica mais importante do PET para aplicações de OPV é a resistência para tornar os OPVs o mais duráveis possível.

Este polímero não é considerado diretamente tóxico. No entanto, quando o PET está se desintegrando em pequenas partes, essas peças podem atingir o tamanho de alimento natural de organismos maiores. Consequentemente, os organismos se alimentam de plástico, levando a efeitos adversos ou fome. Os microplásticos se acumulam em organismos como mexilhões, peixes, focas e aves. Além disso, essas partículas plásticas móveis podem absorver outros POPs, como os PCBs, DDT, PAHs e hidrocarbonetos alifáticos, o que torna esses POPs mais biodisponíveis para organismos após a ingestão.

Durante os procedimentos de produção de PET, catalisadores metálicos são usados para polimerização. O Sb, bem como o Ti, o Co, o Ge, o Mn, o Mg e o Zn são empregados. Uma relação clara entre aumento da temperatura e lixiviação aumentada de Sb foi demonstrada em garrafas PET (WESTERHOFF et al., 2008), que indica que os OPVs, expostos a altas temperaturas quando enfrentam a luz direta do sol, podem liberar Sb e outros metais pesados em níveis de ppb.

5.1.2 ANODO: ITO

Uma mistura sintetizada de óxido de In e ITO é normalmente usada como anodo em OPVs. Essa mistura nanoparticulada é revestida no substrato PET como uma camada fina e possui um caráter higroscópico, propenso a absorver a umidade do ar. De acordo com ZIMMERMANN et al. (2012), foram detectadas espécies de In que podem se difundir por todo o OPV, mas tais espécies ainda não foram caracterizadas e sua contribuição para os mecanismos de degradação de OPV ainda não foi investigada. As concentrações ambientais e os aspectos de destino do ITO – principalmente decorrentes de OPVs – no ambiente são amplamente desconhecidos.

Para análises de ecotoxicidade, foram realizados testes em *hamsters*, ratos e camundongos e os efeitos tóxicos observados foram inflamação pulmonar e carcinogenicidade, após a exposição dos animais à inalação de ITO. Porém, a toxicidade pode ser restrita à forma nanoparticulada de ITO, uma vez que o ITO é aplicado como uma camada superficial semicondutora em eletrodos usados para sistemas biológicos sem efeitos adversos. Mais estudos se fazem necessários para confirmar os efeitos negativos quando aplicado à OPVs.

5.1.3 CAMADA DE TRANSPORTE DE LACUNAS: PEDOT:PSS

Como camada de transporte de lacunas, normalmente é usada uma mistura de poli (3,4-etilenodioxitiofeno) e poli (estirenossulfonato) - comumente conhecido como PEDOT:PSS. Esse polímero orgânico é higroscópico, o que pode possivelmente contribuir para a degradação dos OPVs ao longo do tempo. Um estudo que investigou a durabilidade do OPV com e sem uma camada de PEDOT:PSS indicou que a degradação dos OPVs (isto é, a diminuição da eficiência da conversão de energia durante o envelhecimento) está provavelmente associada à sorção de água para este material (KAWANO et al., 2006).

Como PEDOT: PSS possui um caráter hidrofílico supõe que, após potencialmente ser liberado no ambiente, esse polímero prefere particionar na fase aquosa do que no solo ou biota. PEDOT:PSS é atualmente um dos polímeros condutores mais importantes usados não apenas em energia FV, mas também para muitas outras aplicações, como camadas antiestáticas. As concentrações de PEDOT:PSS após a lixiviação para o meio ambiente não foram determinadas até o momento e nenhum dado de investigação sistemática está disponível sobre seu destino ambiental.

Resultados indicaram que o PEDOT não é tóxico na sua forma polimérica. Por outro lado, os materiais particulados PEDOT (entre 55 e 1350 nm) podem causar diferentes efeitos citotóxicos em fibroblastos pulmonares humanos e macrófagos de camundongos. Esses achados sublinham possíveis efeitos tóxicos de substâncias geralmente não tóxicas quando presentes na forma nanoparticulada. Não existe informação sobre a toxicidade do próprio PSS.

5.1.4 DOADOR DE ELÉTRONS: P3HT

Atualmente, o polímero orgânico poli (3-hexiltiofeno-2,5-diil) (P3HT) – assim como seus derivados – é comumente utilizado como doador de elétrons na camada adsorvente de luz dos OPVs. As reações oxidativas na camada de polímero orgânico estavam levando a efeitos de degradação, como diminuição da intensidade de absorção e mobilidade da carga, resultando finalmente em desempenhos fracos de OPVs baseados em P3HT. A conclusão de tais investigações é que o P3HT deve ser embalado adequadamente para protegê-lo contra UV, umidade e oxigênio, a fim de diminuir os processos de degradação.

Além da tentativa de elucidar os mecanismos de degradação do P3HT, ainda nada se sabe sobre o destino desse polímero orgânico no meio ambiente e não se sabe se ele poderia atingir o meio ambiente na forma biodisponível.

Não há dados de toxicidade para P3HT disponíveis. Como outros plásticos, como o PET, já mencionado anteriormente, podem causar toxicidade ao se desintegrar em pedaços menores, também é possível que as nanopartículas de P3HT revelem efeitos adversos, que ainda precisam ser examinados. Para avaliar o impacto ambiental do P3HT, seus produtos de degradação, como sulfóxidos, sulfonas e ésteres de sulfinato, também devem ser identificados e testados quanto a possíveis efeitos adversos em condições ambientalmente relevantes.

5.1.5 RECEPTOR DE ELÉTRONS: PCBM

O derivado fulereno (6,6) – fenil C61 éster metílico do ácido butírico (PCBM) é o receptor mais popular em OPVs. Os fulerenos podem atingir o meio ambiente através da fuligem gerada pela combustão de diferentes materiais, por exemplo, em instalações de incineração. Eles são altamente insolúveis em água. Assim, a presença de solventes orgânicos pode ter uma tremenda influência sobre seu destino, isto é, mecanismos de transporte ou absorção pelos organismos.

Devido aos potenciais riscos ecotoxicológicos associados ao uso de solventes clorados e aromáticos durante o processo de produção de OPV, os processos baseados em água estão atualmente em desenvolvimento.

5.1.6 CATODO: ALUMÍNIO

O alumínio é frequentemente utilizado como catodo em OPVs. Embora os OPVs sejam embalados com PET, pequenas quantidades de oxigênio e água podem se difundir nas camadas internas. O alumínio potencialmente liberado pelos OPVs reagiria imediatamente ao óxido de alumínio sem representar uma ameaça ao meio ambiente.

Como o alumínio está presente como uma camada de metal elementar nos OPVs, sua ecotoxicidade deve ser insignificante. Somente em solos altamente ácidos, o alumínio ocorre solúvel como Al^{3+}, o que pode causar efeitos fitotóxicos ou também efeitos neurotóxicos. Nanopartículas de alumínio estão em discussão sobre destino e ecotoxicidade, mas não estão presentes nas OPVs.

5.2 DESTINAÇÃO DO OPV

Até o presente momento, não existem políticas nem métodos e processos para reciclar OPVs. No entanto, uma vez que metais preciosos (por exemplo, Ti) e terras raras (por exemplo, In) estão contidos em OPVs, o desenvolvimento de um método de reciclagem apropriado será impulsionado pelo incentivo à recuperação de pelo menos esses metais, especialmente quando produzido em larga escala. No entanto, a reciclagem pode exigir solventes orgânicos para separar componentes do OPV, o que pode ser uma preocupação ambiental.

Se não incinerados, os OPVs são expostos a condições ambientais adversas e diferentes fatores influenciam o intemperismo contínuo dos materiais em sua fase de final de vida útil e durante o uso. Um aspecto importante é a radiação UV, que pode causar foto-oxidação e o amarelamento de polímeros orgânicos como o P3HT com uma possível liberação de componentes de OPV devido a esse processo de envelhecimento.

Além disso, como a embalagem plástica desses OPVs não é totalmente impermeável ao oxigênio e à água, a umidade ambiente (água da superfície, chuva, neblina) e oxigênio podem penetrar nos OPVs em concentrações mínimas, levando a reações indesejáveis nas camadas de ITO, PEDOT:PSS e de alumínio.

Na incineração, deve-se garantir que ela ocorra em plantas seguras específicas e não em céu aberto, devido a emissões tóxicas. Quando o PET é incinerado, uma variedade de substâncias tóxicas pode ser encontrada na fuligem transportada pelo ar e nas cinzas residuais, como, por exemplo, diferentes metais pesados e hidrocarbonetos aromáticos policíclicos, além de fulerenos. Portanto, os fulerenos presentes nos OPVs podem potencialmente ser liberados no ar quando os OPVs são incinerados. Também deve ser considerado o descarte das cinzas de resíduos de maneira ecológica.

6 CONCLUSÕES

São poucos os estudos que abordam os impactos ambientais de tecnologias de filmes finos e, quando existentes, refletem uma realidade diferente da brasileira. Para afirmar qual tecnologia é mais ou menos nociva que a outra, se faz necessário estudos aprofundados que abordem todo o ciclo de vida dos painéis.

Pelo presente capítulo, pode-se perceber com a segunda seção que a tecnologia de CdTe apresenta instabilidade de seus elementos quando combinados. As preocupações acerca dos elementos Te e Cd são minimizadas e as emissões de tais materiais se mostraram abaixo das normas, em estudos realizados para a First Solar (maior produtora dessa tecnologia). A disponibilidade desses elementos é um fator preocupante, o que justifica ainda mais a reciclagem dos módulos e reaproveitamento de materiais.

No caso dos painéis FVs de CIGS, abordado na terceira seção, o consumo de eletricidade se mostrou como o principal contribuinte para a maioria das categorias dos impactos ambientais analisadas no estudo explorado. Quando comparado com sistemas de CdTe e silício (mono e policristalino), o CIGS apresentou impactos de 6 a 10 vezes mais baixos em 16 de 18 categorias analisadas. A utilização do elemento In acarreta maiores impactos relacionados à categoria depleção de metais.

Na seção 4 são abordados os impactos ambientais da tecnologia de a-Si. Os resultados investigados apontaram que o a-Si apresenta menos impactos quando comparado com outras 4 tecnologias (silício mono e policristalino, ribbon-Si e CIS), principalmente na categoria de potencial de aquecimento global. Porém, a baixa eficiência dos módulos de a-Si acarreta uma demanda por áreas grandes, que gera maiores impactos associados ao uso e ocupação do solo.

A última seção trata dos filmes orgânicos e os impactos relacionados a esta tecnologia. Há poucos estudos específicos sobre os impactos ambientais dos OPVs, mas existe uma preocupação acerca do descarte final desses painéis principalmente pelo que se sabe que acontece com o PET quando vai parar em rios e oceanos, seus fragmentos acabam confundidos com alimentos por animais. Além disso, a presença de fulereno e outras substâncias na composição do OPV justificam a reciclagem no lugar da incineração.

REFERÊNCIAS BIBLIOGRÁFICAS

CENER. "First Solar CdTe Photovoltaic Technology: Environmental, Health and Safety Assessment". Final Report. Energy and Climate Change Area. Fundación Chile. October, 2013.

EISENBERG, D. A.; YU, M.; LAM, C. W.; OGUNSEITAN, O. A. & SCHOENUNG, J. M. "Comparative alternative materials assessment to screen toxicity hazards in the life cycle of CIGS thin film photovoltaics". Journal of Hazardous Materials. September 2013, v. 260, p. 534-542.

ENTSO-E. "Ficha de informação estatística ENTSO-E 2017". Rede Europeia de Operadores de Sistemas de Transmissão de Eletricidade. Bruxelas, Bélgica, 2018.

FTHENAKIS, V. "Sustainability of photovoltaics: The case for thin-film solar cells". Renewable and Sustainable Energy Reviews. December 2009, v. 13, Issue 9, p. 2746-1750.

FTHENAKIS, V. & KIM, H. C. "Life-cycle uses of water in U.S. electricity generation". Renewable and Sustainable Energy Reviews. September 2010, v. 14, Issue 7, p. 2039-2048.

KAWANO, K.; PACIOS, R.; POPLAVSKYY, D.; NELSON, J.; BRADLEY, D. D. C. & DURRANT, J. "Degradation of organic solar cells due to air exposure". Solar Energy Materials and Solar Cells. 15 December 2006, v. 90, Issue 20, p. 3520-3530.

KHAENSON, W.; MANEEWAN, S. & PUNLEK, C. "A comparison of the environmental impact of solar power generation using multicrystalline silicon and thin film of amorphous silicon solar cells: Case study in Thailand". Journal of Ecological Engineering. July 2017, v. 18, Issue 4, p. 1-14.

MARWEDE, M. & A. RELLER. "Future recycling flows of tellurium from cadmium telluride photovoltaic waste". Resources, Conservation and Recycling. December 2012, v. 69, p. 35-49.

SOARES, W. M; ATHAYDE, D. D. & NUNES, E. H. M. "LCA study of photovoltaic systems based on different Technologies". International Journal of Green Energy. August 2018, v. 15, 17 p. 577-583.

STAMFORD, L. & AZAPAGIC, A. "Environmental impacts of copper índium gallium-selenide (CIGS) photovoltaics and the elimination of cádmium through atomic layer deposition". Science of the Total Environment. 20 October 2019, v. 688, p. 1092-1101.

TSANG, M. P.; SONNEMANN, G. W. & BASSANI, D. M. "Life-cycle assessment of cradle-to-grave opportunities and environmental impacts of organic photovoltaic solar panels compared to conventional technologies". Solar Energy Materials and Solar Cells. November 2016, v. 156, p. 37-48.

VELLINI, M.; GAMBINI, M. & PRATTELLA, V. "Environmental impacts of PV technology throughout the life cycle: Importance of the end-of-life management for Si-panels and CdTe-panels". Energy. 1 November 2017, v. 138, p. 1099-1111.

WESTERHOFF, P.; PRAPAIPONG, P.; SHOCK, E. & HILLAIREAU, A. "Antimony leaching from polyethylene terephthalate (PET) plastic used for bottled drinking water". Water Research. February 2008, v. 42, Issue 3, p. 551-556.

ZIMMERMANN, Y.; SCHAFFER, A.; HUGI, C.; FENT, K.; CORVINI, P. F. & LENZ, M. "Organic photovoltaics: Potential fate and effects in the environment". Environment International 15 November 2012, v. 49, p. 128-140.

CAPÍTULO 7

A EXPERIÊNCIA DA ENERGIA SOLAR NO BRASIL – PROCESSOS DECISÓRIOS LOCAIS E EVOLUÇÃO DE INDICADORES DAS POPULAÇÕES AO REDOR DAS USINAS

Carolina Botelho, Eloi Fernández y Fernández, Luis Mendonça e Savio Bueno

1 INTRODUÇÃO

Diversos países atravessam mudanças importantes em sua matriz energética e têm diminuído consideravelmente a utilização de combustíveis fósseis como principal fonte de produção de energia. A busca por novas fontes renováveis tem sido frequente nos últimos anos e vem ganhando cada vez mais importância com a intensificação do debate a respeito das mudanças climáticas. As consequências imediatas desse processo são o aparecimento de desafios não triviais que se impõem na agenda pública dos países, assim como o espaço cada vez maior que o tema da energia solar tem ganhado. O objetivo desta pesquisa é verificar os impactos socioeconômicos da instalação de usinas solares em regiões brasileiras, e, secundariamente, compreender sob quais condições institucionais a cooperação entre diferentes agentes envolvidos, políticos, burocratas e empresários se deu em torno desse objetivo.

Atualmente, uma série de estudos apontam para a utilização da ESFV como opção a essas mudanças energéticas, dando destaque a ela dentro da matriz energética e a colocando como fonte alternativa com maior crescimento nas próximas décadas. O debate em torno da indústria FV tem se desenvolvido. Desde o início dos anos 2000, o setor vem se consolidando cada vez mais no mercado internacional, principalmente devido aos aumentos na demanda por painéis, da escala de produção e dos avanços tecnológicos, que possibilitaram uma significativa redução dos custos de produção. Como destacam os autores, os avanços tecnológicos na área iniciaram-se principalmente na Alemanha, nos Estados Unidos da América e no Japão, seguidos em menor escala pela Itália, Espanha e Noruega.

Assim como tem ocorrido em vários países, o Brasil também acompanha essas transformações, tanto pelas razões mencionadas acima, como também por ser reconhecido como um dos países cujos índices de irradiação solar superam a grande maioria de demais países do mundo. Entretanto, para além das questões do tipo de política pública em si, acreditamos que tanto a formulação quanto a implementação dessas em sociedades como a nossa, acaba sendo realizada em meio a mecanismos institucionais sobre os quais são mediados interesses de atores, instituições do executivo, do legislativo e civis. O trabalho também pretende ser uma contribuição aos estudos sobre burocracia e implementação de políticas públicas no Brasil, ocupando seu lugar na literatura política comparativa sobre este tema (Praça e Lopez, 2019).

O capítulo está organizado em sete seções, contando com esta introdução, que é a primeira. A seção 2 trata da metodologia da pesquisa e a seção 3 mostra os resultados das análises sobre o impacto socioeconômico em 22 municípios brasileiros que tiveram a implantação de usinas FVs à luz da análise de indicadores públicos disponíveis. Em seguida, na seção 4, analisa-se o impacto socioeconômico no município de Pirapora, onde foi instalada a maior usina de energia FV da América Latina. Já a seção 5 é dedicada à realização da análise qualitativa sobre o estudo de caso na cidade de Pirapora – MG. Na seção 6, discute-se o pioneirismo de Minas Gerais na implementação dessa energia FV no Brasil e se apresenta um conjunto de informações sobre determinantes do processo decisório que permitiu a implementação dessa agenda pública. Finalmente, a seção 7 conclui o trabalho.

2 METODOLOGIA

Para o desenvolvimento desta pesquisa, aplicamos a metodologia descrita abaixo:

a. Pesquisa bibliográfica sobre impactos da energia FV no mundo e no Brasil;

b. Seleção de regiões que se beneficiam atualmente dessa tecnologia no Brasil – foram consideradas regiões com GC[2];

c. Levantamento e análise de informações de bases de dados públicas sobre indicadores sociais, econômicos e demográficos dessas regiões, tais como, população; perfil etário; sexo; urbana/rural; emprego e renda; posição

2 Segundo a Agência Nacional de Energia Elétrica – ANEEL, as definições para Geração Distribuída (GD) e Geração Centralizada (GC) são as seguintes, GD: Centrais geradoras de energia elétrica, de qualquer potência, com instalações conectadas diretamente no sistema elétrico de distribuição ou através de instalações de consumidores, podendo operar em paralelo ou de forma isolada e despachadas – ou não – pelo Operador Nacional do Sistema Elétrico – ONS. Terminologia usada para um conjunto de tecnologias de geração elétrica eficiente e de porte reduzido, de equipamentos de controle e de armazenamento de eletricidade que aproximam a geração elétrica do consumidor. GC: A forma tradicional de geração de energia elétrica é chamada de Geração Centralizada (GC), em que se utiliza uma grande fonte geradora para a transformação da energia.

na ocupação; condição de pobreza e extrema pobreza; saneamento; rede elétrica;

d. Análise de microdados 2014-2018 da Relação Anual de Informações Sociais (RAIS) sobre o emprego em atividades relacionadas à energia elétrica nos municípios de maior GC de ESFV;

e. Identificação de atores estratégicos e produção de roteiro para entrevistas, com foco em uma região de destaque na produção de energia solar. Foram mapeados gestores públicos, privados, professores e pesquisadores de universidades, membros de entidades relacionadas à energia FV e moradores das localidades afetados pela utilização da energia. As entrevistas ocorreram em novembro de 2019, com: um deputado federal, um deputado estadual de Minas Gerais, uma assessora parlamentar, um vereador, uma secretária municipal, um diretor e professor de escola municipal da região, dois empresários moradores da região, dois moradores, um pesquisador que havia realizado pesquisa de campo sobre impactos sociais da implementação da usina FV e uma gerente de responsabilidade social de empresa de energia;

f. Visitas a Pirapora e Belo Horizonte para a realização de entrevistas qualitativas com questionários semiestruturados;

g. Discussão com a literatura do tema, processamento e análise de resultados da pesquisa.

3 IMPACTO SOCIOECONÔMICO NOS MUNICÍPIOS DE GERAÇÃO CENTRALIZADA

O objetivo desta seção é mostrar o resultado das análises do impacto socioeconômico dos municípios brasileiros que tiveram a implantação de usinas FVs à luz da análise de indicadores públicos disponíveis. Selecionamos 22 municípios brasileiros onde usinas FVs para GC foram instaladas (ANEXO II). Após a seleção, foram observados os indicadores socioeconômicos (população, educação, infraestrutura, economia, renda e condição de pobreza) de cada local a fim de identificar o perfil de cada uma cidade e correlacionar informações entre eles. Os dados foram retirados de bases públicas disponíveis como IBGE, IPEA, INEP/

MEC, Ministério da Cidadania, entre outros. Esses dados, quando disponíveis, compreendem o período desde as primeiras atividades relacionadas ao setor, na realização dos leilões, como o período subsequente à operação das usinas solares.

Cabe ressaltar que alguns indicadores não são disponibilizados para todos os municípios nas bases nacionais mais atualizadas, como acesso a tratamento de água e esgoto, por exemplo. Nestes casos, optou-se por apresentar as informações dos Censos realizados no país, de forma a tentar visualizar a condição mais recente disponível para cada localidade. Infelizmente, estes não permitiram mensurar possíveis impactos socioeconômicos da instalação destas usinas, em razão do último Censo ter ocorrido em 2010, isto é, antes do 1º leilão para este tipo de fonte. Os dados que seguem, no entanto, são apenas os resultados das análises feitas na pesquisa. Para verificar as análises completas realizadas para a pesquisa, é necessário acessar o código abaixo.

3.1 RESULTADOS DA ANÁLISE QUANTITATIVA – MUNICÍPIOS DE GERAÇÃO CENTRALIZADA

Esta seção apresenta os resultados das análises de diferentes indicadores socioeconômicos dos municípios que compõem a GC no Brasil. O período de análise contempla a série histórica levantada para cada um dos indicadores, muitas das vezes passando pelo início das atividades, a partir dos leilões do setor elétrico, até a implantação das usinas. Importante salientar que, fatores como o tamanho de cada projeto, o número da população anterior à implementação do projeto, a economia local, assim como políticas públicas nacionais quando ocorre a implantação destas usinas podem afetar esses indicadores, diminuindo o peso da atividade da indústria solar sobre eles.

Um resumo das informações será apresentado abaixo:

- Em 2016, dos 22 municípios listados, 17 apresentaram resultados econômicos melhores que o nacional, que teve queda real no PIB de – 3,3%. Destes 17 municípios, 15 apresentaram crescimento e 2 apresentaram uma redução menor que a nacional;

- O PIB per capita (calculado a partir de preços correntes) de 21 municípios apresentou crescimento no período 2010-2016. No intervalo 2015-2016, foram 19, com o município de Areia Branca (RN), apresentando o maior crescimento, 162%. Importante salientar que esse crescimento ocorreu no momento em que uma grave crise fiscal afetava a economia do país;

- A arrecadação de impostos (a preços correntes), em geral, aumentou em quase todos os municípios no ano de 2016. Apenas Quixeré (CE) e Areia Branca (RN) tiveram queda nos valores. Cabe ressaltar que ambos tiveram expressivo aumento em 2014 e queda nos dois anos seguintes. Os destaques positivos de 2016, que possivelmente tiveram a instalação das usinas solares como um ou, talvez, o principal catalisador, foram Tabocas do Brejo Velho (BA) e Ribeira do Piauí (PI);

- Houve equilíbrio quanto ao número de municípios com aumento e redução nas taxas de ocupação da população entre 2015-2017, embora na maior parte das localidades ela tenha aumentado;

- O valor adicionado da indústria (a preços correntes) cresceu em 15 dos 22 municípios em 2016, com destaque para o expressivo aumento de 800% no município de Ribeira do Piauí (PI). No caso do setor de serviços, foi registrado aumento em 19 dos 22 municípios, com destaque novamente para Ribeira do Piauí (PI), com crescimento de 31%. Aliado ao forte crescimento na arrecadação de impostos, o município foi um dos mais impactados economicamente nos últimos anos;

- Nos 12 municípios que apresentaram crescimento no número de matrículas em educação profissionalizante entre 2010 e 2018, em 10 deles o crescimento foi bastante significativo. No total dos 22 municípios, o saldo foi de um aumento de 89% no número de alunos matriculados. Entretanto, esse resultado acompanha os resultados nacionais de melhora no ensino básico em função de políticas públicas voltadas para a área;

- Entre os indicadores de condição de pobreza, o levantamento para os municípios selecionados mostra que entre 2014, ano do primeiro leilão de energia solar da ANEEL, e 2019 houve redução no número de habitantes registrados no cadastro único em 21 das 22 localidades. Guimarânia (MG), foi o único a apresentar aumento. Da mesma forma que as políticas voltadas para a educação aumentaram, houve, no Brasil, durante o período de análise, diversas políticas de aumento de renda e de diminuição da pobreza e pobreza extrema. Nesse sentido, a atividade ligada à produção FV não deve ser considerada a principal motivadora;
- Em geral, os resultados indicam que houve melhora dos indicadores socioeconômicos nos últimos anos durante o início e o fim das atividades de instalação das usinas nos municípios, mas é difícil destacar a real contribuição da atividade da usina FV dentro do contexto nacional.

4 IMPACTOS SOCIOECONÔMICOS DA USINA FOTOVOLTAICA NO MUNICÍPIO DE PIRAPORA

Há razões para que Pirapora fosse escolhida para a realização da pesquisa de campo. Entre elas, há aquela que julgamos especialmente importante: o município, que fica ao norte do estado de Minas Gerais, possui a maior usina centralizada da América do Sul e com maior potência instalada em MW até então. Além disso, sabe-se que Minas Gerais foi o estado pioneiro em modelos de regulação de energia solar no Brasil, o que nos dá justificativas razoáveis para a escolha e para explorar questões referentes ao processo decisório na seção de mapeamento político. Como primeiro exercício de análise, iniciaremos nesta seção apresentando as informações sobre o perfil socioeconômico do município a fim de verificar impactos gerados a partir de atividades ligadas à produção de energia solar.

4.1 RESULTADOS DA ANÁLISE QUANTITATIVA – PIRAPORA

Os 22 municípios onde foram instaladas as usinas solares de maior capacidade de GC têm, em média, 40 mil habitantes. Segundo as projeções do IBGE, a população brasileira deverá atingir seu pico em 2048. Em Pirapora e no conjunto de 22 municípios analisados, entretanto, a população já estaria diminuindo desde 2018. São locais de renda per capita inferior à média nacional, razão de dependência elevada e taxa de fecundidade que ainda superava o nível de reposição em 2000.

Apesar da expectativa inicial alta dos gestores públicos e da população de Pirapora, os benefícios socioeconômicos mostraram-se limitados após a instalação da usina. Segundo gestores de Pirapora, o repasse do ICMS ligado à atividade não pareceu impactar significativamente os cofres do município, ao ponto de empresários e moradores locais, assim como políticos, não saberem exatamente se já estava entrando nas receitas tributárias. Na época em que foi feito o estudo de caso, um vereador da oposição solicitou uma resposta formal da prefeitura sobre a entrada desta receita, mas não havia ainda resposta. No conjunto de 22 municípios analisados, os empregos formais ligados à energia elétrica eram 1.682 em 2018, menos de 1,2% do total, com percentuais que pouco variaram entre 2014 e 2018. A expansão mais consistente e sustentada ocorreu na atividade de instalação e manutenção elétrica, cuja participação foi de 0,18% para 0,46% dos empregos formais locais.

Tabela 16 – Indicadores sociodemográficos dos municípios de maior geração centralizada

	Brasil	Pirapora (MG)	22 munics. c/ maior geração centralizada
População (2014)	203.609.306	55.972	887.781
População (2015)	205.265.741	56.229	893.933
População (2016)	206.871.181	56.474	899.468
População (2017)	208.077.915	56.706	904.980
População (2018)	209.321.013	56.208	892.544
% sem energia elétrica (2010)	1,42	0,39	1,64
IDHM (2010)	0,727	0,731	0,676
Renda per capita (2010)	793,87	596,44	478,20
Esperança de vida ao nascer (2010)	73,94	74,65	73,06
Taxa de fecundidade total (2010)	1,89	2,42	2,14
Mortalidade infantil (2010)	16,70	15,90	19,45
Mortalidade até 5 anos de idade (2010)	18,83	18,46	19,95
Razão de dependência (2010)	45,92	46,40	49,30
Taxa de freq. líquida ao ensino médio (2010)	43,38	53,08	42,78

Fonte: *IBGE/Estimativas de população e IPEA-PNUD-FJP/Atlas do Desenvolvimento Humano Municipal*

Figura 46 – Os 22 municípios de maior geração centralizada de energia solar: participação da atividade nos empregos formais (%)

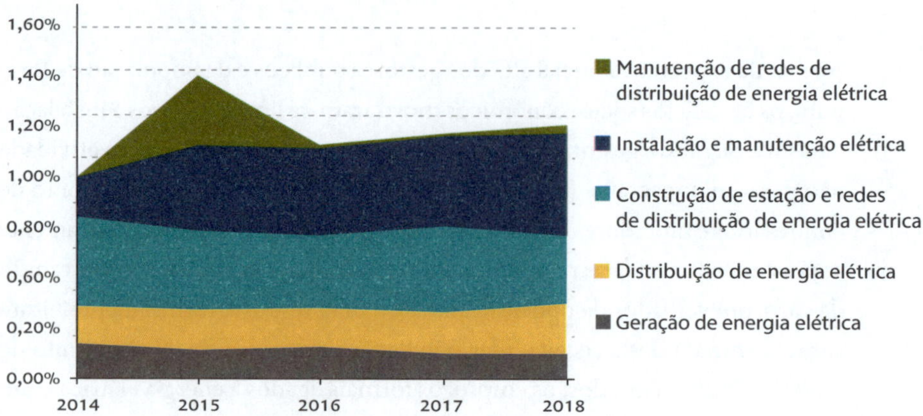

Fonte: *Elaboração própria a partir dos microdados da RAIS/Ministério da Economia*

Ao analisar os indicadores socioeconômicos (IBGE) da região de Pirapora, verifica-se que após o início de instalação da usina, quando se realizou o primeiro leilão (2014), algumas questões merecem destaque:

- Aumento real no PIB municipal a partir de 2015, mesmo considerando o cenário de crise econômica nacional. Houve crescimento de 21,9%, em 2016, enquanto no Brasil esta taxa ficou em -3,3%;
- Crescimento médio de 5,6% a.a. do PIB per capita no período 2010-2016 (PIB a valores correntes);
- Crescimento na arrecadação de impostos (a valores correntes) no mesmo período, que por sua vez, impactou no crescimento do PIB;
- Em 2017, ano em que se iniciaram as operações comerciais da usina, a taxa de ocupação foi a maior encontrada na série do IBGE para a cidade, com 25,64%;
- O setor industrial teve incremento significativo entre 2015 e 2016, enquanto o setor de serviços se manteve praticamente estável;
- A participação da indústria no valor adicionado subiu de 24,23% para 38,39% entre 2015 e 2016. Indústria e serviços juntos responderam por quase 80% do valor adicionado em 2016;

- Indicadores referentes à educação profissional tiveram crescimento expressivo no município. Entre 2007 e 2018, o número de matrículas cresceu 140%, o que corresponde a um crescimento médio de 8,3% a.a. (A visita ao local mostrou que neste período houve a instalação do IFNMG);
- Houve também aumento expressivo no número de turmas e de matrículas na educação profissional no ano de 2017 e 2018, quando se iniciou a operação comercial da usina.

Demais indicadores como, perfil da população (urbana/rural), infraestrutura (acesso a esgotamento sanitário, água e rede elétrica), condição de pobreza (população pobre e extremamente pobre) não alteraram significativamente, embora tenha havido avanços progressivos desde o início das séries históricas. Por um lado, a melhora de indicadores locais pode estar mais associada às políticas públicas nacionais do que propriamente em razão do desenvolvimento da atividade da usina.

Por outro lado, o bom desempenho de indicadores como o PIB municipal parece ter se mantido com desempenho positivo, ainda que o país estivesse atravessando grave crise econômica.

Para conhecer todas as informações completas sobre os resultados da análise, acesse o código abaixo.

5 ESTUDO DE CASO EM PIRAPORA – MG: ANÁLISE QUALITATIVA

Como tratado anteriormente, existem inúmeras justificativas para a implementação de um projeto de usina FV e se explorou neste trabalho diferentes condições para a sua viabilidade. Entende-se, portanto, que é amplamente aceitável que governos lancem mão de projetos e políticas públicas voltadas ao desenvolvimento dessa energia. Como visto acima, as usinas proporcionaram aos moradores de Pirapora geração de emprego e de renda de forma limitada e que ocorreu mais proeminentemente durante a fase de instalação do empreendimento. Apesar das inúmeras vantagens associadas ao uso da energia solar, seu papel na melhoria dos indicadores sociais locais de áreas pouco desenvolvidas pareceu concentrado no período, o que justificaria uma maior investigação dos motivos que levaram Pirapora a ser o local onde se instalou a maior usina de energia FV no Brasil.

A fim de compreender essas questões, procurou-se desenvolver um estudo de caso em uma localidade que foi afetada pela instalação dos projetos FVs, de modo a identificar e analisar mudanças locais que possam sugerir evidências potencialmente extrapoláveis a outros projetos e políticas públicas em outras regiões. A ida a campo também se justificou por esta ser um recurso importante para superar os impasses na observação das relações políticas entre o poder local e o poder nacional, que não são resolvidos por meio de discussões conceituais, sendo necessário realizar pesquisa de campo (Carvalho, 1997).

Além disso, a importância de um estudo de caso sobre usinas FVs no Brasil também se dá pela escassa literatura desenvolvida a respeito de um empreendimento desse tipo. Zolini e Franco (p. 375, 2019) mostram isso:

> *"O complexo de usinas de Pirapora foi um dos primeiros empreendimentos dessa natureza contratados em território brasileiro e, portanto, pouco ainda foi pesquisado em literatura nacional acerca dos impactos socioeconômicos desses parques geradores".*

Há ainda pouca evidência empírica acerca da influência desses impactos no desenvolvimento das comunidades que recebem essas usinas, e se o modelo regulatório aplicado influi de alguma maneira nesses resultados. Segundo esses autores, é necessário se destacar a importância do processo político decisório local e sua relação com políticas nacionais.

Nesse sentido, a pesquisa de campo para este trabalho foi realizada em novembro de 2019 na qual foram entrevistados diferentes atores estratégicos: um deputado federal, um deputado estadual de Minas Gerais, uma assessora parlamentar, um vereador, uma secretária municipal, um diretor e professor de escola municipal da região, dois empresários moradores da região, dois moradores, um pesquisador que havia realizado pesquisa de campo sobre impactos sociais da implementação da usina FV e uma gerente de responsabilidade social de empresa de energia, conforme pode ser visto na Tabela 17.

Tabela 17 – Quantidade de atores estratégicos

Atores estratégicos	Quantidade
Deputado federal	1
Deputado estadual	1
Assessora parlamentar	1
Vereador	1
Secretária municipal	1
Diretor e professor de escola municipal	1
Empresários	2
Pesquisador	1
Gerente de responsabilidade social de empresa de energia	1
Moradores	2

Fonte: *Elaboração própria*

As entrevistas ocorreram de forma a responder questões da investigação e elaboradas em formato semiestruturado. Este material buscou compreender, a partir do relato oral dos atores estratégicos, a percepção deles sobre os impactos da implementação da usina na cidade. De maneira geral, a investigação se orientou, portanto, para complementar a análise dos dados públicos utilizados na pesquisa de modo a compreender, na visão de cada um, se o projeto de usina solar implantado foi capaz de promover desenvolvimento socioeconômico e de que forma. Resumidamente, a investigação contemplou as seguintes questões: aumento de emprego; aumento de renda; melhora na infraestrutura local; comunicação entre os envolvidos: sociedade civil, setor público, setor privado etc.

Como forma de apontar informações do processo pelo qual se construiu a usina, destacaremos aqui algumas informações sobre o relato encontrado durante a pesquisa de campo realizado em Pirapora. Estes achados podem ser extrapoláveis e serem utilizados em outras pesquisas que tratam de questões semelhantes em outras regiões brasileiras:

a. Tanto a geração de emprego quanto a de renda foi limitada e ocorreu de forma mais proeminente durante a fase de instalação do empreendimento;

b. Os relatos deram conta de um aumento expressivo da quantidade de empregos em torno da instalação da usina e de serviços que foram mobilizados através dela, havendo, portanto, movimentação expressiva na economia local;

c. Restaurante da cidade chegou a servir mil refeições ao dia para trabalhadores que prestavam serviço à usina. Foi colocada uma parte do funcionamento do restaurante, que se localiza no centro da cidade, funcionando no próprio canteiro;

d. Foram contratados trabalhadores de Pirapora e de cidades próximas, como Várzea de Palma. Entretanto, a absorção dessa mão de obra se deu de forma majoritária para ocupações com baixa qualificação, construção e montagem do parque, sendo as de maior qualificação ocupadas por pessoas de fora da região;

e. Um comerciante local, que forneceu alimentação ao canteiro de obras e aos serviços ligados às obras, relatou que vendeu em torno de mil refeições diárias no período de instalação;

f. Relatos dos moradores mostraram que não houve melhora significativa dos indicadores locais de bem-estar social, parte, em função da fase de instalação ter tido efeitos limitados sobre o emprego e a renda, e parte por denúncias de corrupção envolvendo gestores públicos;

g. A sociedade mostrou ampla aceitação social na medida em que havia uma grande expectativa de aumento expressivo da arrecadação tributária, que ainda não se confirmou;

h. O que se observou na prática é que os possíveis aumentos na arrecadação ocorreram na fase de instalação do parque gerador, com a incidência do ISS sobre os serviços realizados por empresas subcontratadas das concessionárias;

i. Além disso, relatos mostraram que havia pouquíssimos espaços para diálogo entre o poder público local e a população, que ocorreram em algumas audiências públicas que trataram do assunto;

j. A população não se mostrou ciente dos benefícios do empreendimento, com exceção do anúncio de empregos;

k. Apesar das inúmeras vantagens associadas ao uso da energia solar, comprovadamente menos poluente e com reduzidos impactos sobre recursos naturais, seu papel na melhoria dos indicadores sociais locais de áreas pouco desenvolvidas pareceu ter sido limitado.

Alguns problemas foram identificados e merecem ser descritos:

a. Disputas políticas que atrapalharam o processo de construção da usina. Conflitos ocorridos na região entre políticos da oposição e da situação perturbaram parte do processo de implantação da usina, desencadeando uma crise que fez a empresa ameaçar sair da cidade. A posição da empresa foi apoiada por vereadores da oposição, empresários e associações comerciais de Pirapora;

b. A pesquisa identificou que 50% dos entrevistados e muitos moradores da cidade não tinham conhecimento sobre se houve incremento no PIB municipal;

c. Ruídos de comunicação: Entre sociedade/empresas/políticos, faltou transparência sobre o processo de implantação da usina. As ações de comunicação poderiam ter ocorrido de forma mais ampla e sistemática, incluindo mais encontros com a comunidade/poder público e utilizando mecanismos para formalização desses encontros (registros oficiais de acesso público, atas etc.);

d. Expectativa da população: Houve poucos fóruns de informação sobre a construção da usina, e excetuando-se os dos dois anos iniciais de construção da usina, segundos os relatos, não houve mudanças significativas na cidade. Parte da população, além de não possuir informações sobre a usina, também não percebeu melhora no emprego, na renda e nos serviços ofertados pelo poder público;

e. Poucos relatos sobre melhoria do bem-estar da população após a implementação da usina: não foi relatada, por enquanto, melhora no bem-estar da população com oferta de novos serviços públicos e impacto na infraestrutura local. Essa visão é compartilhada pelos seguintes entrevistados: empresários, deputado estadual, vereador, secretária municipal e um diretor de escola municipal. Acreditam que quando começar a entrar o valor do ICMS nos cofres da prefeitura, essa situação tende a mudar positivamente, a depender de como será alocado esse recurso;

f. Não houve transferência de recursos relacionada a *royalties*, apesar da existência do PL n. 1.910 (2015) em tramitação, nem de um incremento significativo nas transferências relativas ao ICMS;

g. A expectativa de aumento de emprego e renda foi bastante alta no período de pré-instalação, mas não se confirmou depois. Isso gerou falta de confiança da população em relação ao projeto;

h. Aproveitamento de fonte de energia: Não houve relato sobre aproveitamento de fonte de energia por parte da população residente.

6 POR QUE MINAS? NÃO É SÓ A LOCALIZAÇÃO: GERAÇÃO CENTRALIZADA E O PIONEIRISMO MINEIRO

"Em MG temos a melhor irradiação do Brasil, mas é claro, a decisão é política. (...) Houve presença de lobistas das empresas nas comissões do congresso"
(Político)

"Pirapora foi escolhida por uma questão política"
(Empresário de Pirapora)

Projetos como os de implementação de usinas solares contêm muitos desafios para a gestão pública. Destacamos a partir daqui outras variáveis que permitiram sua implementação, além daquelas encontradas nas análises dos indicadores socioeconômicos e nos relatos dos atores envolvidos no processo. Esta seção, portanto, será concentrada no processo decisório que permitiu a política de energia solar na região. Os achados da pesquisa parecem demonstrar que este processo foi decisivo e principal viabilizador dessa agenda pública. Em outras palavras, o alinhamento político e decisório entre vereadores, prefeitos do município, deputados estaduais da ALMG, representantes do governo federal e do legislativo federal (MME e Câmara dos Deputados), lobistas que atuavam no Congresso, proprietário da usina solar, empresários de empresas subcontratadas em Pirapora, permitiram que o pioneirismo mineiro ocorresse.

Para isso, foi de grande importância conhecer o papel que desempenharam diferentes atores sociais envolvidos no processo, assim como as suas respectivas funções e atribuições nas instituições em que cumprem funções. Para isso, foram realizadas algumas entrevistas com atores de grande relevância para a implementação do projeto. Visto que as formas como agem instituições, assim como as decisões dos agentes da burocracia, podem levar a resultados de sucessos ou de fracassos para as políticas públicas.

A árvore decisória descrita na seção seguinte é fundamental para compreender as características institucionais e a dinâmica político-decisória que atestam a representação política no nível local para a formulação de políticas ligadas à implantação de energia FV. A contribuição se dá também nos estudos sobre identificação e compreensão de como se organiza e como a representação política é exercida no nível local no Brasil. Este é um tema importante para o entendimento das construções de políticas.

6.1 PROCESSO DECISÓRIO LOCAL

O Brasil é o país que mais recebe irradiação solar em todo o mundo. O fato de estar localizado próximo à linha do Equador faz com que o país tenha alta incidência de sol durante todo o dia, com pouca variação ao longo do ano. Isso por si já seria justificativa para a construção de parques solares e para que nossa fonte energética fosse incrementada em larga escala a partir da energia solar.

Alguns estados, no entanto, parecem ter condições solarimétricas melhores que outros. Segundo os dados da ABSOLAR (2019), além de Minas Gerais, parte do Nordeste e dos estados de São Paulo e do Rio Grande do Sul também têm características parecidas, mas o estado de Minas Gerais é o que possui melhor posição na produção de energia solar no Brasil. Podemos dizer que a região mineira foi a pioneira, tanto que é nesta região que foi construída a maior usina FV da América do Sul até então. Explicar os determinantes dos resultados da implementação de políticas públicas em estados brasileiros é uma das chaves para explicação de processos como este.

Para além da privilegiada localização geográfica de Pirapora, a instalação da usina somente foi possível por conta de estratégias políticas e de isenção tributária. O modelo regulatório de Minas Gerais, assim como no caso da Bahia, possui uma série de legislações, políticas e programas criados a partir do estado para a produção de energia elétrica através da matriz solar[3]. Zolini (2019) mostrou as condições de MG para se diferenciar de outras regiões:

> *"A diferenciação mineira se dá, portanto, quando analisadas as particularidades dos modelos de controle estaduais (incluindo-se a legislação, os projetos legislativos e o modelo estadual de licenciamento desse tipo de empreendimento). O Estado foi pioneiro na isenção do ICMS sobre energia solar e a cara tarifa energética local, associada aos altos níveis de radiação [solar] mineira, fazem dos sistemas fotovoltaicos conectados à rede uma ótima solução"*[4].

Tudo indica que o sucesso mineiro se deu por uma combinação de fatores. O primeiro deles, certamente, diz respeito à localização deste estado e à incidência de luz solar. A localização, portanto, oferece vantagens comparativas ao

---

3 Nos trechos abaixo retirados do Portal do Setor Elétrico, pode-se verificar algumas dessas condições legais que fizeram de Minas Gerais um modelo a ser copiado para os demais estados:

– Lei Estadual nº 20.849 de 2013, também conhecida como Lei Solar;

Ao mesmo tempo, o estado também se compromete a implantar linhas de transmissão para facilitar a integração desse tipo de usina, oferecer (por meio de entidade competente) linhas de financiamento específicas para tais empreendimentos, disponibilizar estudos de viabilidade técnica de instalação, capacitar recursos humanos da área e facilitar a articulação entre os agentes do setor.

– Nº 46.296 de 14/08/2013 dispõe sobre o "Programa Mineiro de Energia Renovável";

– N° 20.849, "Lei Solar", de 08/08/2013, que incentiva e estimula o uso de energia solar fotovoltaica em áreas urbanas e rurais com o intuito de reduzir as demandas de energia elétrica de fontes convencionais nos horários de pico e diminuir a emissão de gases de efeito estufa na atmosfera;

– Projetos de Lei nº 668 de 2015 e nº 4.054 de 2017. O PL nº 668/2015 estabelece as diretrizes do chamado Programa Emergencial de Desenvolvimento e Implantação do Uso de Energia Solar, que estimula o desenvolvimento da energia solar através de diversas frentes de atuação: educação, financiamento, pesquisa e criação de um Conselho Deliberativo sobre o tema (com a participação de atores da administração pública e da sociedade).

4 Desenvolvimento local a partir da geração centralizada de energia solar fotovoltaica (2019).

estado mineiro. No entanto, outros estados também se encontram em posições semelhantes de solarimetria. Por que então Minas Gerais foi o estado onde se construiu a maior usina solar brasileira, mais especialmente, por que no município de Pirapora e não em outros vizinhos, com características de irradiação semelhantes? Mostraremos no esquema abaixo com os resultados da pesquisa:

6.2 RESULTADOS DAS ANÁLISES

a. Para além da privilegiada localização geográfica de Pirapora, a instalação da usina somente foi possível por conta de estratégias políticas e de isenção tributária. A pesquisa de campo permitiu compreender questões importantes sobre o processo de implementação da usina. Os depoimentos indicam que houve alinhamento político e decisório entre vereadores, prefeitos do município, deputados estaduais da ALMG, representantes do governo federal e do legislativo federal (MME e Câmara dos Deputados), lobistas que atuavam no Congresso, proprietário da usina solar, empresários de empresas subcontratadas em Pirapora;

b. Município – na figura do prefeito e vereadores que estavam na época do 1º leilão de energia ocorrido (2014) e foram influentes no Grupo de Trabalho que precedeu a criação da Resolução 482, um dos documentos mais importantes para o desenvolvimento da produção de energia FV no Brasil e conforme pode ser visto na Linha do Tempo logo abaixo (Figura 47);

c. O deputado estadual, entrevistado para esta pesquisa, juntamente com o prefeito à época, foram um dos maiores influenciadores nos níveis locais e federal;

d. Este deputado contou que o projeto foi concebido por ele cerca de dez anos antes da instalação. A ideia surgiu a partir de suas pesquisas e na ocasião em que viu uma palestra sobre energia solar na Espanha, que teve a participação de empresários espanhóis que também implantaram a usina de Pirapora;

e. A linha do tempo que está no ANEXO II da pesquisa, fornecida pelo gabinete do deputado estadual da ALMG (2019), mostra que este deputado participou desde a concepção até a implantação do projeto em Pirapora;

f. O prefeito à época também exerceu papel importante ao conceder a isenção "informalmente"[5] às empresas subcontratadas pela Solatio Energy e que prestaram uma série de serviços na região;

g. O executivo local negociou constantemente com sua base de apoio parlamentar na Câmara de Vereadores;

h. Tanto o prefeito, quanto o deputado estadual estavam alinhados politicamente em prol da instalação e da comunicação com demais congressistas e com a burocracia do governo federal;

i. Segundo atores estratégicos e políticos entrevistados, os gestores da Solatio Energy[6], mantinham ligação e comunicação com o governo federal, através do MME e deputados de comissões de energia da Câmara dos Deputados;

j. Estado – na figura de dois deputados estaduais de MG que auxiliaram na articulação entre empresa, município de Pirapora e governo federal;

k. Executivo e legislativo federais – com o MME (governos Dilma e Temer) e Comissão de Minas Energia da Câmara dos Deputados;

l. Empresa – gestores da Solatio Energy;

m. Não foram verificadas influência da sociedade civil no processo. Segundo relato de vereador e moradores da cidade consultados e entrevistados pela pesquisa, a comunidade foi apenas informada.

---

5 Esta foi uma questão delicada e muito importante do ponto de vista das decisões locais. Ela mobilizou políticos e setores da sociedade. Os entrevistados informaram que o prefeito teria concedido isenção de tributos a fim de atrair a empresa Solatio Energy para a região, mas não teria formalizado o incentivo, o que levou à gestão posterior a questionar o ato e pedir pagamentos retroativos. A Solatio Energy ameaçou retirar a usina de Pirapora, levando para regiões próximas como Várzea de Palma. Isso afetaria ganhos futuros que viriam dos recursos do ICMS e levou vereadores de oposição, moradores, lideranças locais e associações de comércio a se manifestarem contra o ato e criando o Projeto de Lei 01/2017, o PROSOLAR – "Dispõe sobre o Regime Especial de Incentivos para o Desenvolvimento de Empreendimentos de Geração de energia Fotovoltaica no Município de Pirapora (MG) – PIRAPORA SOLAR". Essas informações constam das narrativas das entrevistas e documentos analisados na pesquisa de campo na Câmara dos Vereadores e na Prefeitura de Pirapora. Todas essas questões convergem para os achados de Zolini (2019).

6 Empresa do setor fotovoltaico responsável pela instalação da usina fotovoltaica de Pirapora.

Figura 47 – Árvore decisória – Mapeamento político

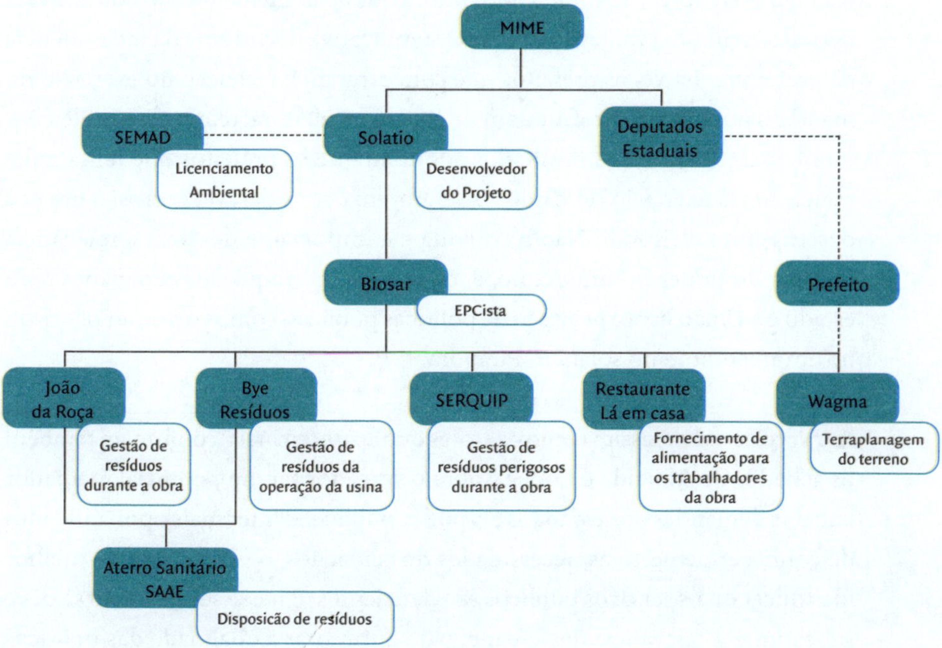

Fonte: *Elaboração IEPUC*

A literatura da ciência política já forneceu evidências sobre o papel de políticos dos municípios na representação política local. Leal (1948) foi dos precursores desses estudos. A pesquisa de Almeida e Lopez (2012) também descreveu e analisou a representação política local, chamando atenção para a importância especial do papel dos vereadores nessa dimensão. Essa importância se justifica porque: "desde a promulgação da Constituição de 1988, os municípios brasileiros têm adquirido importância crescente na execução de políticas públicas, inclusive na gestão dos recursos financeiros envolvidos" (2012, p. 7).

Para Brambor e Ceneviva (2012), "em um arranjo constitucional pouco comum, os municípios são considerados entes federados autônomos: não são politicamente subordinados sequer aos estados nos quais estão localizados, o que implica que um prefeito é autoridade soberana em sua circunscrição." (p. 21) Além disso, prefeitos também se importam com os resultados eleitorais de uma possível reeleição, "as eleições municipais são relevantes politicamente e sua importância é reconhecida pelos eleitores brasileiros".

Ainda que para esses autores os achados de pesquisa indiquem que "análise dos resultados eleitorais dos municípios indica que aparentemente não houve, nesse período, nenhuma vantagem eleitoral significativa decorrente da incumbência da prefeitura. Isto é, os prefeitos que concorreram à reeleição no exercício do mandato público não desfrutaram de vantagem eleitoral relevante nas eleições municipais. (...) nossos resultados apontam que os prefeitos que tentaram a reeleição no exercício do cargo sofreram uma considerável corrosão em seu desempenho eleitoral." Não há dúvida e é importante destacar a relevância política do poder no município, e, como veremos aqui, suas conexões com estado e a União para a provisão de políticas públicas, como parece ter ocorrido no empreendimento solar em Pirapora.

A árvore decisória, assim como os atores que aparecem nela, confirmam também os achados de Almeida e Lopez, sobre o vereador ser um potencial mediador entre as demandas dos cidadãos e o poder público. Por ter mais oportunidades de conhecer de perto as necessidades dos cidadãos, o vereador pode melhor identificar quais serviços públicos são deficientes. E nesse sentido, não se deve subestimar a relevância deste papel para aprimorar a qualidade das políticas públicas e, por extensão, da democracia.

Acredita-se que a pesquisa evidencia aspectos da burocracia brasileira, em especial, a voltada para energia FV, proporcionando a explicação de sucessos e fracassos da implementação de políticas públicas na região. Mais especificamente, tentou-se também compreender o que Olivieri (2011) chama atenção para algumas razões que podem ser utilizadas. Segundo a autora, é fundamental que se atente para a forma pela qual são definidos os rumos das políticas públicas que serão executadas pela burocracia, "a negociação em torno da aprovação das leis é feita preponderantemente caso a caso, ou seja, não há acordos prévios e amplos sobre uma agenda mínima a ser implementada pelo governo e por sua coalizão", obrigando o Executivo a negociar constantemente com a base de apoio.

Segundo Praça e Lopez (2019), no Brasil, a competição política ocorreria principalmente no nível estadual. O estado é o distrito eleitoral para a Câmara dos Deputados e, claro, o Senado. Da mesma forma, os governadores também desempenhariam importante papel na política brasileira, embora sejam menos relevantes do que alguns analistas inicialmente pensam. Sendo assim, no momento das eleições, os deputados federais tentam maximizar o acesso aos recursos estatais para ter melhores chances de reeleição, e eles mobilizam governadores, prefeitos e líderes partidários nacionais para apoiá-los.

Esta seção buscou responder algumas indagações da pesquisa. A principal delas é que a implementação de um projeto como este somente se deu por uma combinação de fatores e não se responde pela lógica dos fatores geográficos e dos ganhos associados à implantação da usina pura e simplesmente. Os achados da pesquisa demonstraram que não só Pirapora teria a melhor irradiação no país, assim como são limitados no tempo os impactos positivos da implantação de um projeto como este.

As principais razões, portanto, recaem sobre o controle dos políticos sobre a burocracia dos incentivos oferecidos no campo regulatório, econômico e político. Como mostra Olivieri (2011), é fundamental que se atente para a forma pela qual são definidos os rumos das políticas públicas que serão executadas pela burocracia. Também é sabido que esse poder também é concentrado no Executivo brasileiro, uma vez que detém o poder de iniciativa legislativa (poder de agenda, poder de decreto). Assim, e como se sabe "a negociação em torno da aprovação das leis é feita preponderantemente caso a caso, ou seja, não há acordos prévios e amplos sobre uma agenda mínima a ser implementada pelo governo e por sua coalizão", o que obriga o Executivo a negociar constantemente com a base de apoio.

Neste trabalho, acredita-se que uma combinação de incentivos levou ao pioneirismo mineiro, culminando numa política pública bem-sucedida na implementação da energia FV ou como as políticas públicas são elaboradas e como evoluem a partir de aspirações, tais políticas de incentivos podem ser organizadas de forma a cumprir alguns objetivos: como se deu o processo político decisório nos níveis locais e nacional, as políticas de regulamentação e os incentivos fiscais.

7 CONCLUSÕES

Sabemos que um projeto que viabilize o surgimento de uma nova matriz elétrica no Brasil traz bastante desafios para a gestão pública. Este trabalho buscou, a partir das análises de indicadores socioeconômicos de municípios que integram a GC no Brasil e do resultado da pesquisa de campo realizada em Pirapora, norte de Minas Gerais, mostrar os impactos socioeconômicos locais gerados por essas usinas. Além disso, foi feito um mapeamento político a fim de se compreender como se deram as decisões locais importantes para a viabilidade do projeto na cidade com a maior usina solar da América Latina. As informações que se seguem resumem os principais resultados.

A análise dos indicadores mostra que houve aumento real no PIB municipal a partir de 2015, mesmo considerando o cenário de crise econômica nacional. Embora pudesse ser visto como uma consequência econômica lógica, não foi o observado na etapa desta pesquisa que capta a percepção de diferentes atores da cadeia produtiva de ESFV.

Entretanto, os benefícios socioeconômicos esperados tanto pelos gestores públicos quanto pela população, apesar de grandes no início, tiveram capacidade limitada após a instalação da usina e reduziram-se bastante no final do projeto. Até o momento, o repasse do ICMS ligado à atividade não pareceu impactar significativamente os cofres do município, ao ponto de empresários e moradores locais, assim como políticos, não saberem exatamente se já estava entrando nas receitas tributárias. Isto motivou um vereador da oposição a solicitar uma resposta formal da prefeitura sobre a entrada desta receita, mas ainda está sem resposta.

A pesquisa também identificou que 50% dos entrevistados e muitos moradores da cidade não tinham conhecimento sobre se houve incremento no PIB municipal. Finalmente, a comunicação com a sociedade foi feita em fóruns bem limitados, criando imensa expectativa de melhora de emprego, renda e de bem-estar que não se confirmaram no período posterior. Os moradores, alguns políticos e diretor de escola afirmaram que a comunicação foi deficiente, gerando cobranças por parte da população e diferentes versões para dar conta da menor quantidade de empregos gerada proporcionalmente ao que se esperava. Uma das versões afirmava que não houve tanto emprego por causa da corrupção envolvendo a prefeitura.

No que diz respeito ao processo decisório local, acreditamos que esta pesquisa contribui para o campo de estudo sobre a burocracia e atenta para o seu desenvolvimento e de suas implicações nas políticas públicas implementadas em ambientes democráticos, nos quais há mediações de diferentes interesses agindo. A importância do controle político sobre a burocracia e a consequência sobre as políticas públicas é um interessante achado e corrobora estudos sobre o tema.

Buscou-se destacar também, através do mapeamento do processo decisório, recursos políticos utilizados pela burocracia local para permitir a implantação dessa política pública. Também foi importante conhecer o papel que desempenharam diferentes atores sociais envolvidos no processo, assim como as suas respectivas funções e atribuições nas instituições. Além disso, buscou-se compreender se as burocracias públicas afetam os resultados de programas e políticas públicas e de que forma. Estes resultados podem ser extrapoláveis para diferentes regiões.

Finalmente, a análise dos mecanismos de controle político sobre a burocracia que se estabeleceu para a implementação do projeto da usina solar de Pirapora permite conhecer a relação da burocracia com os variados recursos para o controle político – "(monitoramento, nomeação, controle orçamentário e legislação) demanda, em primeiro lugar, analisar esses processos como instrumentos de controle da burocracia e, em segundo lugar, compreender a resposta da burocracia a eles" (Olivieri, 2011). Políticas como essas, assim como a maneira pela qual se dá o seu desenvolvimento desde a concepção, mostram-se um terreno fértil para estudos dessa natureza no Brasil. Como foi mostrado, a localização geográfica, a excelente irradiação solar, bem como os incentivos econômicos em destaque não são suficientemente capazes de justificar um projeto como esse. É necessário também que os interesses políticos do legislativo e do executivo local e nacional, e a comunicação destes com setores empresariais, convirjam para que importantes decisões sejam tomadas.

Por outro lado, não se deve ignorar e é necessário dar destaque a algumas conquistas. A primeira se refere aos benefícios trazidos pelas USFVs, como a diversificação e segurança da matriz energética brasileira. A segunda, tem a ver com a capacidade de a usina ter diminuído os efeitos da crise nacional fiscal sobre os municípios que implementaram os parques solares.

REFERÊNCIAS BIBLIOGRÁFICAS

ALMEIDA, A. & LOPEZ, F. "Legisladores, captadores e assistencialistas: a representação política no nível local". Texto para discussão/Instituto de Pesquisa Econômica.

APLICADA. Disponível em: <http://www.ipeadata.gov.br/Default.aspx>. Acesso em: 16 jan. 2020.

BARROS, R. P. & MENDONÇA, R.S.P. "Determinantes da participação de menores na força de trabalho". Rio de Janeiro: Ipea, 1990.

BARROS, R. P.; MENDONÇA, R.S.P. & VELAZCO, T. "A pobreza é a principal causa do trabalho infantil no Brasil urbano?" Rio de Janeiro: Ipea, 1994.

BRAMBOR, Thomas & CENEVIVA, Ricardo. "Reeleição e continuísmo nos municípios brasileiros" [Online]. Novos estud. – CEBRAP, 2012, nº 93.

CARVALHO, José Murilo de. "Mandonismo, coronelismo, clientelismo: uma discussão conceitual" [Online], 1997, v .40, nº 2.

COMPTON, M. & 'T HART, P (Edited). Great Policy Successes – Or, "A Tale About Why It's Amazing That Governments Get So Little Credit for Their Many Everyday and Extraordinary Achievements as Told by Sympathetic Observers Who Seek to Create Space for a Less Relentlessly Negative View of Our Pivotal Public Institutions". Oxford University Press, UK, 2019.

FIGUEIREDO, Argelina Cheibub; LIMONGI, Fernando & VALENTE, Ana Luzia. "Governabilidade e concentração de poder institucional: o Governo FHC". Tempo Social; Rev. Sociol. USP, São Paulo, 1999, 11(2): 49-62, out.

IBGE. Disponível em: <https://ww2.ibge.gov.br/home/#redirect>. Acesso em: 10 mar. 2020.

IPEADATA. Disponível em: <http://ipea.gov.br/portal/images/stories/PDFs/TDs/td_0351.pdf>. Acesso em: 10 mar. 2020.

LEAL, V. N. *Coronelismo, enxada e voto: o município e o regime representativo no Brasil.* Rio de Janeiro, RJ: Nova Fronteira, 1997 [1948] [Cia. das Letras, 2012.]

MDS. Ministério da Cidadania. Disponível em: <https://aplicacoes.mds.gov.br/sagi/RIv3/geral/index.php?relatorio=153&file=entrada#>. Acesso em: 15 ago. 2020.

MTE. Relação Anual de Informações Sociais do Ministério do Trabalho e do Emprego. Disponível em: <http://portalfat.mte.gov.br/relacao-anual-de-informacoes-sociais-rais/>. Acesso em: 25 ago. 2020.

NASCIMENTO, R.L. "Energia solar no Brasil: situação e perspectivas". Consultor Legislativo da Área XII, Recursos Minerais, Hídricos e Energéticos.

OLIVIERI, Cecília. "Os controles políticos sobre a burocracia". Rev. Adm. Pública [Online]. 2011, v. 45, nº 5.

ONU, 2015. Conferência das Nações Unidas sobre Desenvolvimento Sustentável – Rio+20 dispõe que o desenvolvimento de metas, tal qual aplicado em relação aos Objetivos de Desenvolvimento do Milênio (ODM).

Praça, S. & Lopez, F. "Political Appointments, Political Parties, and Bureaucracy", in *Routledge Handbook of Brazilian Politics*. Edited by Barry Ames, Routledge – 9 Taylor & Francis, NY, 2019.

SNIS. Sistema Nacional de Informações sobre Saneamento. Disponível em: <http://www.snis.gov.br/>. Acesso em: 25 ago. 2020.

TAFNER, Paulo; BOTELHO, Carolina & ERBISTI, Rafael. "Transição Demográfica e o Impacto Fiscal na Previdência Brasileira". In: CAMARANO, Ana Amélia (Org.). *Novo regime demográfico: uma nova relação entre população e desenvolvimento?* Rio de Janeiro: Ipea, 2014, p. 539-570.

ZOLINI, L. & FRANCO, P. *Revista Brasileira de Planejamento e Desenvolvimento*. Curitiba: set./dez. 2019, v. 8, nº 3, p. 357-381.

ANEXO I

Tabela 18 – Lista dos 22 municípios brasileiros escolhidos para o estudo, classificados por ordem decrescente de potência instalada

RANKING	NOME DAS USINAS	MUNICÍPIO - ESTADO	POTÊNCIA INSTALADA (MW)
1º	Pirapora 2, 3, 4, 5, 6, 7, 9, 10/ Vazante 1, 2, 3	Pirapora - MG	321
2º	Horizonte MP 1, MP2/ Ituverava 1, 2, 3, 4, 5, 6, 7/ Horizonte MP 11	Tabocas do Brejo Velho - BA	273,4
3º	Bom Jesus da Lapa I, II/ Lapa 2 e 3/ BJL 4 e 11/ São Pedro II e IV	Bom Jesus da Lapa - BA	214
4º	Guaimbê 1, 2, 3, 4, 5	Guaimbê - SP	214
5º	Nova Olinda 8, 9, 10, 11, 12, 13, 14	Ribeira do Piauí - PI	210
6º	Apodi I, II,III, IV	Quixeré - CE	132
7º	Paracatu 1, 2, 3, 4	Paracatu - MG	132
8º	Juazeiro Solar I, II, III, IV	Juazeiro - BA	120
9º	Floresta I, II, III	Areia Branca - RN	86
10º	Dracena 1, 2, 4	Dracena - SP	81
11º	Sol do Futuro I, II, III	Aquiraz - CE	81
12º	Boa Hora 1, 2, 3	Ouroeste - SP	69,1
13º	Guimarânia 1, 2	Guimarânia - MG	62
14º	Angico I, Malta	Malta - PB	54,4
15º	Coremas I, II	Coremas - PB	54
16º	Assuruá	Itaguaçu da Bahia - BA	30,5
17º	Assú V	Açu - RN	30
18º	Sertão 1	João Costa - PI	30
19º	Sobral 1	São João do Piauí - PI	30
20º	Fazenda Esmeralda	Agrestina - PE	29
21º	Verde Vale III	Guanambi - BA	14,3
22º	Sol Maior 2	Miracema do Tocantins - TO	5
Total de Municípios	22	Total de Estados	9

Fonte: *Elaboração própria*

ANEXO II

Linha do tempo da energia solar no Brasil

Material cedido pela Assembleia Legislativa de Minas Gerais – ALMG, pelo Gabinete do deputado estadual que participou desde a concepção até a implantação do projeto em Pirapora.

Secretário de Estado

Presidente da Comissão de Minas e Energia de ALMG

Presidente da Comisão das Energias Renováveis e dos Recursos Hídricos

2011/2012 | 2013 | 2014 | 2015/2016 | 2017 | 2018 | 2019

2011/2012

- **Grupo de estudo e trabalho sobre Energias Renováveis**
- **REN 482 (ANEEL)**
- **Elaboração do Mapa Solarimétrico de MG / Cemig**

2013

- **Lançamento do Mapa Solarimétrico de MG / Cemig**
- **Lei Estadual nº 20.824 (julho)**
  Desoneração do ICMS para equipamentos de geração e isenção ao fornecimento de energia renovável.
- **Lei Estadual nº 20.849 (agosto)**
  Política estadual de incentivo ao uso da energia solar fotovoltaica.
- **Decreto nº 46.296 (agosto)**
  Programa Mineiro de Energia Renovável – Energia de Minas.

2014

- **1º leilão ANEEL**
  - 3 usinas em Vazante (90 MW): posteriormente transferida e acrescentada à de Pirapora - Investimento de R$ 385 milhões

2015/2016

REN 687 (ANEEL)

- **Lei Estadual nº 21.713 (junho/15)**
  Amplia o prazo para concessão de crédito de ICMS para aquisição de energia solar em MG.
- **Leilão ANEEL (agosto e novembro /15)**
  1 usina (Pirapora) – R$ 2bilhões – 411MW.
- **Leilão de linha de transmissão e subestação de Janaúba (outubro/16)**

2017

REN 786 (ANEEL)

- **Lei Estadual nº 22.549 (junho) e Decreto nº 47.231 (agosto)**
  Isenção de ICMS:
  - microgeração até 75 KW e minigeração até 5 MW.
  - geração condominial, geração compartilhada e autoconsumo remoto.
  - equipamentos, peças, parte e componentes utilizados para micro e minigeração distribuída.

2018

- **1º leilão ANEEL (janeiro)**
  6 usinas (Francisco Sá e Jaíba) – 170 MW – R$ 822 milhões
- **Lei Estadual 22.866 (janeiro)**

2019

- **Leilão ANEEL (junho)**
  1 usinas (Janaúba e Jaíba) – 51MK – R$ 178 milhões
- **Está em discussão a Revisão da REN 482**

Fonte: *Assembleia Legislativa de Minas Gerais – ALMG (2019)*

ANEXO III

Atividades Usinas – Pirapora – Leilão de Energia

	Data	Atividade
2014	Outubro	Vazantes 1, 2 e 3 venceram o leilão
2015	7 de Abril	Formalizados os processos para pedido de Licença Prévia (LP) para o parque solar fotovoltaico composto por 10 usinas
2015	Das 10 usinas licenciadas, 8 foram vencedoras no leilão de energia da ANEEL 08 e 09 de 2015	
2015	28 de Agosto	No primeiro leilão de energia A-2 venceram as usinas de Pirapora 5, 6, 7, 9 e 10
2015	13 de Novembro	No segundo leilão de reserva A-3 os projetos de Pirapora 2, 3 e 4 foram contemplados
2016	Fevereiro	Plano de Controle Ambiental (PCA) – Criado para análise de Licenciamento Ambiental – Fase de Licença de Instalação (LI)
2016	Dezembro	Obras da Fase 1 (UFV Pirapora 5, 6, 7, 9 e 10) foram iniciadas
2017	Abril	Licença de Instalação (LI) UFV Pirapora 5, 6, 7, 9 e 10 foi deferida
2017	Abril	Licença de Instalação (LI) UFV Pirapora 2, 3 e 4 foi deferida
2017	Abril	Licença de Instalação (LI) UFV Vazante 1 (antiga Pirapora 1)
2017	Abril	Licença de Instalação (LI) UFV Vazante 2 (antiga Pirapora 8)
2017	7 de dezembro	Vazante 2 e 3 começaram a operar
2017	16 de dezembro	Vazante 1 começou a operar
2017	26 de setembro	Pirapora 5, 7, 9 e 10 começaram a operar
2017	6 de outubro	Pirapora 6 começou a operar
2018	4 de maio	Pirapora 3 e 4 começaram a operar
2018	14 de maio	Pirapora 2 começou a operar

Fonte: *Elaboração própria*

CAPÍTULO 8

BREVE DISCUSSÃO SOBRE ENERGIA SOLAR NO BRASIL: GERAÇÃO DISTRIBUÍDA E CAMINHOS PARA UMA SOCIEDADE MAIS SUSTENTÁVEL

Carolina Botelho e Márcia Christina Borges Fernandes

1 INTRODUÇÃO

Vários países se esforçam para buscar por novas fontes de energia, especialmente aquelas com as características renováveis. Em razão disso, as discussões em torno do desenvolvimento em direção à energia FV vem ganhando cada vez mais importância e ganha mais força com a intensificação do debate a respeito das mudanças climáticas. O Brasil vem acompanhando essas mudanças e explorando novas fontes de energia na sua matriz energética. Nessa nova dinâmica, a energia solar tem sido vista como um grande potencial a ser explorado pela sociedade.

Do ponto de vista social, o ganho a partir do acesso à expansão do sistema de energia é incontestável. Diferentes linhas de pesquisa têm sido desenvolvidas sobre isso, o que, *grosso modo*, tende a refletir em um aumento do conhecimento sobre o tema, assim como na demanda do acesso aos sistemas alternativos de energia. Como mencionado por Cunha, Mousinho, Torres, Silva e Castro (2017), entende-se que "para além de potencial fonte de renda para parcela significativa da população brasileira, a energia solar também deve ser vista como importante vetor de emancipação e conscientização social, pois é fator de promoção da economia local e constitui-se em ação direta da sociedade ante as mudanças climáticas".

Seguindo o debate nesta direção, o objetivo da pesquisa é verificar evidências dos impactos socioeconômicos do uso da ESFV no âmbito da GD em regiões brasileiras. Secundariamente, compreender sob quais condições institucionais se deu a cooperação entre diferentes agentes envolvidos: políticos, burocratas, empresários.

2 METODOLOGIA

De maneira alternativa ao que foi utilizado para o estudo da GC, adotou-se uma nova metodologia para compreender os impactos socioeconômicos causados pela GD no Brasil. No caso da GC, havia maior possibilidade de medir os impactos em razão das mudanças estarem mais concentradas em regiões específicas das usinas. Diferentemente desse tipo de distribuição, e pela própria natureza espacialmente difusa do funcionamento da GD, em razão de se mostrar espalhada nas regiões, o trabalho de medir o impacto passa a ser uma tarefa mais complexa.

Além disso, a GD no Brasil ainda se encontra em fase de franca expansão e de início de estabelecimento no Brasil, o que consequentemente compromete a leitura de seus eventuais impactos sobre as regiões que as utiliza. Ao contrário da GC, em que se é possível analisar as bases de dados públicas e de indicadores públicos disponíveis para uma melhor avaliação, no caso da GD, o desafio passa a ser um pouco maior.

Propõe-se, portanto, a seguinte metodologia de investigação:

a. Pesquisa bibliográfica, documental, levantamento de dados e informações sobre GD e pesquisa de estudos de caso sobre o tema;

b. Entrevistas semiestruturadas com diferentes agentes: consumidores, empresas e especialistas;

c. Identificação, entrevistas semiestruturadas e mapeamento de decisões de atores políticos e estratégicos no âmbito do Congresso e da burocracia pública federal.

Sobre este último tópico, é necessário fazer algumas observações. Baseando-se em técnicas de pesquisa qualitativa, a entrevista realizada com os atores buscou atender aos seguintes pressupostos, decompondo-se da seguinte forma, sugerida por Guillhiam (2007):

1. Fase introdutória;

2. A abertura do desenvolvimento da entrevista, com explicações sobre a importância do encontro e sobre as formas de registro que serão utilizadas;

3. Centro da entrevista, com perguntas abertas apresentadas dentro de um arranjo lógico;

4. Fechamento da entrevista, momento em que novamente o aspecto social volta à tona.

3 TRANSIÇÃO ENERGÉTICA E TRANSFORMAÇÃO SOCIAL

É sabido que o mundo vive uma época de transformação global que envolve diversos segmentos da sociedade, representando uma mudança radical em muitos setores, dentre os quais destacamos o energético, com a busca pelo incremento das fontes renováveis na matriz energética mundial. Essa transição apresenta três importantes direcionadores:

a. Descarbonização – Imperativo de redução das emissões de carbono nos países para garantia da sustentabilidade e vida no planeta, por meio da adoção de fontes renováveis para geração de energia elétrica. Numa economia de inclusão, com igualdade, respeito ao ambiente e com apoio da ciência, tecnologia e inovação, com processos cooperativos;

b. Descentralização – Geração próxima ao consumo, evitando perdas na transmissão, com geração e consumo a partir de fonte renovável, por exemplo, a energia solar por meio da instalação de painéis FVs. Tecnologias de geração e/ou armazenamento junto à unidade consumidora, com tecnologias que permitam resposta pelo lado da demanda, incluindo estrutura de recarga para veículos elétricos considerando seu potencial inteligente capaz de beneficiar não só o proprietário, mas todos os envolvidos no sistema, uma vez que armazena quantidade de energia que poderá ser usada em momento de escassez;

c. Digitalização – Ou transformação digital, através de TIC em aparelhos conectados a sistemas de *Big Data*, que possam garantir maior eficiência, sustentabilidade e confiabilidade ao consumidor, *IoT*.

Ou seja, existe um enorme potencial de desenvolvimento a ser explorado com a transição energética de forma limpa e sustentável, com respeito ao compromisso mundial adotado de proteção ao meio ambiente.

Trazendo a atenção para o Brasil, podemos verificar que a atual regulação para GD possibilita ao consumidor acesso, por um processo de certa forma simples, para conexão à micro e minigeração a partir de fonte renovável. Com isso, o número de *prosumidores* (aquele que gera e consome sua própria energia) a partir de fonte solar, vem crescendo consideravelmente. Seja motivado pela questão ambiental, pela garantia do abastecimento ou por incentivo econômico com a redução da conta de luz e compensação pelo *net metering* (abatimento da energia não consumida e injetada na rede), não se pode negar que as vantagens parecem grandes para quem opta por sua adoção. No entanto, o modelo está sendo questionado pelo desequilíbrio causado ao sistema de custos da Distribuidora. Essa condição levou o tema para a discussão em consulta pública, uma vez que os custos fixos e variáveis se mantêm e poderão impactar diretamente o bolso do consumidor que não adotou o novo modelo (EPE Relatório GT Inserção de Novas Tecnologias, 2019), e dessa forma, o tema exige uma análise isenta por parte dos gestores públicos e consequente proposição de políticas públicas com planejamento setorial.

A elaboração de uma solução deverá considerar que, no paradigma tradicional do setor elétrico, os fluxos de energia seguem de forma unidirecional e não permitem que se armazene energia, deixando dessa forma o usuário na condição de consumidor passivo perante o sistema. No entanto, com o novo paradigma do serviço, o fluxo passa a bidirecional, permitindo ao consumidor o uso da rede da Distribuidora local como uma alternativa de armazenamento de energia para compensação futura, estabelecendo novo papel para esse consumidor, que passa a ter maior poder decisório como *prosumidor*.

Dessa forma, podemos considerar que essa transformação compreende uma mudança de significado no contexto sociocultural, que envolve uma nova concepção de estilo de vida do cidadão, um convívio em sociedade mais participativo e mais harmônico com o meio ambiente (Irwin, Kossoff e Tonkinwise, 2015). Pode-se considerar então, que essa transição energética envolve uma mudança de paradigma no serviço de energia elétrica, com forte impacto no prosumidor, que tem como premissa para seu sucesso, uma transformação social (Irwin, Kossoff e Tonkinwise, 2015). Essa consideração dos autores tem base na necessidade de entendimento dos sistemas socioeconômicos, políticos e naturais para enfrentar os problemas que os envolve, em todos os níveis, de forma a melhorar a qualidade de vida da população. Irwin et al. (2015) considera que soluções dessa natureza são projetadas para serem apropriadas para as condições sociais e ambientais locais, levando, em consequência, a mudanças positivas globais, baseado na equidade e qualidade de vida.

Para alavancar a transição energética e social, mentalidades individuais e coletivas precisam estar alinhadas em crenças, valores, suposições e expectativa formadas por experiências individuais, normas culturais e paradigmas socioeconômicos e políticos aos quais os indivíduos estão inseridos (Capra, 1997; Kearney, 1984; Clark, 2002). Dessa forma, buscar uma visão do todo parece ser um significativo instrumento de amparo para tomada de decisão e proposição de políticas públicas de incentivo ao aumento da participação da geração e consumo de energia elétrica a partir de fonte solar. Trata-se, portanto, de um processo lento de conscientização e de transformação para uma sociedade mais sustentável. Nas seções a seguir, discutiremos essas ideias no âmbito do debate sobre geração distribuída no Brasil.

4 A GERAÇÃO DISTRIBUÍDA NO BRASIL

O conceito de GD é todo o sistema em que a fonte geradora tenha sua energia, em sua maior parte, destinada ao suprimento de cargas locais ou próximas, sem a necessidade de transporte de energia via linhas de transmissão. Para Barbosa Filho e Azevedo (2013), "A GD é definida como o uso integrado ou isolado de recursos modulares de pequeno porte por concessionárias, consumidores e terceiros em aplicações que beneficiam o sistema elétrico e/ou consumidores específicos. O termo tem sintonia com outras expressões normalmente usadas como: autogeração, geração *in situ* e geração exclusiva (EPRI, 1997, apud, OLADE, 2011)".

No Brasil, ressalta-se a importância de diversas legislações e regulações.

Dispositivos legais:

- Lei nº 9.427, de 26 de dezembro de 1996;
- Lei nº 9.478, de 6 de agosto de 1997;
- Decreto nº 2.335, de 6 de outubro de 1997;
- Lei nº 10.848, de 15 de março de 2004;
- Decreto nº 5.163, de 30 de julho de 2004.

Dispositivos regulatórios:

- Resolução Normativa ANEEL nº 482, de 17 de abril de 2012;
- Módulo 3 dos Procedimentos de Distribuição – PRODIST.

As resoluções normativas 482 e 517 da ANEEL, especialmente, são marcos regulatórios que reduziram as barreiras das leis para conexão da geração de pequeno porte, assim como regulamentaram o sistema permitindo que se adequassem – PRODIST.

Assim como foi observado no caso da GC, o desenvolvimento da GD no Brasil se dá por uma série de razões regulatórias e de consumo. O alto preço da energia elétrica, assim como as frequentes falhas no sistema, foram fatores que levaram à procura dessas fontes alternativas de abastecimento elétrico. Além disso, há outros benefícios circunscritos ao desenvolvimento dessa alternativa energética.

Conforme Barbosa Filho e Azevedo (2013), "segundo a pesquisa realizada, as vantagens da utilização da GD acentuadas pelos avanços tecnológicos tendem a difundir o seu emprego, o aumento da inserção da energia de fontes renováveis na matriz energética e a diminuição dos impactos ambientais. Esses fatores são determinantes no desenvolvimento de cidades de contexto sustentável."

Outros ganhos têm aparecido e merecem ser destacados. Entre eles, discute-se o interesse dos consumidores em reduzir o custo do suprimento de energia elétrica e melhorar a confiabilidade do fornecimento, assim como um posicionamento diante do aumento dos preços aplicados pelas concessionárias e às deficiências apresentadas por elas:

Landeira (2013) mostrou que após a promulgação da Resolução Normativa 482 da ANEEL e com as quedas nos preços de equipamentos no mercado internacional, a geração FV distribuída ganhou força e tem crescido no mercado de energia brasileiro nos próximos anos. Como consequência e em razão da tecnologia estar crescendo cada vez mais na matriz energética brasileira, também pelo reconhecido potencial solar existente no território, criou-se oportunidades para importantes avanços da tecnologia utilizada, o que, consequentemente, vem gerando quedas de preço para sua utilização. Barbosa Filho e Azevedo (2013) também apontaram outras vantagens que merecem destaques:

- A qualidade e confiabilidade do fornecimento de tecnologias GD são superiores ao da geração e distribuição convencional;
- Diminuição do uso de fontes não renováveis;
- A eletricidade gerada pela GD é de menor custo para o consumidor;
- Contribuição para o desenvolvimento local (social e econômico), devido ao uso de recursos próprios da região na qual está inserida a instalação elétrica;
- Grande e significativa diminuição do desmatamento;
- Utilização de energia 'verde';
- Economicamente atraente, visto que reduz os custos, adia investimentos em subestações de transformação e em capacidade adicional para transmissão, além de reduzir perdas nas linhas de transmissão e distribuição;
- Diversidade de investimentos privados gerados pela GD geram a ampliação do número de agentes geradores e participantes do setor elétrico, estes distribuídos regionalmente;
- Menor dependência do parque gerador central, mantendo reservas próximas aos centros de carga;
- Agilidade no atendimento necessário pelo crescimento da demanda, inserindo menor prazo e menor complexidade no licenciamento e na liberação para implantação dos projetos;
- Redução dos riscos de planejamento.

4.1 DEBATE SOBRE GD NO BRASIL

Muito se discute sobre o desenvolvimento da GD no país. Segundo o relatório apresentado no Seminário Internacional de Micro e Minigeração Distribuída – ANEEL, em 2018, a ABSOLAR, conforme pode ser visto na Figura 48, tem incentivado investimentos no setor, mostrando os seus impactos positivos para a sociedade.

Figura 48 – Esfera socioeconômica da GD Solar FV

Geração Distribuída Solar FV Esfera Socioeconômica	
Atributos da Geracão Distribuída	Atributo Econômico Associado
Geração de empregos locais e de qualidade.	Geração de renda para a população local.
Aquecimento da economia e criação de novos modelos de negócio.	Geração de renda para a economia local, desenvolvimento de uma cadeia produtiva local. Arrecadação de impostos estaduais e federais com energia elétrica. Arrecadação de impostos estaduais e federais com o desenvolvimento da cadeia produtiva (equipamento e serviços).
Redução de consumo de combustíveis fósseis na geração de energia elétrica.	Contribuição para modicidade tarifária.

Fonte: *Adaptado da ABSOLAR (2018)*

Além dos dispostos na Figura 48, a entidade listou outros benefícios diretos e indiretos ao país, entretanto, sem mencionar o período:

- Benefício financeiro;
- Diminuição de alguns custos ao setor elétrico;
- Benefício líquido ao setor elétrico advindos da micro e minigeração distribuída;
- Instalações no ano de 2020: 200 MW de micro e minigeração distribuída;
- Geração de mais de 5.000 empregos diretos locais e de qualidade;
- Movimentação econômica superior a R$ 1,5 bilhão ao país, apenas no ano de 2020.

Diante de importantes mudanças no sistema de energia brasileiro, alguns grupos têm sido majoritariamente afetados, são eles: consumidores (com ou sem micro ou minigeração distribuída), distribuidoras de energia elétrica, empresas de projeto e de instalação e micro e minigeração e fabricantes de componentes de sistemas de geração de energia. Há, portanto, impactos negativos também que merecem ser discutidos.

Segundo a própria ABSOLAR, foram identificados no relatório apresentado os seguintes impactos negativos para o pequeno consumidor e para possíveis modelos de tarifação binômia/multipartes:

- Aumento no valor total da fatura;
- Aumento da complexidade do sistema tarifário;
- Desincentivo a investimentos em GD, eficiência energética e outras medidas de redução de consumo de iniciativa dos próprios consumidores;
- Desincentivo à participação do consumidor como agente ativo e capaz de reagir de forma proativa a sinais de preço;
- Ameaça de repasse aos consumidores de custos elevados com a troca de medidores e implementação de novos processos administrativos;
- Incertezas em aumento de preços e distorções causadas pelas alternativas possíveis de cálculo da tarifa de acesso para unidades consumidoras;
- Possíveis penalidades por ultrapassagem onerarem mais ainda o consumidor.

Sendo assim, o relatório faz importantes conclusões e avalia os seguintes impactos negativos em outras dimensões normativas:

- REN 482/2012 e alterações posteriores: modelos tarifários binômios ou multipartes divergem dos propósitos da REN 482/2012, na medida em que representam um desincentivo ao consumidor em realizar investimento em GD;
- No âmbito tributário: ainda existem incertezas sobre a aplicação da base de cálculo do ICMS para a TE e TUSD, que deverão ser avaliadas;
- Especificamente no âmbito tributário para a GD, o Convênio ICMS 16/2015;
- Especificamente no âmbito tributário para a GD, a Lei nº 13.169/2015;
- A Lei 12.212/2010, que trata da tarifa social de energia elétrica (TSEE);
- Decreto 7.891/2013, que estabelece a tarifa de irrigação rural.

O trabalho de Barbosa Filho e Azevedo (2013) também mostra algumas desvantagens identificadas e que merecem ser observadas. São elas:

- Investimento para instalação do sistema GD conectado à rede, que a princípio fica a cargo do seu próprio proprietário;
- Variações da tarifa em função da taxa de utilização da interconexão local, variável de acordo com cada companhia;
- Tempo de retorno financeiro ainda bem elevado devido ao custo do sistema;
- Variações na produção de energia do sistema, conforme a fonte energética adotada;
- Aumento na complexidade do planejamento e na operação do sistema elétrico;
- Grande complexidade nos procedimentos e realizações de manutenções.

Na próxima seção, é descrita a proposta dos itens b) e c) da seção de metodologia utilizada na pesquisa. Assim como foi dito, elaborou-se entrevistas semiestruturadas com diferentes agentes: consumidores, empresas e especialistas.

5 PERCEPÇÃO DOS ATORES DA CADEIA DE GERAÇÃO DISTRIBUÍDA

Entrevistas realizadas:

a. **Morador da Gávea (consumidor e dono de *startup*) – Unidade Residencial**

   - O consumidor está satisfeito com o investimento e sempre incentiva seus amigos a investirem nessa tecnologia.
   - Este consumidor se motivou a adquirir um sistema de energia solar FV, pois se preocupa com os recursos naturais e a geração de energia limpa, aliado ao fato de poder economizar na conta de energia.
   - O fator de diminuição na conta de energia não foi fator decisivo para o investimento.

- Com relação ao retorno do investimento, o consumidor acredita que ocorrerá em 5 anos. Não é uma preocupação.
- Está mais preocupado com a geração de energia limpa e consciência ambiental.

b. Proprietário de Clínica em Duque de Caxias – Unidade Comercial

- A clínica possui instalação de 217 painéis da Canadian Solar, cada um com 370 W de potência. A potência nominal do sistema é 70 kW.
- Segundo o proprietário da clínica, o dono da instalação aproveitou dos juros "bem baixos" oferecidos por um programa específico do Santander para novas instalações de ESFV. O financiamento tem prazo de quatro anos e o custo total (com juros) será R$ 374.000. O *payback time* previsto é cerca de quatro anos.
- Isto aponta que a melhor época para fazer uma instalação é o inverno, pois chove menos e o valor da conta de luz é menor. O proprietário salientou que este foi o maior erro no planejamento dele.
- A conexão com a concessionária foi bem rápida, levou uma semana incluindo a vistoria.

c. Dono do restaurante – Paty de Alferes (RJ) – Unidade Rural

- O proprietário do negócio decidiu instalar ESFV em seu negócio como forma de investimento e buscando reduzir sua despesa com energia elétrica. Não houve financiamento.
- Aquisição com recursos próprios.
- Não utilizou de incentivos e benefícios para consumidor rural. A economia na conta de energia não foi repassada aos produtos fabricados.
- Para que a economia fosse repassada ao cliente, o cálculo de *payback* deveria ser revisado. Nas condições calculadas o *payback time* foi de 3,7 anos. Está certo de que o investimento valeu a pena e recomenda a todos os seus conhecidos.

d. Dono de *startup* que faz instalação de sistemas fotovoltaicos

- Existem barreiras regulatórias, técnicas e econômicas que impedem o pleno desenvolvimento da tecnologia no âmbito nacional.
- Faltam incentivos como ocorreu em outros países, que deram dez anos de incentivos.
- A medida de dezembro gerou uma insegurança grande entre os empreendedores de GD, porque não há segurança regulatória. Não se sabe o que vai mudar na Resolução.
- A mudança brusca da legislação de energia solar foi um enorme baque, inclusive para ele. De uma hora para outra ele perdeu todos os projetos de usinas que tinha – acha que isso foi fruto da ação de lobistas das concessionárias e de grandes empresas no Congresso, que tentaram se beneficiar.
- Deveria haver maior fiscalização do CREA para as vendas de ART, para evitar uma concorrência desleal.
- Tendência de que o mercado de reparo comece a crescer em razão da entrada de empresas sem CREA e venda de ARTs.
- Há muita burocracia para a instalação dos sistemas.
- Difícil encontrar terreno no RJ legalizado, não tem a ajuda de órgãos municipais e estaduais, como secretarias de meio ambiente e de cartografia. Fica sabendo dos terrenos a partir do boca a boca.
- Milícias no Rio de Janeiro têm sido um problema para a liberação dos terrenos, principalmente em Itaguaí, onde há muita procura pelas condições do terreno e da irradiação solar.

6 OS SISTEMAS ISOLADOS E "SEMI--ISOLADOS" – ALTERNATIVAS

As pesquisas sobre GD, que ganham cada vez mais fôlego à medida que o mercado avança, visam subsidiar diferentes grupos de atores envolvidos na cadeia, como, instaladoras, fabricantes, distribuidoras, consumidores finais, investidores e instituições. Nesse sentido, o debate em torno dos SISOL e "semi-isolados" se torna pertinente, uma vez que eles podem se beneficiar do avanço dessas fontes de energia.

Apesar dos avanços, infelizmente, o uso da geração FV no Brasil ainda é bastante embrionário. O acesso à energia elétrica é essencial para o desenvolvimento econômico e social. O uso da GD pode afetar positivamente dois grandes grupos:

- Os que vivem de SISOL;
- Aqueles que fazem parte do que chamamos de sistemas "semi-isolados".

Tanto para um quanto para o outro, definir políticas públicas baseadas em soluções alternativas com fontes renováveis proporcionariam grande melhoria do bem-estar da população que sofre tanto com a intermitência quanto com a ausência de energia.

A literatura já identificou e tipificou SISOL: é aquele que não está conectado ao SIN atualmente. A pesquisa de Ponte (2018) mapeou cerca de 250 municípios isolados nas regiões norte e nordeste do Brasil. Segundo o autor, representam aproximadamente 1% do consumo nacional de energia elétrica, sendo historicamente atendidos por meio de geradores a diesel, uma solução cara, poluente e dependente de uma complexa logística de fornecimento de combustível.

Segundo Ponte (2018), "Apesar de diversas publicações indicarem que fontes renováveis já são técnica e economicamente viáveis, sobretudo em economias dependentes de combustíveis caros, a geração a partir do diesel ainda predomina nessas localidades. A Figura 49, utilizada pelo autor e elaborada pela EPE (2018), oferece uma dimensão desse cenário".

Figura 49 – Sistema elétrico brasileiro

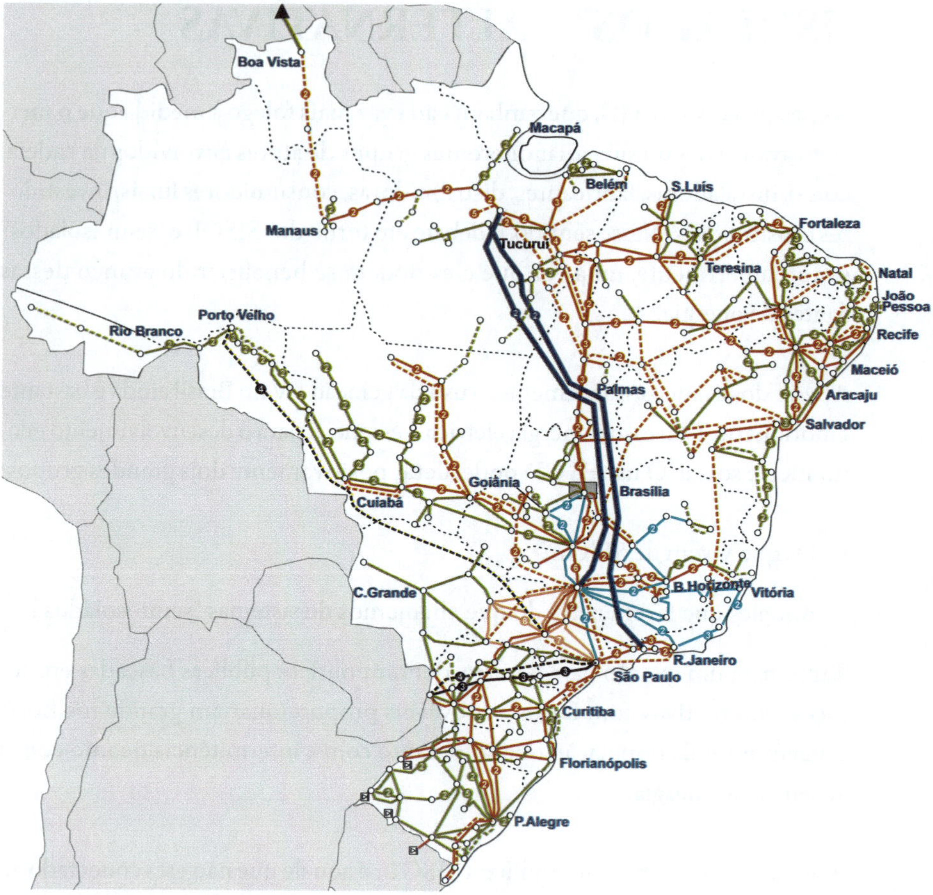

Fonte: *Adaptado da EPE (2018)*

Na Figura 50, Pires apresenta, com dados adaptados da ONS (2017), a distribuição dos SISOL do Brasil, por unidade da federação e por distribuidora de energia elétrica, mostrando que a maioria se encontra em estados com ampla área florestal, como Amazonas e Pará.

Figura 50 – Sistemas Isolados por estado

UF	Distribuidora	Quantidade de Sistemas em 2017
AC	Eletrobras Distribuição Acre	9
AM	Eletrobras Distribuição Amazonas	94
AP	CEA	2
MT	ENERGISA	2
PA	CELPA	24
PA	Petrobras Alcoa Beneficiamento	1
PA	Petrobras Alcoa Porto	1
PE	CELPE	1
RO	Eletrobras Distribuição Rondônia	26
RR	Eletrobras Distribuição Roraima - Interior	85
	TOTAL	245

Fonte: *Adaptado de PIRES (2018)*

7 ENERGIA SOLAR E ODS-ONU

Pouco se fala quando se discutem melhorias no acesso à energia solar no Brasil, no entanto, no âmbito das discussões sobre melhorias no acesso à energia, pouco se diz a respeito desse tema estar entre os objetivos de Desenvolvimento Sustentável da ONU. Segundo este objetivo, de número 7, o Brasil deve "assegurar o acesso confiável, sustentável, moderno e a preço acessível à energia para todos".

O Brasil aderiu aos objetivos da ONU procurando garantir acesso à energia barata, confiável, sustentável e renovável para todos. Entre elas, o Brasil se comprometeu com algumas metas, como a de usar mais energias renováveis até 2030. Os ODS, da Agenda 2030, da ONU visam contribuir para o aprimoramento das políticas públicas com vistas à erradicação da pobreza e à melhoria da qualidade de vida (Morais, 2019). O pesquisador do Ipea José Morais (2019) traz as informações organizadas:

> *"Objetivo 7. Assegurar o acesso confiável, sustentável, moderno e a preço acessível à energia para todas e todos:*
>
> *7.1 Até 2030, assegurar o acesso universal, confiável, moderno e a preços acessíveis a serviços de energia;*
>
> *7.2 Até 2030, aumentar substancialmente a participação de energias renováveis na matriz energética global;*
>
> *7.3 Até 2030, dobrar a taxa global de melhoria da eficiência energética;*
>
> *7.a Até 2030, reforçar a cooperação internacional para facilitar o acesso à pesquisa e tecnologias de energia limpa, incluindo energias renováveis, eficiência energética e tecnologias de combustíveis fósseis avançadas e mais limpas, e promover o investimento em infraestrutura de energia e em tecnologias de energia limpa;*
>
> *7.b Até 2030, expandir a infraestrutura e modernizar a tecnologia para o fornecimento de serviços de energia modernos e sustentáveis para todos nos países em desenvolvimento, particularmente nos países menos desenvolvidos, nos pequenos estados insulares em desenvolvimento e nos países em desenvolvimento sem litoral, de acordo com seus respectivos programas de apoio".*

Os ODS foram desenvolvidos no âmbito de negociações mundiais, com início em 2013 e tendo a participação do Brasil nas discussões e nas definições de estratégias, que se posicionou de forma firme em favor de contemplar a erradicação da pobreza como prioridade entre as iniciativas voltadas ao desenvolvimento sustentável. Portanto, os ODS são uma agenda mundial adotada durante a Cúpula das Nações Unidas sobre o Desenvolvimento Sustentável em setembro de 2015 composta por 17 objetivos e 169 metas a serem atingidos até 2030.

Para Morais (2019), "nesta agenda, prevê-se ações mundiais no combate à pobreza, na garantia da segurança alimentar, agricultura, saúde, educação, igualdade de gênero, redução das desigualdades, energia, água e saneamento, padrões sustentáveis de produção e de consumo, mudança do clima, cidades sustentáveis, proteção e uso sustentável dos oceanos e dos ecossistemas terrestres, crescimento econômico inclusivo, infraestrutura, industrialização, entre outros".

O autor divide os temas em quatro dimensões principais:

1. Social: relacionada às necessidades humanas, de saúde, educação, melhoria da qualidade de vida e justiça.
2. Ambiental: trata da preservação e conservação do meio ambiente, com ações que vão da reversão do desmatamento, proteção das florestas e da biodiversidade, combate à desertificação, uso sustentável dos oceanos e recursos marinhos até a adoção de medidas efetivas contra mudanças climáticas.
3. Econômica: aborda o uso e o esgotamento dos recursos naturais, a produção de resíduos, o consumo de energia, entre outros.
4. Institucional: diz respeito às capacidades de colocar em prática os ODS.

De acordo com dados levantados pelo Censo 2000, do IBGE, existiam no Brasil mais de dois milhões de domicílios rurais sem acesso à energia elétrica, o que representava mais de dez milhões de brasileiros não atendidos por esse serviço público. Estudo de Dantas e Pompermayer (2017) mostra que "agravando ainda mais esse quadro de exclusão, estimava-se que aproximadamente 90% dessas famílias possuíam renda inferior a três salários-mínimos, vivendo principalmente em localidades de baixo Índice de Desenvolvimento Humano (IDH)".

Apesar dos dados da PNAD para o ano de 2018 apontarem que o acesso à energia elétrica já se faz presente a 99% da população brasileira, em termos absolutos ainda existe um número significativo de moradias sem acesso, ou com acesso precário. Assim, o desenvolvimento da GD tende a ser um instrumento fundamental a ser utilizado em políticas públicas brasileiras.

É claro que há desafios e obstáculos a serem superados, entretanto, há uma demanda que justifica o empenho de governos. Um deles é a grande quantidade de domicílios com baixa densidade populacional das áreas rurais, onde sua localização exigiria a instalação de uma grande quantidade de equipamentos e materiais. Isso demandaria um maior esforço de empresas ligadas à produção e distribuição de energia elétrica, além de um provável aumento da tarifa dos consumidores que subsidiariam também a expansão. Contudo, haverá ganhos significativos na vida e no bem-estar dessas populações consumidoras[7].

Um estudo de caso realizado na Bahia traz informações relevantes (Cunha, Mousinho, Torres, Silva, Castro, 2017). Os pesquisadores, ao realizarem um projeto piloto de geração de renda e energia dos condomínios na Praia do Rodeadouro e Morada do Salitre, em Juazeiro-BA, trazem os seguintes resultados positivos à implementação da GD na região. Esses resultados são organizados a seguir:

- "Envolvimento da comunidade em relação ao projeto e seu nível de conhecimento em relação ao sistema fotovoltaico, propriamente dito;
- Apesar da sua duração efêmera, constatou-se que o projeto conseguiu promover a organização social das populações envolvidas, potencializando o exercício da cidadania e o cooperativismo;
- A maioria considerou que o projeto contribuiu positivamente para a qualidade de vida, tanto do ponto de vista familiar, quanto comunitário. Socialmente, o projeto demonstrou um grande potencial;
- Houve capacitação e treinamento de mão de obra local para trabalhar na manutenção do sistema fotovoltaico, de modo que a instalação foi feita pelos próprios moradores capacitados".

A discussão nessa seção mostra que a GD pode se transformar num recurso indispensável para sanar questões de falhas ou inexistência da rede elétrica em algumas regiões do Brasil.

---

7 Em 11/11/2003, o governo federal desenvolveu um Programa de Eletrificação Rural em direção à universalização do serviço de energia elétrica, e mitigação do impacto tarifário dessas obras, com a alocação de recursos subvencionados e financiados, criando o Programa Nacional de Universalização do Acesso e Uso da Energia Elétrica – Luz para Todos, instituído pelo Decreto nº 4.873. Esse tipo de programa poderia servir de fonte de inspiração no âmbito da GD.

8 RESULTADOS

Vantagens e gargalos da pesquisa bibliográfica, documental e de percepção dos atores sobre GD no Brasil

A atual política regulatória pode ser aprimorada no sentido de maximizar os impactos socioeconômicos desses empreendimentos. Sugere-se uma melhor coordenação entre as instâncias regulatórias atuando nos níveis federal, estadual e municipal, de forma a garantir uma justa cobrança e destinação dos tributos e a previsão de contrapartidas em benefício das localidades impactadas.

Sabe-se que a energia solar tem tido expansão expressiva, tal como ocorreu com a energia eólica a partir de 2008. Leilões de energia ocorreram e muitas empresas iniciaram o investimento em usinas para a geração da energia contratada com expectativa de aumento. O consequente barateamento dos módulos solares no mercado também ajudou este *boom*. O debate sobre os SISOL e "semi-isolados" no Brasil deveria ocorrer no âmbito das pesquisas e discussões da GD.

Segundo especialistas, para que ocorram implantações de sistemas de microgeração distribuída em larga escala, como já ocorrem em países como Alemanha, Japão, Espanha e alguns estados dos EUA, se faz necessário que o poder público adote medidas que incentivem e que premiem aqueles que venham a utilizá-los. Tais medidas envolvem um leque de mudanças regulatórias, políticas, econômicas e sociais e são esses os gargalos encontrados:

1. Decisão política;
2. Apoio governamental;
3. Segurança jurídica e regulatória;
4. Viabilidade para o financiamento dos equipamentos;
5. Incentivos fiscais de diferentes naturezas.

Ainda que a GD no Brasil deva ser incluída nas diversas fontes disponíveis de alternativas de nossa matriz energética, ela deve atuar de forma complementar.

Por fim, a GD é tendência mundial, alavancada pela redução de custos das tecnologias de geração de menor escala e alinhada com as restrições ambientais impostas às grandes usinas hidrelétricas e às grandes emissoras de gases de efeito estufa. Entretanto, o aproveitamento do potencial solar no Brasil, através dos painéis FVs, apenas apresenta viabilidade se ocorrerem incentivos governamentais, a exemplo do realizado em outros países.

REFERÊNCIAS BIBLIOGRÁFICAS

ABSOLAR. "Geração Distribuída Solar Fotovoltaica: benefícios líquidos ao Brasil". Seminário Internacional de Micro e Minigeração Distribuída – ANEEL. Seminário Internacional de Micro e Minigeração Distribuída – ANEEL, Brasília.

BARBOSA FILHO, Wilson Pereira & AZEVEDO, Abílio César Soares de. "Geração distribuída: vantagens e desvantagens". II Simpósio de Estudos e Pesquisas em Ciências ambientais. FEAM-MG, 2013.

CAPRA, Fritjof. *The Web of Life: A New Scientific Understanding of Living Systems*. Anchor Books: New York, 1997.

CLARKE, Mary E. *In Search of Human Nature*. Routledge: London, 2002.

EPE. Empresa de Pesquisa Energética. "Relatório do Grupo Temático Inserção de Novas Tecnologias". Rio de Janeiro, 2019.

GUILLHAM, B. *Developing a Questionnaire*. 2ª ed., Real World Research, 2007.

IRWIN, Terry; KOSSOFF, Gideon & TONKINWISE, Cameron. *Transition Design*. School of Design, Carnegie Mellon University: Pittsburgh, 2015.

KEARNEY, Michael. *Worldview*. Chandler and Sharp Publications: Novato, 1984.

LANDEIRA, Juan Lourenço Fandino. "Análise técnico-econômica sobre a viabilidade de implantação de sistemas de geração fotovoltaica distribuída no Brasil." Rio de Janeiro: UFRJ/COPPE, 2013.

MORAIS, J. M. (Organizador). "ODS 7 – Assegurar o acesso confiável, sustentável, moderno e a preço acessível à energia para todos; O que mostra o retrato do Brasil?" IPEA, 2019.

PONTE, Gustavo Pires da. "Geração de energia elétrica em Sistemas Isolados: desafios e propostas para aumento da participação de fontes renováveis com base em uma análise multicritérios". Rio de Janeiro: PUC-Rio, 2018.

SALITRE, F.; MOUSINHO, M.C.; TORRES, E. A.; SANTANA, M. S. & CASTRO, C. "Alternativas para os condomínios praia do rodeadouro e morada do Salitre". RDE – *Revista de Desenvolvimento Econômico*, 2013.

TORRES, Silva e Castro. Energia solar em Juazeiro/Bahia: rotas e alternativas para os condomínios praia do rodeadouro e morada do Salitre. Dantas, S.G. e Pompermayer, F.M. "Viabilidade econômica de sistemas fotovoltaicos no Brasil e possíveis efeitos". Ipea: Rio de Janeiro, 2018.

CAPÍTULO 9

ANÁLISE REGULATÓRIA E ECONÔMICA – GERAÇÃO CENTRALIZADA

Luciana Piragibe e Carlos Bastian

1 INTRODUÇÃO

As usinas FVs de GC são aquelas cuja geração de energia é superior a 30 MW. Esse limite é definido por exclusão daquele limite estabelecido na RN ANEEL nº 482/2012 que trata da Micro e Mini GD e do Decreto nº 5.163 de 2004, que trata dos empreendimentos de médio ou grande porte (até 30 MW) oriunda de hidrelétricas ou termelétricas e regime de negociação da energia através da venda (R$/kWh). Têm como característica estarem conectadas ao SIN (ANEEL, 2019).

Os grandes empreendimentos são em parques solares que geram energia no entorno ou superior a 100 MW. As seis maiores usinas solares em operação no Brasil são as seguintes (ONLINE, 2019):

- Usina solar Pirapora – Pirapora – MG – 329 MW;
- Usina solar Nova Olinda – Ribeira do Piauí – PI – 210 MW;
- Usina solar Ituverava – Tabocas do Brejo Velho – BA – 196 MW;
- Usina solar Guaimbê – Guaimbê – SP – 150 MW;
- Usina solar Bom Jesus da Lapa – Bom Jesus da Lapa – BA – 120 MW.

A Lei nº 9.427/1996 instituiu a ANEEL e definiu que é de sua atribuição a implementação das políticas e diretrizes do governo federal para a exploração da energia elétrica e o aproveitamento dos potenciais hidráulicos, além da regulação dos serviços concedidos, permitidos e autorizados, devidamente regulamentados. Note que a legislação não especifica a energia solar visto que à época, 1996, não se destacavam outras formas de geração, havendo predominância da hidráulica (PLANALTO, 1996).

A ANEEL considera o consumo de energia previsto nos estudos elaborados pela EPE, as perspectivas de consumo apontadas pelas distribuidoras, além das linhas de transmissão e distribuição disponíveis na região em que se queira implantar usinas FVs para conceder autorizações para vendedores (geradores de serviço público, produtores independentes, comercializadores e autoprodutores) que queiram vender sua energia no ACL e também com o fim de promover leilões para os Vendedores interessados em vender energia para as distribuidoras através do ACR – Ambiente de Contratação Regulada. Mais adiante será detalhado o ACR e ACL (EPE, 2017).

O objetivo do presente documento é trazer uma visão macroscópica sob a ótica regulatória e econômica no que diz respeito à GC, explicando sobre a governança do setor elétrico, o novo modelo do setor elétrico e suas formas de comercialização, por meio de leilões ou mercado livre, além da tributação e incentivos fiscais.

2 GOVERNANÇA DO SETOR ELÉTRICO

A Governança do setor elétrico brasileiro é formada por diversos órgãos, cada um com suas respectivas atribuições. O CNPE – é o responsável por homologar a política energética, levando em consideração as demais políticas públicas. O MME – que é o responsável pela formulação e implementação das políticas para o setor energético de acordo com as diretrizes estabelecidas pelo CNPE. Há também o CMSE – que fica responsável pelo monitoramento das condições de atendimento e recomenda ações preventivas para garantir a segurança do suprimento no país e a EPE – que executa estudos para definição da matriz energética e planejamento da expansão do setor elétrico, incluindo tanto geração quanto distribuição e transmissão. Também é responsável por fazer a habilitação dos projetos que participam dos leilões no ACR. A ANEEL, por sua vez, regula e fiscaliza o setor, estabelecendo tarifas para consumidores finais, preservando a viabilidade econômica e financeira dos Agentes. O ONS – é responsável pela coordenação e controle da operação da geração e da transmissão no SIN, bem como a definição das usinas centralizadas hídricas e térmicas que devem ser despachadas. Por fim, há o CCEE – que é responsável pela administração dos contratos de comercialização, pela liquidação do mercado de curto prazo e pelos Leilões de Energia, bem como pela definição do PLD, preço do mercado *spot* (SOUZA, 2018).

A Figura 51 ilustra a governança do setor elétrico brasileiro.

Figura 51 – Governança do setor elétrico brasileiro

Fonte: *Adaptado da CCEE (2019)*

O SIN, por sua vez, foi criado pela Lei 9.648/98 e regulamentado pelo Decreto 2.655/98. Trata-se de um sistema formado por empresas de todas as regiões do Brasil (Norte, apenas em parte, pois não considera os SISOL) que coordenam e controlam a interligação sinérgica entre a geração e transmissão de energia elétrica e é formado por empresas estatais e/ou privadas (PLANALTO, 1998).

Atualmente, o SIN é operado pelo ONS. É ele quem determina a modalidade e a quantidade de carga que será despachada por cada geradora térmica e hídrica na modalidade centralizada. Desta forma, permite-se aumentar a confiabilidade para atender os consumidores; reduzir os custos de OPEX; minimizar a produção térmica à vapor, diesel ou gás; além de viabilizar a participação complementar de usinas de fontes renováveis, incluindo-se as FVs. Na oportunidade, vale esclarecer que o SIN, em quase sua totalidade, é um sistema que apresenta redundância. Isto quer dizer que, em caso de falha, há como acionar um sistema alternativo para suprir energia e, consequentemente, evitar falhas no suprimento no país.

A Figura 52 ilustra de forma simplificada o SIN, com a integração entre os sistemas de geração e transmissão.

Figura 52 – SIN

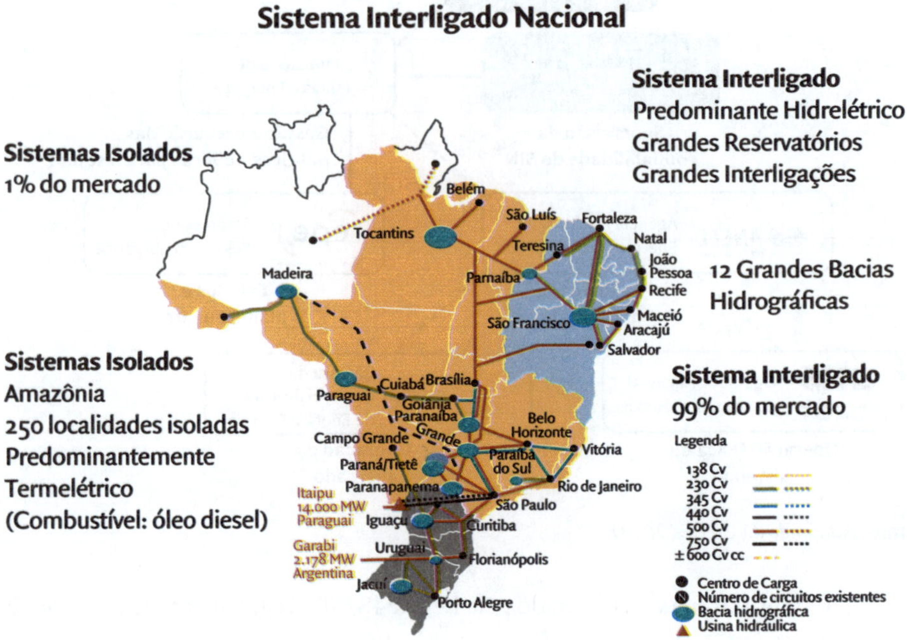

Fonte: *Adaptado da ONS (2019)*

Nota-se que há dois sistemas no território brasileiro: o SIN – que representa 99% do mercado e os SISOL – que serão tratados em documento específico. O SIN é caracterizado pela predominância hidrelétrica em sua matriz energética em razão dos grandes reservatórios e grandes interligações.

3 O "NOVO" MODELO DO SETOR ELÉTRICO – ACR E ACL

O "Novo" Modelo do Setor Elétrico passou a vigorar a partir de 2004, com a edição da Lei nº 10.848/2004, e do Decreto nº 5.163/2004, que regulamentou a comercialização de energia elétrica e o processo de outorga de concessões e de autorizações de geração de energia elétrica, seja por meio do ACR ou do ACL (PLANALTO, 2004).

O referido Modelo tem os seguintes objetivos: "(i) promover a modicidade tarifária, que é fator essencial para o atendimento da função social da energia e que concorre para a melhoria da competitividade da economia; (ii) garantir a segurança do suprimento de energia elétrica, condição básica para o desenvolvimento econômico sustentável; (iii) assegurar a estabilidade do marco regulatório, com vistas à atratividade dos investimentos na expansão do sistema; e (iv) promover a inserção social por meio do setor elétrico, em particular dos programas de universalização de atendimento." (CALILI, 2019)

A Figura 53 ilustra os modelos de ACR e ACL.

Figura 53 – Ambientes de Contratação Regulado e Livre

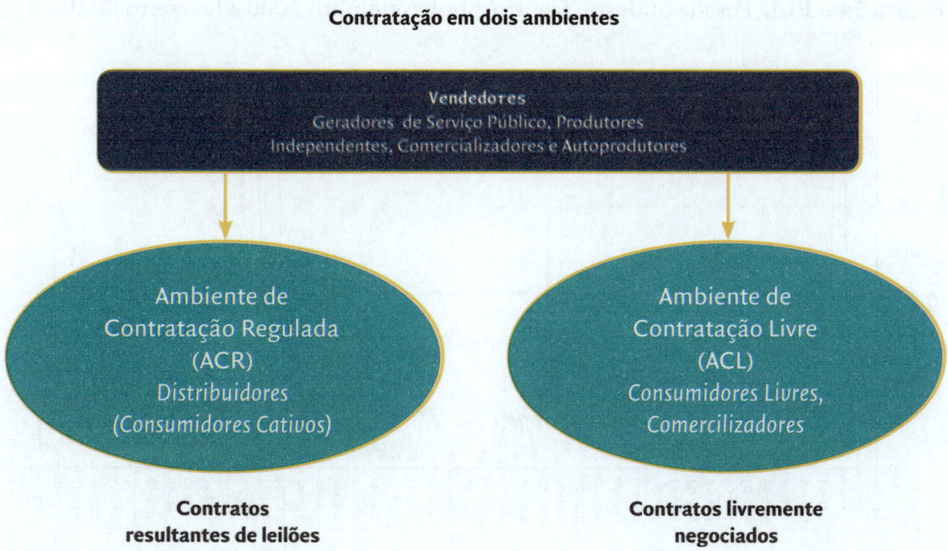

Fonte: *Adaptado da CCEE (2019)*

Entende-se por ACR aquele ambiente de comercialização em que as distribuidoras compram energia por meio dos leilões realizados pelo Governo Federal, pelo preço negociado no leilão. Os consumidores, por sua vez, consumidores cativos, compram a energia das concessionárias e distribuidoras às quais estão conectados. Nessa modalidade, são encontrados os consumidores do grupo B (baixa tensão), cujo faturamento mensal cobrado é o valor atribuído à distribuição e ao consumo de energia elétrica devido à distribuidora – via tarifa monômia – e a maioria dos consumidores do grupo A (alta tensão, quando a carga é superior ou igual a 230 kV), cujo faturamento mensal se dá via tarifa binômia.

A principal razão da existência dos leilões acima referidos se dá pela alta volatilidade dos preços à vista (*spot*) no mercado livre – não confundir com o ACL. Aquele mercado livre é resultado dos déficits e superávits de geração de energia entre os geradores e regiões para os quais os atores devem comprar/vender energia no mercado *spot* para cumprir suas obrigações com a CCEE. Nesse caso, o preço de referência do mercado *spot* é o PLD, divulgado semanalmente pela CCEE nos quatro subsistemas regionais brasileiros. A volatilidade do PLD no submercado Sudeste pode ser observado na Figura 54.

Figura 54 – PLD Pesada Sudeste/Centro-Oeste setembro 2000 a fevereiro 2020

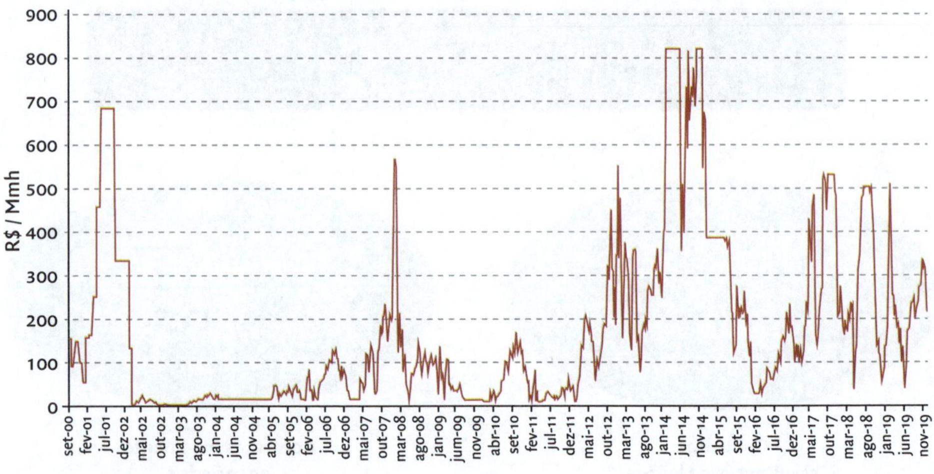

Fonte: *Adaptado da CCEE (2019)*

Como os aportes de capital em ativos de geração são de grande monta, o investidor percebe a volatilidade da tarifa como um importante fator de risco na tomada de decisão de investimento. Dessa forma, os leilões do mercado regulado (ACR) permitem garantir uma tarifa fixa (em termos reais) por um prazo definido de tempo proporcional à depreciação operacional dos ativos, não sujeitando os investimentos ao risco de TE.

Dessa forma, a GC de energia no ACR é um importante fator de atratividade do investimento no setor elétrico. Os preços alcançados nos leilões, portanto refletem um equilíbrio entre oferta e demanda futura de energia das distribuidoras de energia elétrica, e, através do planejamento destes, permitem a ANEEL desenvolver sua estratégia cujo objetivo, entre outros, é garantir a modicidade tarifária, a garantia de suprimento e o desenvolvimento tecnológico no setor, pilares do modelo atual do setor elétrico.

As distribuidoras participam deste mercado de forma passiva, apenas declarando suas necessidades de consumo, repassando aos consumidores cativos os custos da energia compradas nestes leilões, através das tarifas de energia. Já as geradoras, participam de forma competitiva nestes leilões, dando lances em um leilão do tipo holandês. A ANEEL é quem define o preço-teto destes leilões, e as geradoras habilitadas pela EPE, vão dando lances de forma que a curva de oferta encontre a demanda ao menor preço possível.

Já, no ACL, são encontrados consumidores livres do Grupo A. A contratação "dar-se-á mediante operações de compra e venda de energia elétrica envolvendo os agentes concessionários, permissionários e autorizados de geração, comercializadores, importadores e exportadores de energia elétrica e consumidores livres", nos termos do art. 47 do Decreto 5.163/2004. O consumidor livre pode negociar livremente a compra de sua energia, prazos e volumes diretamente com o fornecedor (produtores independentes, autoprodutores e comercializadores/*traders*).

Caso o consumidor livre do grupo A esteja conectado à rede básica de transmissão, faz-se necessária a formalização junto ao ONS de CUST, pagando TUST. Por outro lado, se esse consumidor estiver também conectado à rede de uma distribuidora, para os serviços de transporte de energia deverá ser formalizado um CUSD e remunerado por meio de TUSD (PLANALTO, 2004).

Os consumidores livres podem comprar energia de qualquer agente de geração ou comercialização de energia. A Portaria do MME nº 514/2018, por sua vez, estabelece que a partir de 1º de janeiro de 2020, os consumidores com carga igual ou superior a 2.000 kW, atendidos em qualquer tensão, poderão optar pela compra de energia elétrica a qualquer concessionário, permissionário ou autorizado de energia elétrica do SIN.

Por fim, segundo a CCEE, "Todos os contratos de compra e venda de energia celebrados no mercado – tanto no ACR como no ACL – devem ser registrados nesta câmara, que realiza a medição dos montantes efetivamente produzidos/consumidos por cada agente. As diferenças apuradas, positivas ou negativas, são contabilizadas para posterior liquidação financeira no Mercado de Curto Prazo e valoradas ao **Preço de Liquidação das Diferenças (PLD)**" (CCEE, 2019).

3.1 DOS LEILÕES DE ENERGIA

Voltando ao ACR, as concessionárias do serviço público de distribuição de energia devem garantir, por meio de licitação, o atendimento das suas necessidades de mercado. Com vistas à execução dessas contratações, a legislação estabeleceu que os leilões seriam regulados e realizados pela ANEEL, nos termos da Lei 9.427/1996, com a redação dada pela Lei nº 10.848/2004. (PLANALTO, 1996) (PLANALTO, 2004)

Os referidos leilões possuem como objetivo garantir a modicidade tarifária, conforme estabelecido na Lei 4.084/2004, na medida em que se contrata energia pelo menor preço possível e atrai de investidores para construção de novas usinas com vistas à expansão da geração.

Os leilões de energia nova têm como finalidade atender ao aumento de carga das distribuidoras. Neste caso, é vendida e contratada energia de usinas que ainda serão construídas. Este leilão pode ser de dois tipos: A -5 (usinas que entram em operação comercial em até cinco anos) e A -3 (em até três anos). Na oportunidade, esclarece-se que leilões A-3, A-4, A-5, A-6, por exemplo, significa que em 3, 4, 5 ou 6 anos, respectivamente, após a data da realização do leilão, o empreendimento/geradora deve estar pronto/apta para gerar aquela energia a que se comprometeu no leilão.

Já os leilões de energia existente (A-0 e A-1) foram criados para contratar energia gerada por usinas já construídas e que estejam em operação, cujos investimentos já foram amortizados e, portanto, possuem um custo mais baixo.

Em 2013, a fonte solar foi incluída nos leilões de energia A-3/2013 e A-5/2013, na modalidade "por disponibilidade", sem muito sucesso visto que os custos dos projetos FVs foram superiores aos das demais fontes.

Nos contratos "por disponibilidade", os custos decorrentes dos riscos hidrológicos e outros serão assumidos pelos agentes compradores (distribuidoras) e eventual escassez ou excedente de energia, que porventura gerem exposições financeiras, positivas ou negativas, serão assumidas pelas distribuidoras, com repasse ao consumidor final, conforme mecanismo definido pela ANEEL. Os leilões nº 06/2014 e nº 01/2018 foram realizados nessa modalidade. (ANEEL, 2019)

Uma tendência que tem se verificado no mercado, e legalmente aceitável, é a participação de geradoras em leilões por disponibilidade "x". Por outro lado, a geradora sabe que conseguirá produzir "x + y" de modo que a energia excedente produzida ("y") possa ser negociada livremente no ACL.

O objetivo de construir usinas com parcela significativa de sua capacidade de potência fora do leilão é o de vender o excedente de energia no mercado livre, ou ACL, como citado no início do trabalho. O excedente vem crescendo em importância e volume, a aparentemente já representa 30% da energia total comercializada. Como essa energia é objeto de compra por comercializadores e/ou consumidores independentes, essas transações são realizadas por contratos específicos entre as partes (*PPA*) registradas na CCEE. Seus preços seguem uma lógica de expectativa de médio prazo do PDL (Figura 51). No entanto, correspondem a uma forma de mercado de balcão, visto que não existe uma bolsa de energia devidamente estruturada no país.

Já nos contratos "por quantidade", que tem se mostrado tendência nos leilões, o risco hidrológico tem que ser coberto pelo gerador que garante entregar determinada quantidade de energia. Caso o gerador não possua lastro por meio de garantia física, precisará comprar energia faltante no mercado livre, possivelmente pagando o preço de PLD. Entende-se por lastro de garantia física o montante em MW médios, correspondente à quantidade máxima de energia relativa a cada usina que poderá ser utilizada para comprovação de atendimento de carga ou comercialização por meio dos contratos. Normalmente, o preço nesses leilões é mais caro exatamente para contemplar eventuais situações do gênero. Os leilões de nº 08/2015, 09/2015, 03/2019 e 04/2019 foram realizados nessa modalidade (ANEEL, 2019). O não cumprimento das obrigações de lastro sujeita o gerador à aplicação de penalidades prevista no art. 3º do Decreto 5.163/2004.

Desde então, foram realizados leilões nos anos de 2014, 2015, 2017, 2018 e 2019 com produto específico para a fonte solar. Note-se que em 2016 não houve leilões, devido à crise econômica enfrentada pelo Brasil. Em que pese ter havido previsão para sua realização, o leilão foi cancelado em cima da hora trazendo volatilidade para o mercado e investidores. Isso se deu em razão do cenário de elevada incerteza sobre contratação das distribuidoras até 2019, uma vez que a perspectiva para o cenário econômico gerou a revisão de carga pelo ONS, pela CCEE e pela EPE. As novas projeções indicaram uma redução de cerca de 3.500 MW médios na carga de energia anteriormente prevista para 2019, ano de início de entrega da energia a ser contratada no referido leilão. Logo, o cancelamento do leilão foi justificado (NASCIMENTO, 2017).

A Tabela 19 a seguir consolida os leilões de fonte específica solar FV realizados no país.

Tabela 19 – Resultados de leilões de Parques solares fotovoltaicos

Leilões*/Usinas	Soma de Pot. (MW)	Soma de Garantia (MW)	Média de Preço (R$/MW)	Soma de Invest. Previsto (R$)	Média de TIR
08/2014	**889,7**	**202,3**	**215,53**	**4.144.227.000**	**4,85%**
Banabuiú	30,0	7,3	200,84	140.050.000	4,96%
Caetité	189,7	41,6	214,82	920.296.000	4,04%
Coremas	30,0	6,9	219,78	125.372.000	6,73%
Dracena	120,0	23,6	217,75	513.225.000	4,45%
Guaimbê	150,0	29,5	218,86	638.193.000	4,56%
Inharé	30,0	7,7	218,70	133.279.000	7,29%
Itapuranga	10,0	1,8	220,00	52.910.000	1,32%
Ituverava	210,0	58,8	214,86	1.096.452.000	6,12%
Massapê	30,0	7,1	200,82	139.490.000	4,68%
Vazante	90,0	18,0	216,12	384.960.000	4,55%

Leilões*/Usinas	Soma de Pot. (MW)	Soma de Garantia (MW)	Média de Preço (R$/MW)	Soma de Invest. Previsto (R$)	Média de TIR
08/2015	**833,8**	**232,9**	**301,64**	**4.341.375.310**	**11,24%**
Angico	27,0	6,7	296,00	121.258.000	10,93%
Assuruá	30,0	8,8	298,50	126.515.010	14,87%
BJL	20,0	5,0	303,50	79.481.000	13,41%
Bom Jesus da Lapa	60,0	16,8	304,83	331.200.000	10,09%
Coremas	30,0	6,9	301,88	143.042.000	9,22%
Horizonte	80,0	24,5	301,83	426.121.520	11,76%
Lapa	60,0	17,4	303,83	310.401.620	11,55%
Maior	5,0	1,2	297,00	20.579.000	11,82%
Malta	27,0	6,7	296,00	121.258.000	10,93%
Nova Olinda	210,0	61,6	302,83	1.457.032.150	7,46%
Pirapora	150,0	42,0	298,58	640.837.000	13,83%
São Pedro	59,7	16,0	305,51	244.448.000	14,21%
Sertão	30,0	7,8	304,50	126.332.000	13,15%
Sobral	30,0	7,8	302,50	126.515.010	13,02%
Verde Vale	15,1	3,7	302,92	66.355.000	11,42%
09/2015	**929,3**	**246,0**	**297,37**	**4.396.880.850**	**11,69%**
Brisas Suaves	5,0	1,3	293,00	20.180.000	13,22%
Apodi	120,0	34,8	300,88	480.000.010	15,78%
Assu	30,0	9,2	302,99	149.784.370	12,98%
BJL	20,0	5,0	300,15	79.481.000	13,22%
Boa Hora	75,0	15,9	291,75	450.585.000	4,77%
Coremas	30,0	7,1	302,80	143.042.000	9,67%
Fazenda Esmeralda	30,0	6,2	294,00	153.719.890	6,48%
Floresta	80,0	25,1	292,80	388.008.330	13,23%
Guimarânia	60,0	16,4	290,00	255.306.000	13,00%
Juazeiro Solar	119,3	34,8	301,02	488.896.000	15,45%

Leilões*/Usinas	Soma de Pot. (MW)	Soma de Garantia (MW)	Média de Preço (R$/MW)	Soma de Invest. Previsto (R$)	Média de TIR
Miracema	90,0	16,2	298,16	610.965.000	1,87%
Nova Cruz	30,0	7,0	292,60	171.541.250	6,57%
Paracatu	120,0	34,0	298,00	503.130.000	14,33%
Pirapora	90,0	25,2	300,00	383.644.000	13,95%
Sobrado	30,0	7,8	299,95	118.598.000	13,97%
04/2017	**544,0**	**162,4**	**145,66**	**3.836.234.770**	**-0,49%**
Água vermelha	75,0	19,8	145,88	661.703.610	-3,83%
Brígida	57,0	17,8	144,25	403.171.560	-0,24%
São Gonçalo	210,0	71,4	146,33	1.705.751.600	-0,62%
Sertão solar barreiras	112,0	27,2	145,20	618.608.000	-0,23%
Solar salgueiro	90,0	26,2	145,45	447.000.000	2,66%
01/2018	**806,6**	**240,5**	**118,04**	**4.283.758.020**	**0,14%**
Alex	270,0	91,8	118,16	1.246.000.000	2,89%
Etesa	179,9	50,4	117,80	1.019.310.000	-1,08%
Francisco Sá	90,0	27,3	118,20	393.970.290	2,24%
Lavras	120,0	31,0	118,03	859.835.750	-3,79%
São Pedro e Paulo	66,9	17,7	117,83	336.958.650	-0,53%
Solar Jaíba	79,9	22,3	118,20	427.683.330	-0,58%
03/2018	**30,0**	**10,2**	**145,50**	**243.678.800**	**-0,67%**
São Gonçalo	30,0	10,2	145,50	243.678.800	-0,67%
03/2019	**203,7**	**62,1**	**66,43**	**249.622.369**	**12,08%**
Jaíba	40,0	12,3	73,60	78.711.667	6,10%
Milagres	163,7	49,8	64,99	170.910.702	13,27%
04/2019	**530,0**	**163,0**	**84,35**	**2.143.481.680**	**-0,43%**
Gameleira	120,0	34,4	84,38	566.040.000	-2,22%
Graviola	300,0	91,7	84,26	1.158.336.000	0,18%
Luiz Gonzaga	30,0	9,0	84,40	121.006.810	-0,39%

Leilões*/Usinas	Soma de Pot. (MW)	Soma de Garantia (MW)	Média de Preço (R$/MW)	Soma de Invest. Previsto (R$)	Média de TIR
Serra do mel	80,0	27,9	84,45	298.098.870	1,88%
TOTAL GERAL	**4767,1**	**1319,4**	**207,54**	**23.639.258.799**	**5,84%**

***Não** representam os meses em que ocorreram os leilões, mas o nº do leilão no ano.*

Fonte: *Adaptado da ANEEL*

Para a estimativa de TIR média dos projetos vencedores dos leilões listados na Tabela 19, foram considerados os seguintes parâmetros: receita obtida pelo produto da garantia física (MW média) pelo preço vendedor (convertido em receita anual), considerando tributação por lucro presumido, e custos de O&M de 10% da receita. Esse fluxo de caixa anual financeiro, por 20 anos (prazo dos leilões), e o CAPEX declarado (previsto) foram usados para estimativa da TIR. Como esse cálculo não considera correção dos fluxos de caixa projetados, esses valores de TIR estão em base real, ou efetiva, desconsiderando projeção de inflação. Também se assume que o investimento será realizado com esses valores, apesar de os leilões mais recentes serem de prazos de início mais longos (A-4, A-5 e A-6), portanto poderiam ter uma estimativa de redução de CAPEX para a data prevista para o início dos investimentos. A intenção desse cálculo é de se ter uma base de comparação histórica do retorno obtido pelos leilões de ACR para os investimentos em ESFV em GC.

Um importante sinal do Governo Federal foi a inclusão, pela primeira vez, da fonte solar no Leilão nº 04/2019, A-6 que tratou a fonte solar com isonomia em relação às demais fontes. Isso porque tais leilões (A-6) normalmente são aqueles com maior volume de contratação de potência.

Na Figura 55, pode ser visto que o total de potência contratada nos leilões por fonte tem refletido essa dinâmica: as fontes tradicionais (Hidro e Térmicas) vêm diminuindo e desde 2009 sendo substituídas por novas fontes renováveis. No caso das fontes térmicas, parte destas é de origem de biomassa como bagaço de cana-de-açúcar e cavaco de madeira, ou seja, também renovável.

Figura 55 – Potência total contratada em leilões ANEEL por fonte

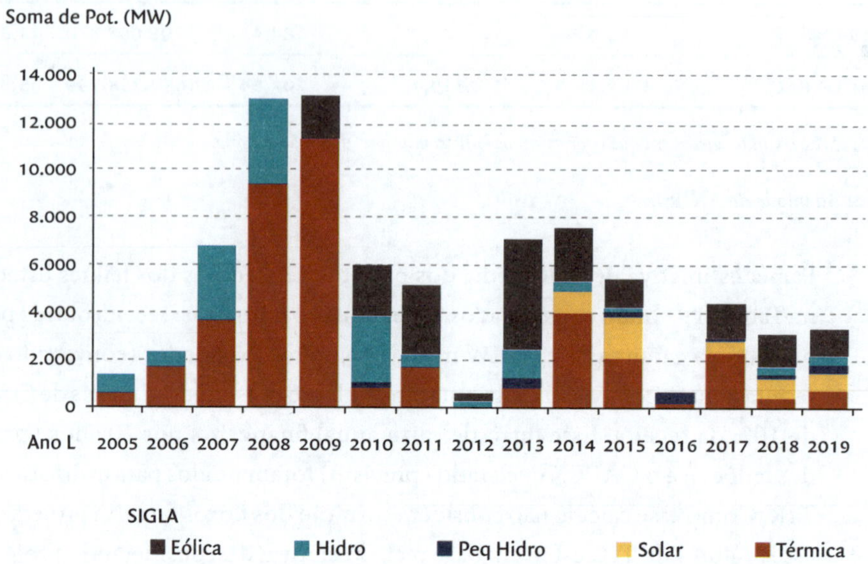

Fonte: *Adaptado da ANEEL (2019)*

Desde 2014 que a UFV vem sendo ofertada nos leilões em potências significativas, tendo totalizado até 2019 4,767 GW de potência total contratada nos certames específicos, comparativamente a 5,897 GW de energia eólica no mesmo período. A comparação de potência contratada por leilão de energia Solar e Eólica nos leilões da ANEEL pode ser acompanhada na Figura 56.

Figura 56 – Potência total contratada em leilões de energia Solar e Eólica

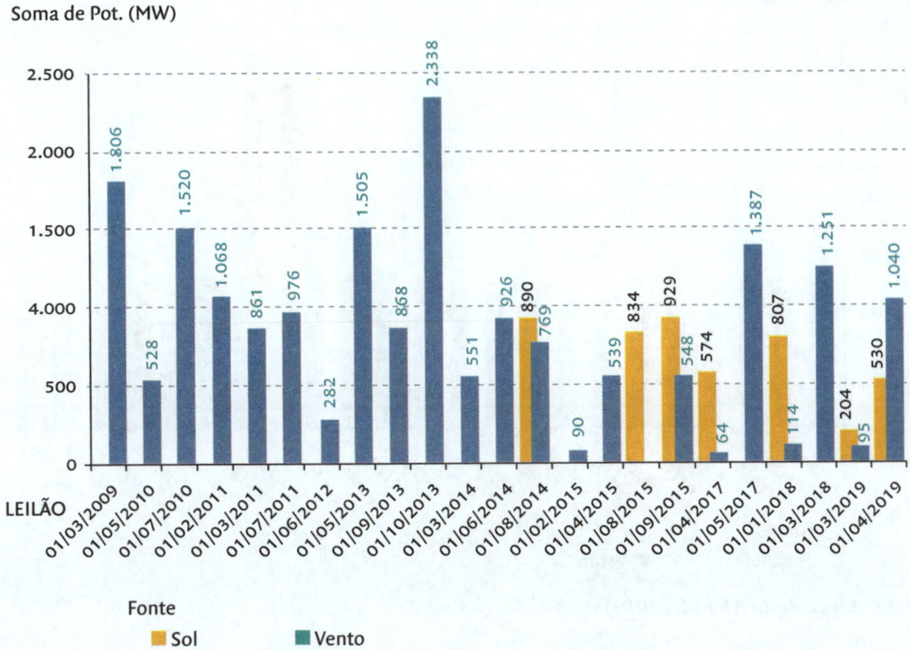

Fonte: *Adaptado da ANEEL*

Os preços ofertados nos leilões de ESFV refletem historicamente tanto a evolução de queda de custo de investimento em parques FVs, quanto a competição entre investidores nesses projetos. A série mostrada na Figura 57 permite acompanhar o desempenho histórico dos preços dessa fonte.

Figura 57 – Preços médios dos leilões de fonte Solar e Eólica

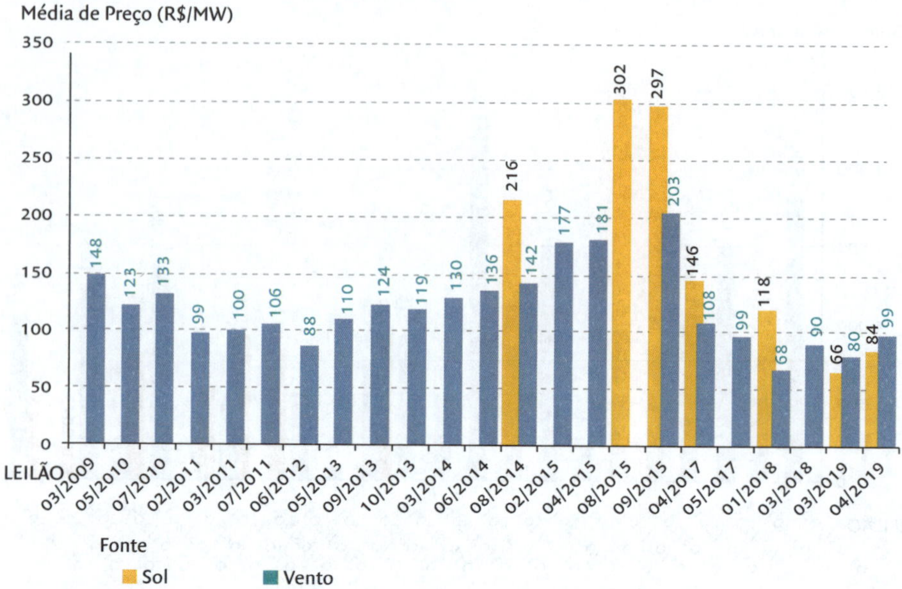

Fonte: *Adaptado da ANEEL (2019)*

Os primeiros certames de 2014 a 2015 mostraram o custo ainda extremamente alto da fonte solar, pelos seus preços próximos de R$ 200 a 300 por MW. Já, nos leilões de 2017 e 2018, tanto a queda de preço dos painéis FVs, quanto a crescente competição entre projetos, derrubou os preços dos parques cerca da metade dos leilões anteriores. Há forte questionamento sobre o retorno financeiro desses projetos, ao considerar o investimento previsto e o preço vencedor. Mas os leilões de 2019 (A-4 e A-6), mostraram níveis de preços somente vistos em algumas fontes térmicas e hidráulicas específicas desde o início dos leilões da ANEEL. A fonte solar inclusive apresentou preços inferiores à eólica nesses leilões.

Por um lado, esses níveis de preços demonstram claramente a competitividade da UFV comparativamente a outras, inclusive renováveis. No entanto, fica também claro que um número talvez significativo de investimentos no mercado regulado (leilões) não deve gerar remuneração suficiente do capital investido.

Ao se analisar, ainda que de forma genérica, a TIR de todos os conjuntos de parques solares FVs vencedores de leilões desde 2014, pode ser verificado que esta é razoavelmente baixa. Os resultados estão listados na Tabela 19. Os parques do primeiro leilão de 2014 (quase 900 MW de potência) com tarifas (preços) em torno de R$ 200 por MW apresentam uma TIR de 5%, em termos reais (sem incorporar projeção de inflação). Já os leilões de 2015 (1.700 MW) com tarifas em torno de R$ 300 por MW têm TIR indo de 9% a 15,8%, extremamente altas para esse tipo de CAPEX. Novamente, os leilões de 2017 e 2018 (1.370 MW) ficaram com TIR média próxima a 0%. O primeiro leilão de 2019 (204 MW) voltou a apresentar TIR de 12% com preço de R$ 66 por MW, recorde de preço baixo. No último leilão de outubro de 2019, a TIR voltou a ficar próxima a 0%, com tarifa também muito baixa (R$ 84 por MW), porém sendo este o 1º leilão A-6 de ESFV.

Dessa dinâmica de preços e investimentos, podem ser inferidas diversas conclusões. Mas é importante lembrar que vários dos parques licitados em 2014 e com previsão de entrada em operação em 2016, não chegaram a entrar em operação, por razões alegadas como: desequilíbrio cambial (US$ sofreu forte alta em relação ao R$ em 2016), falta de financiamento e outras razões. Em 2018 chegou a ser promovido um leilão de "descontratações" pela ANEEL para resolver pendências desses parques não acabados. Vale também dizer que não foram somente unidades de fonte solar que passaram por essas situações financeiras: usinas eólicas também deixaram de ser completadas não tendo chegado a gerar nenhum MW de potência.

Atualmente, não há nenhum parque solar licitado em leilão em atraso de implementação com a ANEEL, no entanto vários de fonte eólica estão nessa situação.

A queda de preços dos leilões não reflete somente a concorrência entre projetos, mas também o posicionamento estratégico das empresas participantes dos leilões. Diversos parques participam dos certames de mercado regulado com apenas uma fração da potência total a ser realmente instalada no projeto da empresa empreendedora. Como a estratégia pode ser a de ter ponto de acesso à rede de transmissão pelo bloco objeto do leilão, dessa forma garantiriam acesso a uma usina de capacidade significativamente maior em via de implementação, podendo vender o excedente de energia no mercado livre, cujos preços atingem, em média, patamares bem mais elevados que no mercado regulado (leilão). Mas as estratégias podem variar significativamente de empresa para empresa. Algumas podem simplesmente ser estruturadoras de projetos com o objetivo de ter seu investimento adquirido por outro *player* ao longo da implementação do projeto. E esse tempo vem crescendo com os prazos de leilões cada vez mais longos: A-4 e A-6. Neste caso, as empresas que participam do processo de habilitação do projeto dos leilões, quando vencem, vendem o projeto para uma empresa que tenha capacidade financeira e estrutura para construir a usina.

Em complemento, o Governo Federal ao anunciar por meio da Portaria do MME nº 151/2019, a realização dos Leilões de Energia Nova para 2019, 2020 e 2021 trouxe fôlego e segurança ao mercado e investidores do setor, sinalizando que o mercado continua em franca expansão. Em 2020, o leilão A-4 está agendado para 23 de abril, e o A-6, para 24 de setembro. Por fim, os leilões de 2021 A-4 e A-6 também estão agendados, respectivamente, para 29 de abril e 30 de setembro.

3.2 DA TRIBUTAÇÃO E INCENTIVOS FISCAIS

No que tange à tributação, nota-se que é comum que o mesmo grupo econômico apresente vários CNPJ´s que totalizam números expressivos de geração (até 15 MW por CNPJ, por exemplo) para declarar como lucro presumido e se valer da vantagem fiscal.

Além disso, os impostos incidentes são: (i) PIS: 0,65% sobre o faturamento, recolhido mensalmente; (ii) COFINS: 3% sobre o faturamento, recolhido mensalmente; (iii) CSSL: 9% sobre a base de 12% do faturamento, recolhido trimestralmente e (iv) IRPJ: 15% mais 10% sobre a base de 8% do faturamento, recolhido trimestralmente (no lucro presumido)(PLANALTO, 2003) (PLANALTO, 1988) (PLANALTO, 1988) (PLANALTO, 1996).

Também, a prática anterior permite a não obrigatoriedade de se elaborar um estudo detalhado de impacto ambiental, e seu respectivo relatório (EIA/RIMA), nos termos da Resolução CONAMA 279/2001 (CONAMA, 2001).

No que tange aos incentivos fiscais, é aplicado o REIDI, nos termos da Lei 11.488/07, que prevê a suspensão do PIS/COFINS nos serviços e na venda ou importação de máquinas e equipamentos novos e materiais de construção para utilização ou incorporação ao ativo imobilizado. A suspensão converte-se em alíquota zero após a utilização ou incorporação do bem ou material no projeto (PLANALTO, 2007).

Além disso, o governo federal criou o PADIS com o objetivo de atrair investimentos nas áreas de semicondutores e displays, incluindo células e módulos/painéis FVs e insumos estratégicos para a cadeia produtiva FV. O programa desonera determinados tributos na implantação industrial, produção e comercialização dos equipamentos beneficiados. Em contrapartida, as empresas estão obrigadas a realizar anualmente investimentos mínimos em atividades de P&D (Ministério da Economia, 2019).

4 CONCLUSÃO

No que tange à GC, apesar de o ACR ter sido o propulsor dos investimentos em ampliação da capacidade de geração instalada, atualmente o ACL tem sido catalizador de novos projetos: segundo a CCEE 63,7% do último leilão (de outubro de 2019) em Geração FV foi direcionado ao ACL, em função da competição no certame. Ainda segundo a CCEE, atualmente o ACL "financia" 36% da geração total FV em construção. Ocorre que as empresas de Geração têm vendido parte dos projetos no mercado regulado (ACR) de forma a garantir a conexão com a rede de distribuição. Essa mudança de paradigma faz o ACL cada vez mais presente em volume e este se move hoje por complementaridade, sendo que antes o ACL era "sobra" do ACR. Também pode ser estimado que a autoprodução deve crescer muito nos próximos anos.

Verifica-se uma tendência das empresas na participação de leilões de geração com o objetivo de construir usinas com parcela significativa de sua capacidade de potência fora do leilão (ou do ACR), e vender o excedente de energia no ACL. A tendência do governo, por sua vez, tem sido fazer mais leilões na modalidade contratos "por quantidade", caso em que o gerador caso não possua lastro, precisará comprar energia faltante no mercado livre, possivelmente pagando o preço de PLD, ficando assim o risco da geração atrelado ao gerador e não ao consumidor.

REFERÊNCIAS BIBLIOGRÁFICAS

ANEEL (2019). Editais de Licitação [Online]. Disponível em: <https://www.aneel.gov.br/geracao4>. Acesso em: 14 jan. 2020.

ANEEL (2019). Geração Distribuída [Online]. Disponível em: <https://www.aneel.gov.br/informacoes-tecnicas/-/asset_publisher/CegkWaVJWF5E/content/geracao-distribuida-introduc-1/656827>. Acesso em: 14 jan. 2020.

CALILI, Rodrigo Flora. Apresentação da Pós-Gradução Latu Sensu de Energia Solar – PUC-Rio. Regulação e Tarifa de Energia. Rio de Janeiro: [s.n.], 2019.

CARRILHO, Mariana Mortari & SILVA, João Paulo Corrêa da Costa e. "Modelos de Negócios em Geração Distribuída no Brasil: experiências internacionais e novas oportunidades". [Relatório]. Projeto de Gradução. Rio de Janeiro: Engenharia de Produção, PUC-Rio, 2018.

CCEE (2019). [Online] Disponível em: <https://www.ccee.org.br/portal/faces/pages_publico/onde-atuamos/comercializacao?_afrLoop=653865556586364&_adf.ctrl-state=u07jg80ch_1#!%40%40%3F_afrLoop%3D653865556586364%26_adf.ctrl-state%3Du07jg80ch_5>. Acesso em: 5 fev. 2020.

CELULOSE ONLINE (2019). [Online]. Disponível em: <https://www.celuloseonline.com.br/as-7-maiores-usinas-solares-em-operacao-no-brasil/>. Acesso em: 28 jan. 2020.

CONAMA. Resolução 279 de 27 de junho de 2001 [Online]. Disponível em: <http://www2.mma.gov.br/port/conama/legiabre.cfm?codlegi=277>. Acesso em: 6 fev. 2020.

EPE. Projeções da Demanda de Energia Elétrica 2017-2026 [Relatório]. Rio de Janeiro : Empresa de Pesquisa Energética, 2017.

NASCIMENTO, Rodrigo Limp. "Energia Solar no Brasil: Situação e Perspectivas" [Relatório]. Brasília: Câmara dos Deputados, 2017.

PADIS (2019). Ministério da Economia Comércio Exterior e Serviços [Online]. Disponível em: <http://www.mdic.gov.br/index.php/competitividade-industrial/ce-bim/105-assuntos/competitividade-industrial/474-regime-de-autopecas-nao-produzidas-ex-tarifarios-de-autopecas-10>. Acesso em: 6 fev. 2020.

PLANALTO (1988). Lei 7.689 de 15 de Dezembro de 1988 [Online]. Disponível em: <http://www.planalto.gov.br/ccivil_03/LEIS/L7689.htm>. Acesso em: 6 fev. 2020.

PLANALTO (1996). Lei 9.427 de 26 de Dezembro de 1996 [Online]. Disponível em: <http://www.planalto.gov.br/ccivil_03/LEIS/L9427cons.htm>. Acesso em: 6 fev. 2020.

PLANALTO (1996). Lei 9.430 de 27 de Dezembro de 1996 [Online]. Disponível em: <http://www.planalto.gov.br/ccivil_03/Leis/L9430compilada.htm>. Acesso em: 6 fev. 2020.

PLANALTO (1998). Decreto 2.655 de 2 de Julho de 1998 [Online]. Disponível em: <http://www.planalto.gov.br/ccivil_03/decreto/D2655.htm>. Acesso em: 6 fev. 2020.

PLANALTO (1998). Lei 9.648 de 27 de Maio de 1998 [Online]. Disponível em: <http://www.planalto.gov.br/ccivil_03/leis/L9648cons.htm>. Acesso em: 6 fev. 2020.

PLANALTO (2003). Lei 10.833 de 29 de Dezembro de 2003 [Online]. Disponível em: <http://www.planalto.gov.br/ccivil_03/leis/2003/L10.833.htm>. Acesso em: 6 fev. 2020.

PLANALTO (2004). Lei 10.848 de 15 de Março de 2004 [Online]. Disponível em: <http://www.planalto.gov.br/ccivil_03/_Ato2004-2006/2004/Lei/L10.848.htm>. Acesso em: 6 fev. 2020.

PLANALTO (2004). Decreto 5.163 de 30 de Julho de 2004 [Online]. Disponível em: <http://www.planalto.gov.br/ccivil_03/_Ato2004-2006/2004/Decreto/D5163.htm>. Acesso em: 6 fev. 2020.

PLANALTO (2007). Lei 11.488 de 15 de junho de 2007 [Online]. Disponível em: <http://www.planalto.gov.br/ccivil_03/_Ato2007-2010/2007/Lei/L11488.htm>. Acesso em: 6 fev. 2020.

SOUZA, Luiz Felipe Falcone de. CCEE – *Implantação e integração de novos empreendimentos de transmissão e geração de energia ao sistema elétrico brasileiro.* São Paulo: [s.n.], 2018.

CAPÍTULO 10
ANÁLISE REGULATÓRIA E ECONÔMICA – GERAÇÃO DISTRIBUÍDA

Luciana Piragibe

PARTE 1 – ANÁLISE REGULATÓRIA

1 INTRODUÇÃO

A GD, como o próprio nome diz, é a geração de energia descentralizada. Ela pode ser de médio ou grande porte (até 30 MW), oriunda de hidrelétricas ou termelétricas e regime de negociação da energia através da venda (R$/kWh), conforme Decreto nº 5.163 de 2004, ou micro ou mini (até 5 MW), oriunda de geração qualificada ou fontes renováveis (energia solar, por exemplo) e regime de compensação de energia; *net metering* (kWh), conforme Res. ANEEL 482/2012.[8]

A GD micro ou mini é regulada pela RN da ANEEL nº 482, de 17 de abril de 2012 e foi alterada pela RN da ANEEL nº 687 de 24 de novembro de 2015 (doravante designada RN 482/2012 e RN 687/2015, respectivamente).

Entende-se por GD micro aquela que possui potência instalada menor ou igual a 75 kW e que utilize cogeração qualificada (Res. ANEEL nº 235/2006, que estabelece uma eficiência energética total mínima para geração de energia elétrica e térmica com gás natural) ou fontes renováveis de energia elétrica. Já a GD mini é aquela cuja potência instalada é superior a 75 kW e menor ou igual à 5 MW e que utilize cogeração ou fontes renováveis. Ambas modalidades estão sujeitas ao Sistema de Compensação de Energia Elétrica que permite a compensação da energia injetada na rede em relação a energia consumida na mesma concessionária de distribuição de energia elétrica. A CP 025/2019 que discute alterações à RN 82/2012, deverá trazer alteração permitindo a compensação entre diferentes distribuidoras (ANEEL, 2019), (ANEEL, 2012), (ANEEL, 2015).

---

8 Há interessantes relatórios sobre as Unidades Consumidoras com GD:

Resumo por Distribuidora (http://www2.aneel.gov.br/scg/gd/GD_Distribuidora.asp)

Resumo Estadual (http://www2.aneel.gov.br/scg/gd/GD_Estadual.asp)

Resumo por Tipo de Geração (http://www2.aneel.gov.br/scg/gd/GD_Fonte.asp)

Resumo por Classe de Consumo (http://www2.aneel.gov.br/scg/gd/GD_Classe.asp)

Resumo por Modalidade (http://www2.aneel.gov.br/scg/gd/GD_Modalidade.asp)

Busca por data de conexão (http://www2.aneel.gov.br/scg/gd/VerGD.asp)

Informações compiladas e mapa (https://app.powerbi.com/view?r=eyJrIjoiZjM4NjM0OWYtN2IwZS00YjViLTllMjItN2E5MzBkN2ZlMzVkIiwidCI6IjQwZDZmOWI4LWVjYTctNDZhMi05MmQ0LWVhNGU5YzAxNzBlMSIsImMiOjR9)

Para outras informações (http://www.aneel.gov.br/geracao-distribuida)

O presente documento tem como objetivo analisar a GD sob o aspecto regulatório cobrindo os modelos de negócios, os conceitos de autoprodutor e produtor independente, o Sistema de Compensação de Energia Elétrica, sua estrutura tarifária, os custos envolvidos e a CP 025/2019 – revisão da RN ANEEL n. 482/2012.

2 MODALIDADES DE NEGÓCIOS DE GD – MODELOS DE ASSOCIAÇÃO E FORMAS DE UTILIZAÇÃO

De modo a facilitar o acompanhamento das modalidades de negócios, a Figura 58 apresenta a cronologia com o arcabouço legal aplicável.

Figura 58 – Cronograma regulatório

Fonte: *Elaboração própria*

Inicialmente, o Decreto 2.003/1996 trouxe os conceitos de autoprodutor e produtor independente. Segundo o Art. 2º do referido Decreto, Produtor Independente é aquela pessoa jurídica ou empresas reunidas em consórcio que recebam concessão ou autorização para produzir energia elétrica destinada ao comércio de toda ou parte da energia produzida, por sua conta e risco e independente de estar ou não conectada ao *grid*. Já o Autoprodutor é a pessoa física ou jurídica ou empresas reunidas em consórcio que recebam concessão ou autorização para produzir energia elétrica destinada ao seu uso exclusivo (PLANALTO, 1996).

Na prática, as usinas quando consomem energia são autoprodutores e quando vendem assumem o papel de produtor independente. Autoprodutores consomem toda a energia produzida e estão conectados ao SIN, e não devem se confundir com SISOL, que será explicado mais adiante.

Posteriormente, criou-se a Lei 10.848/2004 que dispôs sobre o "Novo Modelo" do Setor Elétrico com maior ingerência do Estado, o novo papel da ANEEL como gestora e fiscalizadora, além de novas regras de comercialização com a criação do ACR, no qual passou a ser vendida a totalidade da energia para o consumidor cativo.

Na oportunidade, vale mencionar que atualmente há dois Projetos de Lei, que tratam sobre o setor de energia elétrica, tramitando no Congresso Nacional, sendo eles: PL 232, no Senado e PL 1.917/15, na Câmara dos Deputados. Ambos possuem conteúdo semelhante e são baseados na CP nº 33/2017, do MME, que recebeu comentários até dezembro de 2019.

Algumas perguntas explicitam a necessária revisitação do Novo Modelo do Setor Elétrico, como, por exemplo: Como definir os critérios para o estabelecimento de uma matriz energética ótima? Como assegurar que os resultados dos leilões de energia se afastem o mínimo daquela matriz? Quais as alterações no modelo que serão necessárias para assegurar que haverá expansão de oferta de energia no mercado livre? Como compatibilizar melhor os leilões de energia com os requisitos de leilões de transmissão?

O Decreto 5.163/2004, por sua vez, regulamentou essa comercialização trazendo os conceitos de ACR e ACL – conceitos estes explicados quando se tratou de GC (PLANALTO, 2004).

Nos empreendimentos abaixo de 30 MW e conectados ao sistema de distribuição há a possibilidade de que haja leilão no ACR para a compra de energia de empreendimentos quaisquer e de qualquer fonte, cujas regras são alteradas a cada leilão. Isso se dá via chamada pública promovida diretamente pelo agente de distribuição, de forma a garantir publicidade, transparência e igualdade de acesso aos interessados. Neste caso, o montante total da energia elétrica contratada proveniente de empreendimentos de GD não poderá exceder a dez por cento da carga do agente de distribuição, nos termos do Art. 15 Dec. 5163/04 e Art. 28, II do Dec. 2003/96. (PLANALTO, 1996) (PLANALTO, 2004)

Há também a possibilidade do Produtor Independente, vender diretamente para as distribuidoras no mercado livre – ACL, desde que os empreendimentos sejam abaixo de 30 MW e conectados ao sistema de distribuição. Nestes casos, a planta de geração pode estar no mesmo local de consumo (dentro da cerca) ou afastada. Quando o consumo é no mesmo local da geração, há menor incidência de encargos. Art. 23, II do Dec. 2003/96 (PLANALTO, 1996).

Em seguida, a Res. ANEEL 482/2012 foi desenvolvida, posteriormente, alterada pela Res. ANEEL 687/2015, a fim de regular a micro e mini GD, estabelecendo modalidades de negócios que serão discorridas a seguir e apresentadas resumidamente na Figura 59.

Figura 59 – Modalidades de negócios de GD

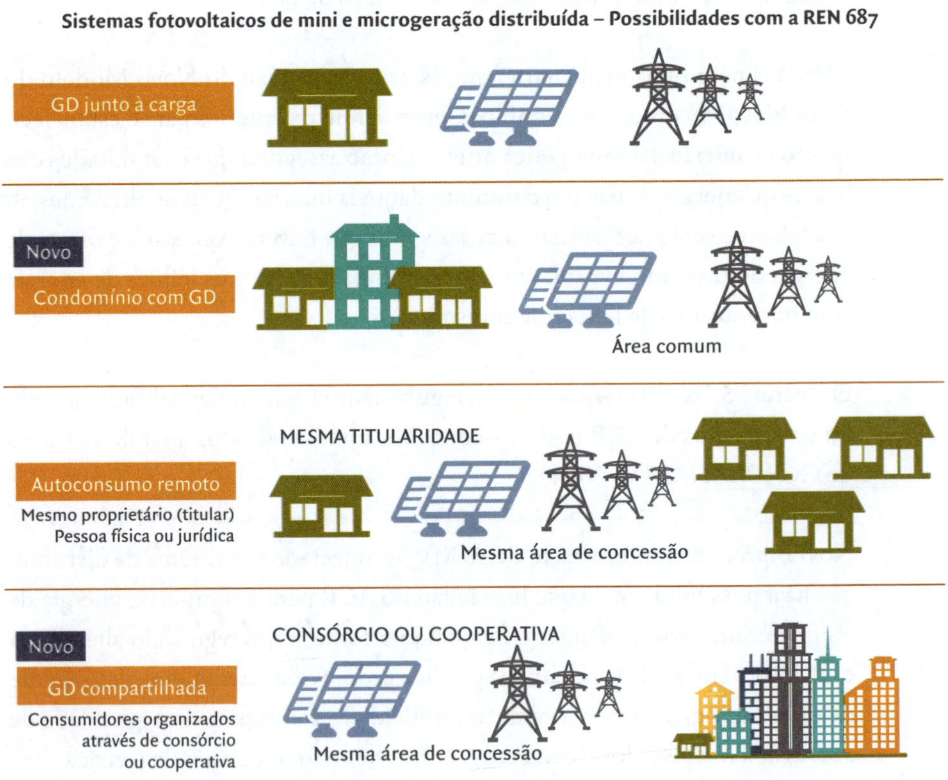

Fonte: *Adaptado da ANEEL (2016)*

A modalidade de negócio de GD mais popularmente conhecida trazida pela RN 482/2012 é (1) **GD Geração na própria unidade de consumo – local/resi-**

dencial, nos quais os painéis solares FVs são instalados nos tetos das residências e os créditos de energia são usufruídos no mesmo local onde a energia é gerada.

Em novembro de 2015, a ANEEL revisou a regulamentação através da RN 687/2015 que se destacou pela criação de três novas modalidades de GD, quais sejam: (i) empreendimentos com múltiplas unidades consumidoras – condomínio; (ii) geração compartilhada (consórcio, cooperativa ou condomínio voluntário) e (iii) autoconsumo remoto. Essas novas modalidades impactaram diretamente o segmento de geração por micro e minigeradores distribuídos, criando novos nichos de consumidores e possibilidades de negócios.

Todas as modalidades acima descritas baseiam-se no sistema de compensação integral de energia elétrica e nos créditos energéticos que será explicado mais adiante. Ruy Fontes, escritor para o site *Blue Sol* – Energia Solar, explicou, com muita propriedade tais mudanças (FONTES, 2019). São elas:

(2) Empreendimento com Múltiplas Unidades Consumidoras – condomínio

Nesta modalidade, moradores de um condomínio residencial ou predial podem se unir para a instalação de um sistema central, que irá gerar energia para cada um dos participantes, como também para alimentar áreas de uso comum. Neste caso, o sistema, que fica sob a responsabilidade do condomínio, da administração ou do proprietário do empreendimento, irá injetar toda a energia gerada diretamente na rede elétrica para a criação dos créditos energéticos. Ao final do mês, estes então serão computados pela distribuidora e utilizados para compensar a energia elétrica consumida por cada um dos participantes do rateio em seu respectivo apartamento/casa. Segundo as regras, ainda é preciso que "as unidades consumidoras estejam localizadas em uma mesma propriedade ou em propriedades contíguas, sendo vedada a utilização de vias públicas, de passagem aérea ou subterrânea e de propriedades de terceiros não integrantes do empreendimento".[9]

---

9 EXEMPLOS: Moradores de prédios residenciais ou comerciais (empreendimentos verticais com múltiplas unidades consumidoras) instalam um sistema FV no telhado da cobertura e possuem o estacionamento gerando energia solar para os apartamentos ou salas comerciais e área comum).

Ou então:

Moradores de condomínios de casas (empreendimentos horizontais com múltiplas unidades consumidoras) instalam um sistema FVs sobre o telhado do salão de festa, gerando energia para algumas (ou todas) casas.

(3) Geração compartilhada

Assim como a geração em empreendimentos múltiplos, a modalidade de geração compartilhada também permite a união de dois ou mais consumidores para a instalação de um sistema gerador.

Neste caso, os consumidores podem ser tanto a pessoa física (CPF) como jurídica (CNPJ), unindo-se através de cooperativa ou consórcio e não precisam residir dentro de um mesmo empreendimento.

As propriedades que irão utilizar os créditos e o local onde será instalado o sistema (que deve ser diferente do local onde residem os consumidores) devem estar todos localizados dentro da área de atuação da mesma distribuidora. A CP 025/2019 que discute alterações na RN 482/2012 deverá trazer alteração, permitindo a compensação entre diferentes distribuidoras.[10]

Nesta modalidade também se incluem as **Cooperativas.** As Cooperativas de Energia são formadas por pelo menos 20 pessoas (CPF ou CNPJ). Nela, cooperados podem entrar ou alterar sua participação e a distribuidora tem até 60 dias para implementar a nova partição das cotas da cooperativa e, então formalizar junto à Receita Federal, Junta Comercial e Registro na OCB (LIMA, 2018).

(4) Autoconsumo remoto

A modalidade de autoconsumo remoto permite ao consumidor (CPF ou CNPJ), como o nome sugere, gerar a sua energia de forma remota, fora do local (ou locais) onde irá consumi-la.

Neste modelo de geração, também, tanto a unidade consumidora onde será instalado o sistema, como todas aquelas que entrarão no rateio dos créditos, podem estar localizadas dentro da área de concessão da mesma distribuidora. Como já colocado, a CP 025/2019, que discute alterações à RN 482/2012, deverá trazer alteração permitindo a compensação entre diferentes distribuidoras.

---

10 Exemplo: Moradores de um prédio residencial, comercial ou grupo de lojistas, os quais não têm área para instalar um sistema FV para a geração de energia solar em todos os apartamentos, casas, salas ou lojas, e instalam um sistema num terreno em local distinto (como um sítio na zona rural, por exemplo) e a energia será compensada nas devidas unidades consumidoras dos apartamentos.

O titular da microgeração ou mini GD deve definir o percentual da energia excedente que será destinado a cada unidade consumidora participante do sistema de compensação.

Das três modalidades criadas, a geração de autoconsumo remoto é aquela que trouxe mais vantagem para os consumidores, pois permite unir o consumo de duas ou mais propriedades e aumentar a economia com energia solar.[11]

3 SISTEMA DE COMPENSAÇÃO DE ENERGIA ELÉTRICA

Entende-se por Sistema de Compensação de Energia Elétrica, *net metering*, a fatura da diferença do que se consumiu e do que se injetou na rede elétrica. Neste sistema, toda energia excedente gerada pelo sistema solar do consumidor é injetada na rede e concedida à distribuidora como "empréstimo"; servindo a distribuidora como uma espécie de bateria para o gerador/consumidor. Essa energia então volta para o consumidor na forma de créditos energéticos, que podem ser compensados em até 60 meses, nos termos da RN 687/2015, os quais são utilizados para compensar aquela energia que foi consumida da distribuidora em momentos de pouca ou nenhuma geração do sistema (à noite, por exemplo) (ANEEL, 2015).

A Figura 60 ilustra o sistema de compensação de crédito de energia elétrica.

---

11 Exemplos: Um consumidor no interior do estado de São Paulo instala um sistema FV em sua residência em Rio Preto, com capacidade de gerar excedente e que irá compensar em outro imóvel no seu nome, como um sítio, localizado dentro da área de concessão da CPFL Paulista.
Ou então:
Você empresário, pessoa jurídica, instala sistema FV na matriz da sua empresa visando gerar energia de forma remota também para suas filiais.

Figura 60 – Sistema de Compensação de Energia Elétrica

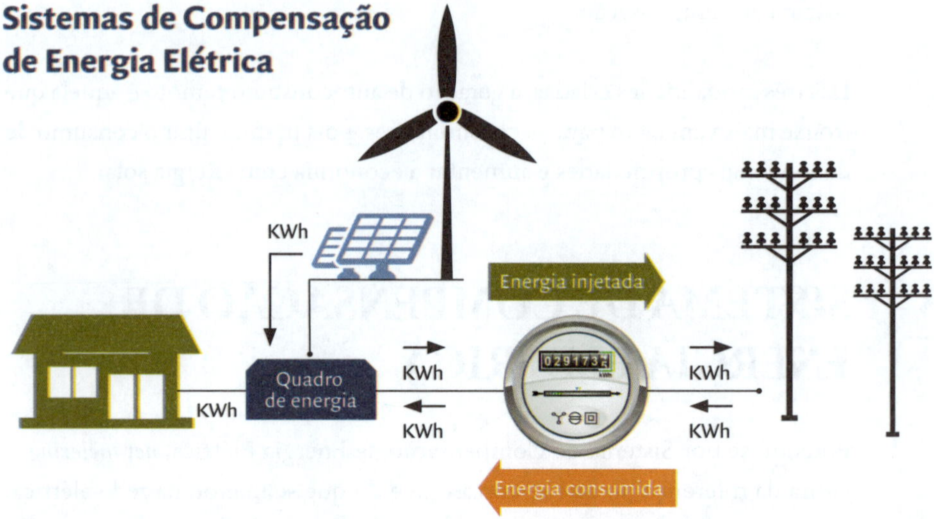

Fonte: *Adaptado da* ANEEL (2020)

Os créditos gerados ainda podem compensar a energia consumida em outros imóveis, desde que estes estejam sob a mesma titularidade da unidade, onde os créditos foram gerados e dentro da área de concessão da mesma distribuidora. A CP 025/2019, que revisou a RN 482/2012, deverá trazer alteração permitindo a compensação entre diferentes distribuidoras.

A RN ANEEL nº 482, de 2012, estabeleceu o modelo *net metering*, que representa a principal política de incentivo à instalação de GD no país. A seguir, será analisado detalhadamente o modelo implantado (ANEEL, 2012).

Diferentemente do modelo *feed-in tariff*, adotado em vários países, em que a energia injetada é remunerada por uma tarifa definida, no modelo de *net metering* a energia injetada compensa a energia consumida. Esta, por sua vez, possui uma tarifa estabelecida pela ANEEL para cada concessionária (NASCIMENTO, 2017).

Analisemos a estrutura tarifária para que consigamos entender melhor o sistema de compensação de energia. A TE elétrica brasileira, na baixa tensão, é monômia. Isso quer dizer que uma única conta abrange, de forma simplificada, duas parcelas: a (i) energia em si e a (ii) potência, que remunera as redes responsáveis pelo transporte da energia ("fio"). No modelo de *net metering*, por sua vez, a compensação de energia ocorre não somente na energia em si, mas também na parcela do "fio" (o que inclui o uso das redes de transmissão e distribuição) (NASCIMENTO, 2017).

Nesta ocasião, vale refletirmos sobre o seguinte: seria justo que os consumidores que fazem uso do sistema de compensação de energia elétrica não paguem pelo uso das redes (pelo "fio")? Se as concessionárias de distribuição têm o direito de receber a remuneração pelas redes e se os consumidores que injetam energia na rede não pagam o uso da rede na parcela da energia consumida equivalente à energia gerada, quem acaba pagando essa remuneração? (NASCIMENTO, 2017).

O custo pela rede é fixo, não podendo deixar de ser pago em função de injeção de energia na rede. Logo, a forma mais eficiente seria que a compensação pela energia injetada na rede ocorresse apenas na parcela da tarifa correspondente à energia consumida, passando os consumidores com micro ou minigeração a arcarem com a parcela da tarifa correspondente ao uso do fio.

Entretanto, há que se ressaltar que tal mudança geraria impactos no desenvolvimento da GD no país. A cobrança de tais custos, embora mais justa do ponto de vista alocativo dos custos da rede elétrica, poderia tornar menos atraente os investimentos em geração de energia FV, ou mesmo ser uma barreira para o desenvolvimento da GD no país considerando o modelo *net metering*.

A CP 025/2019, que será abaixo detalhada, trouxe à tona essa discussão, mas em razão da sensibilidade do tema, os impactos políticos e principalmente econômicos, vem sendo prorrogada e ainda não se tem uma decisão final sobre eventual modelo econômico e taxação da GD.

4 ESTRUTURA TARIFÁRIA

Estrutura Tarifária é o conjunto de tarifas aplicáveis aos componentes de consumo de energia elétrica e/ou demanda de potência, de acordo com a modalidade de fornecimento. As tarifas de energia elétrica estão estruturadas em dois grandes grupos de consumidores: "Grupo A" (alta tensão) e "Grupo B" (baixa tensão), de acordo com o nível de tensão em que são atendidos (CALILI, 2019).

Os consumidores do Grupo A: tensão acima de 2,3 kV – normalmente são indústrias, shopping centers e alguns edifícios comerciais de médio e grande porte e são cobrados pela energia e pela demanda que consomem, via tarifa binômia. Já os consumidores do Grupo B: tensão em geral 127/220 V – são normalmente residências, lojas, agências bancárias, pequenas oficinas, edifícios residenciais e boa parte dos edifícios comerciais, e são cobrados apenas pela energia que consomem via tarifa monômia (BAPTISTA, 2016) (Resolução 414/2010).

É importante ressaltar que, para unidades consumidoras conectadas em baixa tensão (Grupo B), ainda que a energia injetada na rede seja superior ao consumo, será devido o pagamento referente ao custo de disponibilidade – valor em reais equivalente a 30 kWh (monofásico), 50 kWh (bifásico) ou 100 kWh (trifásico). Já para os consumidores conectados em alta tensão (grupo A), a parcela de energia da fatura poderá ser zerada (caso a quantidade de energia injetada ao longo do mês seja maior ou igual à quantidade de energia consumida), sendo que a parcela da fatura correspondente à demanda contratada será faturada normalmente via TUSDg.

Especialmente para os consumidores do "Grupo B", a tarifa aplicável possui somente a componente de consumo de energia elétrica. Apesar disso, a componente de demanda de potência é inserida de forma indireta na tarifa aplicável, no caso, a monômia.

Há também a TSEE destinadas às famílias inscritas no Cadastro Único do Ministério do Desenvolvimento Social e Combate à Fome e que recebam Benefício de Prestação Continuada da Assistência Social. Os descontos são escalonados de 65% a 10% sobre a tarifa aplicável à classe residencial, dependendo do consumo da unidade (30 a 220 kWh). Indígenas e quilombolas, desde que inscritos no Cadastro Único, têm direito a 100% de desconto no consumo mensal de até 50 kWh.

5 O QUE ESTÁ EMBUTIDO NO CUSTO DA ENERGIA?

O que está embutido no custo de energia é basicamente a geração de energia em si, transporte de energia até as casas (fio – transmissão e distribuição), tributos e encargos setoriais.

A Figura 61 ilustra o que está embutido no custo da energia.

Figura 61 – TUSD e seus componentes

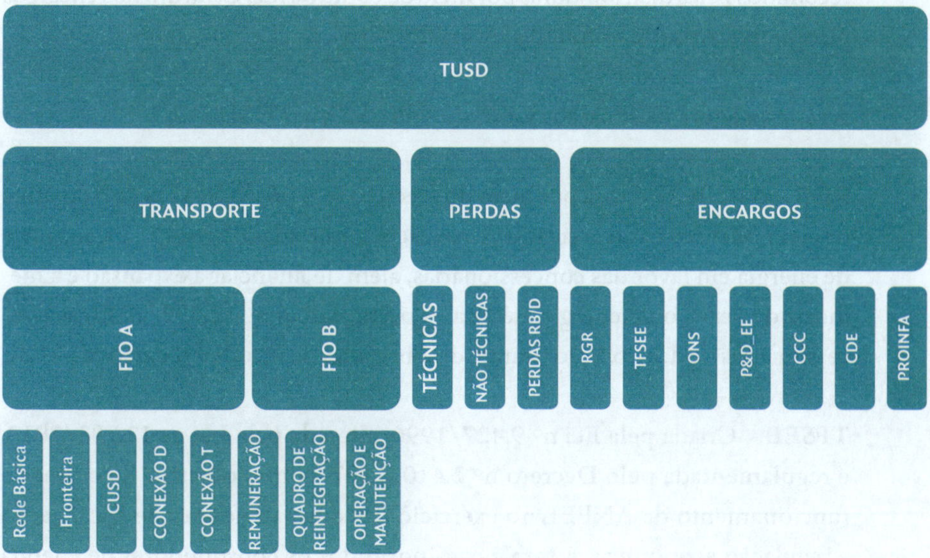

Fonte: *Adaptação do Consultor Jurídico (www.conjur.com.br)*

A TUSD está atualmente subdividida em Fio, o qual é cobrado do consumidor a parcela relativa ao transporte da energia mais a remuneração da distribuidora (Fio B) e/ou redes de distribuição ou de transmissão de terceiros (Fio A), e a parcela encargos, componente que tem por objetivo restituir à distribuidora os encargos e tributos, que são repassados aos órgãos competentes.

O transporte da energia, por sua vez, seja na Rede Básica ou na distribuição, resulta inevitavelmente em **perdas técnicas** relacionadas à transformação de energia elétrica em energia térmica nos condutores (efeito joule), perdas nos núcleos dos transformadores, perdas dielétricas, entre outras. As **perdas não técnicas ou comerciais** decorrem principalmente de furto (ligação clandestina, desvio direto da rede) ou fraude de energia (adulterações no medidor), popularmente conhecidos como "gatos", erros de medição e de faturamento. As perdas de energia na rede de transmissão são compartilhadas por agentes de geração e de consumo em uma base de 50%. A CCEE é responsável por incorporar as perdas aos dados de medição no sistema de compensação mensal (Resolução ANEEL 290/2000).

Os encargos setoriais são todos criados por leis aprovadas pelo Congresso Nacional para viabilizar a implantação de políticas públicas no setor elétrico brasileiro. Seus valores constam de resoluções ou despachos da ANEEL e são recolhidos pelas distribuidoras por meio da conta de luz. Cada um dos encargos possui objetivos pré-definidos (ANEEL, 2016).

A seguir confira os encargos setoriais cobrados via TUSD:

RGR – A RGR foi criada por meio do Decreto nº 41.019/1957 com o objetivo de gerar recursos para reversão das instalações utilizadas na geração e transporte de energia em favor das concessionárias, além de financiar a expansão e a melhoria do serviço de energia elétrica. A partir da Lei nº 12.783/2013, as concessionárias de distribuição ficaram desobrigadas de recolher recursos da RGR.

TFSEE – Criada pela Lei nº 9.427/1996, alterada pela Lei nº 12.783/2013, e regulamentada pelo Decreto nº 2.410/1997, com o objetivo de custear o funcionamento da ANEEL no exercício das duas atividades de fiscalização e regulação econômica. A taxa é paga por todos os consumidores de energia elétrica, incidindo na atividade dos agentes de distribuição, geração e transmissão de energia elétrica. Equivale a 0,4% do benefício econômico anual dos agentes – antes da edição da Lei nº 12.783/2013, era de 0,5% –, sendo paga inclusive por autoprodutores.

ONS – A contribuição ao ONS está previsto na Lei nº 9.648/1998, regulamentado pelo Decreto nº 2.335/1997, com o objetivo de financiar o funcionamento do ONS, que coordena e controla a operação das geradoras e transmissoras de energia elétrica no SIN. O valor é definido anualmente pelo ONS e aprovado pela ANEEL.

P&D/EE – O P&D/EE foi criado pela Lei nº 9.991/2000, alterado pelas Leis nº 11.465/2007, 12.212/2010, 13.203/2015, 13.280/2016 e Resolução ANEEL 316/2008. Tem como objetivo estimular pesquisas científicas e tecnológicas relacionadas à energia elétrica e ao uso sustentável dos recursos necessários para gerá-la. As Distribuidoras devem aplicar 0,5% da receita operacional líquida, tanto para pesquisa e desenvolvimento como para programas de eficiência energética na oferta e no uso final da energia. Outros agentes devem investir 1% em P&D.

PROINFA – Trata-se do Programa federal de garantia de geração para fontes alternativas (eólica, biomassa e PCH's) e foi criado pela Lei nº 10.438/2002 e regulamentado pelo Decreto nº 5.025/2004 e Resolução Homologatória ANEEL nº 930/2010. Tem como objetivo custear o funcionamento da ANEEL no exercício das duas atividades de fiscalização e regulação econômica, além do rateio dos custos e da energia elétrica contratada por meio do programa, levando em consideração o Plano Anual elaborado pelas Centrais Elétricas Brasileiras S/A (ELETROBRAS) e o mercado de energia verificado, cativo e livre. A Lei concedeu isenção aos consumidores da subclasse residencial Baixa Renda. Os custos da energia são repassados diretamente aos consumidores finais, pelas empresas distribuidoras de energia, exceto autoprodutores, por regime de quotas.

CCC – A CCC foi criada pela Lei nº 5.899/1973, art. 13, inciso III, e trata-se de um encargo do setor elétrico brasileiro pago por todas as concessionárias de distribuição e de transmissão de energia elétrica, de forma a subsidiar os custos anuais de geração em áreas ainda não integradas ao SIN, chamadas de SISOL. A partir da Lei 12.783/2013 o CCC foi incorporado pela CDE. Em maio de 2017, nos termos da Lei 13.360 de 2016, a CCEE assumiu a gestão financeira e operacional da CCC.

CDE – A CDE foi criada pela Lei nº 10.438/2002 com o objetivo de, dentre outras finalidades, promover a universalização do serviço de energia elétrica em todo o território nacional, custear os descontos nas tarifas concedidos a classes rural e residencial de baixa renda, garantir a competitividade da energia produzida a partir de fonte eólica, PCHs, biomassa, gás natural e carvão mineral. A partir da Lei 12.783/2013, as cotas passam a ser definidas em função dos recursos necessários para atingir suas finalidades e das demais receitas relacionadas à CDE. Também por meio da referida Lei, o CCC foi incorporado pela CDE. O Tesouro Nacional pode aportar recursos na conta da CDE, visando à modicidade das tarifas. O custo da CDE é rateado por todos os consumidores atendidos pelo SIN. O valor das cotas é calculado pela ANEEL e pago por todos os consumidores conectados ao SIN.

ESS – O ESS foi criado pelo Decreto nº 2.655/1998 com o objetivo de aumentar a confiabilidade e a segurança da oferta de energia no país. O custo é apurado mensalmente pela CCEE e é pago por todos os consumidores, cativos e livres, aos agentes de geração. Considera o custo do despacho de termoelétricas por ordem de mérito, por segurança energética, restrições operativas e serviços ancilares. Encargo de serviços do sistema (transmissão) – Cobrado para atender custo da usina térmica adicional expedição devido às restrições de transmissão (elétrica). – O despacho é centralizado e coordenado pelo ONS. Legislação: – Resolução ANEEL 173/2005. – Resolução ANEEL 290/2000.

Taxa de Agente – Taxa paga à CCEE com a finalidade de constituir a receita desta instituição para cobertura das suas despesas administrativas e operacionais. Ela é paga inclusive por autoprodutores.

EER – O ERR foi criado pela Lei nº 10.848/2004 e regulamentado pela RN nº 337/2008, com o objetivo de cobrir custos decorrentes da contratação de energia de reserva, incluindo os custos administrativos, financeiros e tributários. O rateio entre os usuários finais de energia elétrica do SIN, incluindo os consumidores livres e os autoprodutores apenas na parcela da energia decorrente da interligação ao SIN. É definido mensalmente pela CCEE, segundo fórmula prevista em resolução da ANEEL.

Por fim, há a **TE** – que compreende os custos de compra de energia elétrica para revenda (TE Energia), encargos (TE Encargos), custos de transmissão relacionados ao transporte e rede básica de Itaipu (TE Transporte) e os custos com perdas na rede básica devido ao mercado de referência de energia (TE Perdas) (ANEEL, 2017). A TE é cobrada pelas distribuidoras apenas dos consumidores cativos, pois os livres compram energia diretamente das comercializadoras ou dos geradores no ACL – particularidades são explicadas no tópico que trata dos aspectos regulatórios da GC.

Figura 62 – Tarifa de Energia e seus componentes

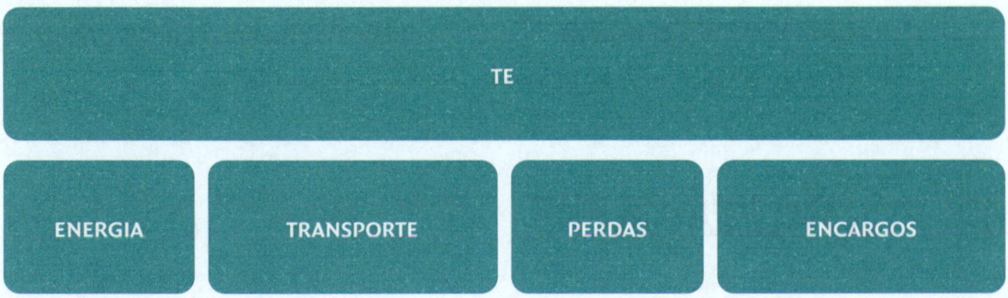

Fonte: *Adaptação do Consultor Jurídico (www.conjur.com.br)*

Na oportunidade, é interessante esclarecer que há duas modalidades tarifárias: a do Grupo A (que pagam pelo consumo e demanda da energia – tarifa binômia) e a do Grupo B (que pagam apenas pelo consumo da energia – tarifa monômia), ambas estabelecidas pela Resolução ANEEL 479/2012. Vale destacar que, embora o consumidor do Grupo B pague apenas pela parcela de energia, na composição tarifária existe a contabilização tanto da parcela de energia quanto da parcela de potência.

A Tarifa do Grupo A pode ser subdividia em: (i) Tarifa horária VERDE que é aplicável às unidades consumidoras atendidas pelo SIN com tensão de fornecimento inferior a 69 kV, (ii) Tarifa horária azul ou verde, de acordo com a opção do consumidor, aquelas com tensão de fornecimento inferior a 69 kV e demanda contratada igual ou superior a 300 kW; e (iii) na modalidade tarifária convencional binômia, ou horária azul ou verde, de acordo com a opção do consumidor, aquelas com tensão de fornecimento inferior a 69 kV e demanda contratada inferior a 300 kW, nos termos do Artigo 57, parágrafo 1º da RN nº 414/2010. Já na modalidade tarifária do Grupo B as tarifas se destinam às unidades consumidoras atendidas em tensão inferior a 2,3 kV.

Por fim, há as bandeiras tarifárias definidas pela ANEEL conforme os custos para produção de energia para determinado mês. O nível da água nas hidrelétricas é o principal fator. Na falta desse recurso, faz-se necessário o uso de termelétricas, o que acarreta no aumento do preço da conta de energia no seu estabelecimento.

O sistema é simples, composto por três bandeiras, sendo que uma possui dois patamares. São elas: (i) Bandeira verde: não existe reajuste no preço da conta, as condições de produção são favoráveis; (ii) Bandeira amarela: existe um pequeno reajuste – um centavo para cada kWh. Ou seja, R$ 1 para cada 100 kWh consumidos; (iii) Bandeira vermelha patamar 1: o reajuste aumenta para R$ 3 para cada 100 kWh consumidos e (iv) Bandeira vermelha patamar 2: o maior aumento possível, de R$ 5 para cada 100 kWh consumidos.

6 TRIBUTAÇÃO

No que tange à tributação, os tributos de grande relevância na GD com sistema de compensação são o ICMS e o PIS/COFINS cobrados sobre a energia injetada na rede. Eles incidem sobre toda a tarifa no caso da tarifa monômia (TE+TUSD).

O Convênio ICMS 16/15 autorizou os Estados a concederem isenção nas operações internas de energia oriundas de sistema de compensação. Assim, nos estados que aderiram ao Convênio, o ICMS incide somente sobre a diferença entre a energia consumida e a injetada na rede. Atualmente, 24 estados aderiram ao Convênio e possuem isenção sobre o crédito energético para empreendimentos até 1 MW. Minas Gerais foi além e estendeu a isenção para empreendimentos até 5 MW. A mesma mecânica – de isenção – foi adotada para o PIS/COFINS pela Lei Federal 13.169/15, (CONFAZ, 2015), (PLANALTO, 2015).

7 CONSULTA PÚBLICA 025/2019 – REVISÃO DA RN 482/2012

Quanto à publicação da RN. 687/2015 ficou estabelecido no voto da Diretoria que, em 2019, a Res. 482/2012 seria revista, com o foco no aspecto econômico. A primeira CP – CP nº 10/2018, AIR 0004/2018 – foi realizada em 2018 e sua proposta sugeria aperfeiçoamentos ao modelo do sistema de compensação de créditos de forma gradativa, considerando os avanços da geração.

De um lado, as distribuidoras e alguns consumidores alegavam que o atual Sistema de Compensação de Energia Elétrica não possibilitava a adequada remuneração pelo uso da rede de distribuição, transferindo custos aos demais usuários que não optaram por instalar geração própria. De outro lado, instaladores e consumidores interessados em geração própria ressaltavam os benefícios da GD à sociedade e consideravam que o modelo atual deveria permanecer, de modo a permitir a consolidação do mercado.

A primeira proposta do Governo animou instaladores e consumidores interessados em geração própria, na medida em que permitiria que "o mercado de GD se desenvolvesse (chegando a 1,25 GW de sistemas remotos e a 3,365 GW de sistemas de compensação local antes de qualquer mudança das regras atualmente vigentes), alcançando quase 22 GW em 2035, o que representa mais que a potência instalada das usinas hidrelétricas de Itaipu Binacional, Santo Antônio e Jirau juntas. Isso equivale a mais de 13% da capacidade de geração total instalada no país atualmente, com redução de emissão de CO_2 da ordem de 74 milhões de toneladas e com uma geração estimada de quase 550 mil empregos no período analisado" (ANEEL, 2018).

Inicialmente, a ANEEL previu gatilhos para que a GD, tanto local quanto remota, mudasse de alternativa, dando espaço para o mercado se manter em desenvolvimento. Ocorre que, a CP 025/2019, para a surpresa dos investidores, (e pouca surpresa das distribuidoras e também geradoras de energia) previu uma realidade mais dura.

Em razão de fortes influências, a proposta inicial do governo não logrou êxito e uma nova CP – CP nº 025/2019 e AIR nº 003/2019 – foi proposta. A audiência pública foi realizada na sede da Agência em Brasília, no dia 7 de novembro de 2019. O prazo para apresentação de contribuições foi estendido até 30/12/2019, mas devido aos impactos econômicos e fortes influências do mercado, o governo ainda não definiu se haverá ou não taxação sobre a GD. O assunto permanece em aberto, acelerando projetos que estavam prontos ou quase prontos e afugentando novos investidores de GD em razão da falta de segurança jurídica do modelo que será finalmente adotado (ANEEL, 2019).

Para se ter uma ideia da forte participação da sociedade, confira a Figura 63 na qual elenca, por categoria, os principais contribuintes para a discussão, por meio de contribuições documentais à CP 025/2019.

Figura 63 – Contribuições à CP ANEEL 025/2019

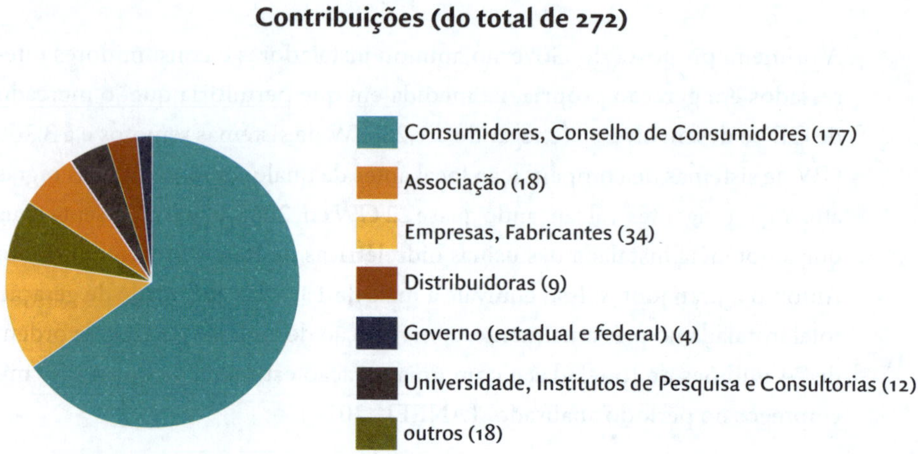

Fonte: *Nota Técnica nº 0078/2019-SRD/SGT/SRM/SRG/SCG/SMA – ANEEL, de 07/10/2019*

No cenário atual a GD está contemplada na Alternativa 0. Ou seja: a compensação da energia injetada na rede se dá por todas as componentes da TUSD e da TE. Neste caso, toda a energia injetada é retornada ao consumidor. Distribuidoras alegam que agem como "bateria" para tais consumidores, uma vez que 100% da energia injetada na rede é devolvida a eles. ANEEL alega que a manutenção das regras atuais indefinidamente pode levar a custos elevados para os consumidores que não instalarem geração própria (custos da ordem de R$ 23 bilhões, acumulados no período entre 2020 e 2035, referentes aos sistemas instalados nesse período).

Vale esclarecer que TUSD é o componente da tarifa atualmente subdividida em Fio, em que é cobrado do consumidor a parcela relativa ao transporte da energia mais a remuneração da distribuidora (Fio B) e/ou redes de distribuição ou de transmissão de terceiros (Fio A). Já os encargos reembolsam as distribuidoras dos custos com políticas públicas/encargos setoriais e tributos.

Já a TE, conforme explicado anteriormente, é cobrada dos consumidores cativos e compreende os custos de compra de energia elétrica para revenda (TE Energia), encargos (TE Encargos), custos de transmissão relacionados ao transporte e rede básica de Itaipu (TE Transporte) e os custos com perdas na rede básica devido ao mercado de referência de energia (TE Perdas), (ANEEL, 2017).

Já a CP 025/2019 sugeriu o seguinte: a partir da **alternativa 1** a energia gerada pelo consumidor passaria a valer menos, pois o valor da transmissão fio B não seria compensado. Esse componente equivale a quase 30% do valor da conta de energia. Na **alternativa 2** tanto a transmissão fio B, quanto a transmissão fio A, deixariam de ser contabilizadas, de modo que a energia injetada na rede valeria 34% a menos. Na **alternativa 3**, os encargos da TUSD seriam excluídos da compensação e o consumidor passaria a pagar, também, pela parcela do transporte e dos encargos. Com isso, a energia gerada pelo consumidor teria um valor 42% inferior. Além de todos os custos anteriores, na **alternativa 4** o consumidor também pagaria pelas perdas de energia. Assim, seu desconto na conta de energia seria 49% inferior. Por fim, o cenário 5 deixa de compensar, além de todos os outros itens já citados, os encargos da TE. Sendo assim, o consumidor passaria a pagar por todos os componentes da TE, com exceção da parcela de energia propriamente dita da TE. Isso equivale a uma perda de 63% do aproveitamento da compensação de energia, e um reaproveitamento de apenas 37% dos créditos da energia injetada.

A proposta da ANEEL na CP 025/2019 para GD Local foi no sentido de que instalações existentes e protocoladas até a publicação da norma fossem mantidas na Alternativa 0 até 2030, quando passariam para Alternativa 5.

Já Instalações após publicação da norma começariam na Alternativa 2 até atingir 4,7 GW de potência instalada no país, quando passariam para Alternativa 5.

Se analisarmos a Figura 64, a seguir, constataremos que ao longo das Alternativas, parte da energia injetada passa a ficar "retida" pela distribuidora, que, por sua vez, deixa de agir como bateria de 100% da energia injetada em sua rede, em prol do consumidor/gerador. Para se ter uma ideia na Alternativa 2 e na

Alternativa 5, 34% kWh e 63% kWh, ficarão retidos, respectivamente. Ou seja, uma diferença brutal do atual cenário.

Figura 64 – Geração Distribuída Local – Consulta Pública 025/2019 – GD Local

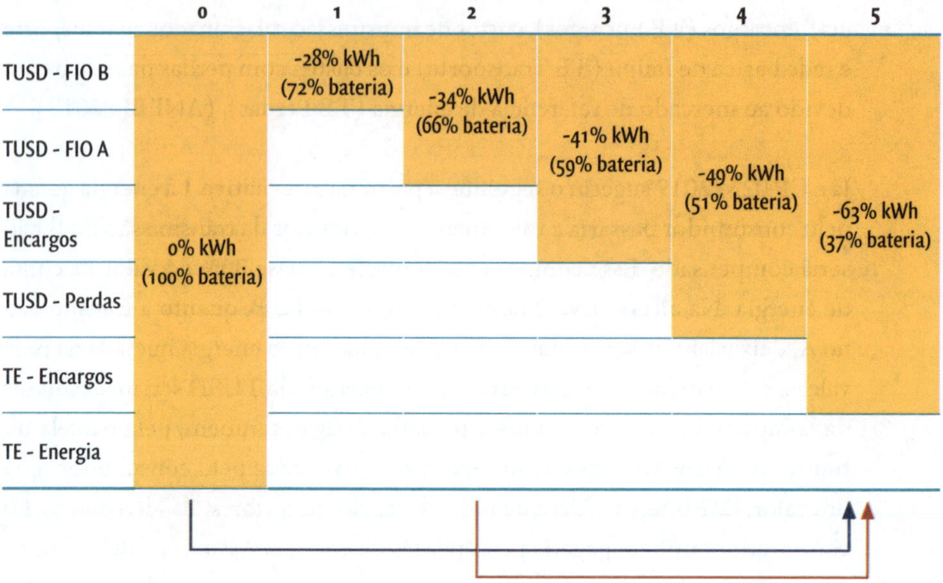

Fonte: *Elaboração própria*

Na Alternativa 2 há a incidência Fio A e Fio B. As componentes referentes ao transporte (Fio A e Fio B) incidiriam sobre toda a energia consumida da rede. As demais parcelas da tarifa continuariam incidindo sobre a diferença entre a energia consumida e a energia injetada na rede.

Já na Alternativa 5 incide toda a TUSD e os encargos e demais componentes da TE. Neste caso, apenas a componente de Energia da TE incidiria sobre a diferença entre a energia consumida e a energia injetada na rede. As demais componentes tarifárias incidiriam sobre toda a energia consumida da rede.

Segundo a ANEEL "os cálculos apontam que a aplicação da Alternativa 2 quando iniciada a vigência da nova norma, e a posterior aplicação da Alternativa 5 quando atingida a potência instalada de aproximadamente 5,9 GW em todo o país, resultariam em 11,7 GW instalados até 2035, com uma redistribuição de custos aos demais agentes da ordem de R$ 1 bilhão no período de análise (sendo que cerca de 90-95% desse valor é arcado pelos demais usuários da rede e o percentual restante pela distribuidora). Por outro lado, no cenário proposto, há indícios otimistas de que o setor elétrico tenha um VPL positivo, diante dos potenciais benefícios da GD." (ANEEL, Relatório de AIR n.º 003/2019-SRD/SGT/SRM/SRG/SCG/SMA/ANEEL, de 07/10/2019).

No caso da GD Remota, conforme se verifica da Figura 65 a seguir, as instalações já existentes e protocoladas até a publicação da norma sairiam da Alternativa 0 até 2030 e passariam para Alternativa 5. Já para instalações após publicação da norma seria aplicado diretamente na Alternativa 5. Logo, um deslocamento da Alternativa 0 direto para a Alternativa 5, sem qualquer gradação, dificulta a tomada de decisão dos investidores, uma vez que a diferença de retenção da energia injetada na rede é assustadoramente desproporcional – de 0% kWh para 63% kWh, nas Alternativas 0 e 5, respectivamente.

Figura 65 – Geração Distribuída Remota – Consulta Pública 025/2019 - GD Remota

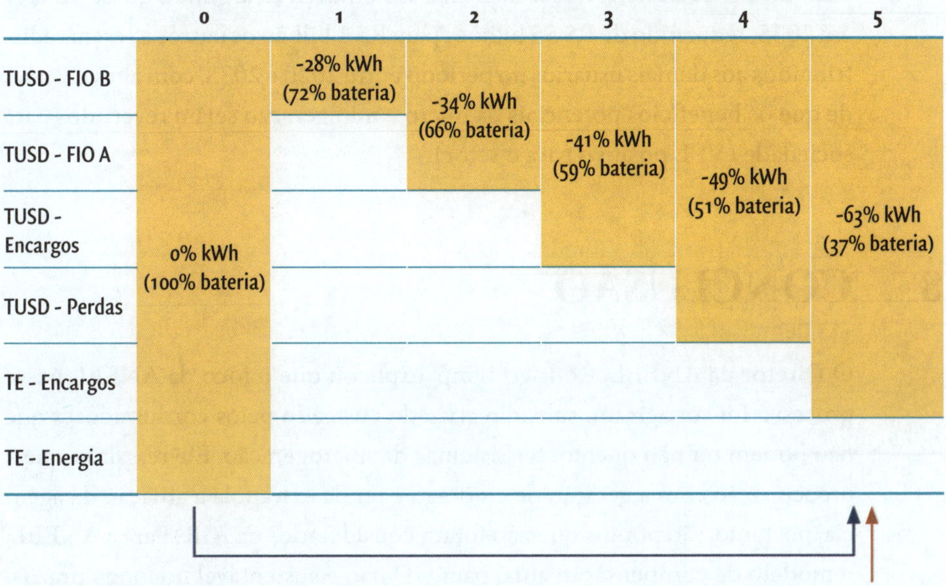

Fonte: *Elaboração própria*

Segundo a ANEEL, no que tange à "geração instalada em unidades consumidoras para compensação remota, os cálculos da AIR mostram que a manutenção da regra atualmente vigente para o Sistema de Compensação de Energia, associada à nova proposta de contratação do uso da rede levada para CP que será instaurada, pode levar a custos de mais de R$ 32 bilhões para os demais usuários (valores acumulados no período entre 2020 e 2035, referentes aos sistemas instalados nesse período). A postergação da aplicação da Alternativa 5 não se mostrou viável nos cenários simulados, indicando a necessidade de sua aplicação já no início da vigência da revisão da norma" (ANEEL, Relatório de AIR nº 003/2019-SRD/SGT/SRM/SRG/SCG/SMA/ANEEL, de 07/10/ 2019).

A posição da ANEEL não considera que qualquer uma das alternativas da AIR para a GD Local altera a atratividade do investimento que mantém o retorno do investimento em um patamar atrativo em qualquer um dos cenários projetados pela agência reguladora. Há sim uma perda de atratividade, principalmente na alternativa 5 em que a GD remota é inviabilizada.

ANEEL defende que a estratégia apresentada nesta AIR permitiria que o mercado de GD se desenvolvesse de forma sustentável, alcançando quase 12 GW em 2035, reduzindo de R$ 55 bilhões para R$ 1 bilhão os custos a serem redistribuídos aos demais usuários no período entre 2020 e 2035, com altas chances de que os benefícios potenciais da micro e minigeração sejam revertidos para sociedade (VPL positivo para o setor).

8 CONCLUSÃO

O Diretor da ANEEL, Rodrigo Limp, explicou que o foco da ANEEL nesse processo foi corrigir um subsídio cruzado custeado pelos consumidores que não podem ou não querem ter sistemas de microgeração. Ele ressaltou que a preocupação com a geração de emprego e renda extrapola a atuação da agência, portanto, são pontos que não foram considerados na AIR. Para a ANEEL, o modelo de compensação atual para GD não é sustentável no longo prazo e precisa ser corrigido.

No entanto, não podemos desconsiderar a contribuição que a GD oferece ao sistema elétrico, especialmente a geração solar FV, seja do ponto de vista físico, ambiental, econômico ou social. Do ponto de vista social, uma empresa integradora, aquela que presta o serviço de instalação do sistema solar, tem em média sete pessoas trabalhando. Isto possibilita um desenvolvimento local e uma maior distribuição da renda, além de alavancar e promover o desenvolvimento de microempreendedores. No entanto, apesar de todos estes pontos positivos, a geração de postos de trabalho e a mitigação das emissões de poluentes não tiveram o devido tratamento na NT 108/2018 ANEEL, sendo batizadas como externalidades, que foram apenas mensuradas e não devidamente valorizadas, (Rodrigo Calili).

Entendemos que essa posição do Rodrigo Limp é questionável. Segundo o professor da PUC-Rio, Rodrigo Calili: "A legislação brasileira já prevê incentivos para estimular o desenvolvimento de novos projetos de geração renovável, denominados incentivados (Lei no 9.427, de 26 de dezembro de 1996). Possuem direito ao desconto na TUSD e na TUST os empreendimentos caracterizados PCHs, CGHs e aqueles com base em fonte solar, eólica, biomassa e cogeração qualificada, cuja potência injetada nos sistemas de transmissão ou distribuição seja menor ou igual a 30.000 kW. É inegável que o sistema de compensação adotado provoca um repasse dos custos da distribuição, TUSD essencialmente, para os consumidores que não podem ou não querem optar por terem sua geração própria. Sugere-se, assim, que também sejam concedidos aos projetos de GD descontos em suas tarifas de distribuição e transmissão, bem como encargos, nos moldes dos que já vêm sendo praticados aos projetos de maior dimensão."

REFERÊNCIAS BIBLIOGRÁFICAS

ANEEL (2019). Editais de Licitação [Online]. Disponível em: <https://www.aneel.gov.br/geracao4>. Acesso em: 14 jan 2020.

ANEEL (2019). Geração Distribuída [Online]. Disponível em: <https://www.aneel.gov.br/informacoes-tecnicas/-/asset_publisher/CegkWaVJWF5E/content/geracao-distribuida-introduc-1/656827>. Acesso em: 14 jan 2020.

ANEEL (2019). Consulta Pública 025/2019 [Online]. Disponível em: <https://www.aneel.gov.br/consultas-publicas?p_p_id=participacaopublica_WAR_participacaopublicaportlet&p_p_lifecycle=1&p_p_state=normal&p_p_mode=view&p_p_id=participacaopublica_WAR_participacaopublicaportlet&_participacaopublica_WAR_participacaopublicaport>. Acesso em: 14 jan 2020.

ANEEL (2016). Encargos [Online]. Disponível em: <https://www.aneel.gov.br/espaco-do-empreendedor/-/asset_publisher/uPv0Vn1PiOn9/content/encargos/654800?inheritRedirect=false>. Acesso em: 14 jan 2020.

ANEEL (2019). PPT Geração Distribuída – regulamentação atual e processo de revisão [Online]. Disponível em: <https://www.aneel.gov.br/documents/655804/14752877/Gera%C3%A7%C3%A3o+Distribu%C3%ADda+%E2%80%93+regulamenta%C3%A7%C3%A3o+atual+e+processo+de+revis%C3%A3o.pdf/3def5a2e-baef-bb59-2ce1-4f69a9cb2d88>. Acesso em: 14 jan 2020.

ANEEL (2017). "Procedimentos de Regulação Tarifária" – PRORET: Módulo 7 – Estrutura Tarifária das Concessionárias de Distribuição de Energia Elétrica [Artigo]. Brasília: [s.n.], 2017b. v. Submódulo 7.1, ver. 2.4.

ANEEL (2019). Relatório de AIR nº 003/2019-SRD/SGT/SRM/SRG/SCG/SMA/ANEEL, de 07/10/2019. [Online]. Disponível em: <https://www.aneel.gov.br/consultas-publicas?p_p_id=participacaopublica_WAR_participacaopublicaportlet&p_p_lifecycle=2&p_p_state=normal&p_p_mode=view&p_p_cacheability=cacheLevelPage&p_p_col_id=column-2&p_p_col_pos=1&p_p_col_count=2&_participacaopublica_WAR>. Acesso em: 14 jan 2020.

ANEEL (2018) Relatório de AIR nº 0004/2018-SRD/SCG/SMA/ANEEL, de 06/12/2018 [Online]. Disponível em: <https://www.aneel.gov.br/documents/656877/18485189/6+Modelo+de+AIR+-+SRD+-+Geração+Distribuida.pdf/769daa1c-51af-65e8-e4cf-24eba4f965c1>. Acesso em: 14 jan 2020.

ANEEL (2012). Resolução Normativa 482 de 17 de abril de 2012 [Online]. Disponível em: <http://www2.aneel.gov.br/cedoc/ren2012482.pdf>. Acesso em: 14 jan 2020.

ANEEL (2015). Resolução Normativa 687 de 24 de novembro de 2015 [Online]. Disponível em: <http://www2.aneel.gov.br/cedoc/ren2015687.pdf>. Acesso em: 14 jan 2020.

BAPTISTA, Danilo Febroni. "Estrutura da tarifa branca de Energia Elétrica no Brasil: Análise crítica e proposição metodológica". [Relatório]. Dissertação apresentada como requisito parcial para obtenção do grau de Mestre pelo Programa de Pós-Graduação em Metrologia. Rio de Janeiro: PUC-Rio, 2016.

CALILI, Rodrigo Flora. " Regulação e Tarifa de Energia". Apresentação da Pós-Gradução *Latu Sensu* de Energia Solar. Rio de Janeiro: PUC-Rio, [s.n.], 2019.

CARRILHO, Mariana Mortari & SILVA, João Paulo Corrêa da Costa e. "Modelos de Negócios em Geração Distribuída no Brasil: experiências internacionais e novas oportunidades". [Relatório]. Projeto de Gradução – Engenharia de Produção. Rio de Janeiro: PUC-Rio, 2018.

CCEE (2019). [Online] Disponível em: <https://www.ccee.org.br/portal/faces/pages_publico/onde-atuamos/comercializacao?_afrLoop=653865556586364&_adf.ctrl-state=u07jg80ch_1#!%40%40%3F_afrLoop%3D653865556586364%26_adf.ctrl-state%3Du07jg80ch_5>. Acesso em: 17 jan 2020.

CELULOSE ONLINE (2019). [Online]. Disponível em: <https://www.celuloseonline.com.br/as-7-maiores-usinas-solares-em-operacao-no-brasil/>. Acesso em: 17 jan 2020.

CONAMA (2001). Resolução 279 de 27 de junho de 2001 [Online]. Disponível em: <http://www2.mma.gov.br/port/conama/legiabre.cfm?codlegi=277>. Acesso em: 16 jan 2020.

CONFAZ (2015). Convênio ICMS 16 de 22 de abril de 2015 [Online]. Disponível em: <https://www.confaz.fazenda.gov.br/legislacao/convenios/2015/CV016_15>. Acesso em: 15 jan 2020.

EPE. Projeções da Demanda de Energia Elétrica 2017-2026 [Relatório]. Rio de Janeiro: Empresa de Pesquisa Energética, 2017.

FONTES. Ruy. "Energia Solar: Conheça as regras da autogeração para evitar problemas com seu sistema". [Online]. Blus Sol – ANEEL/Energia Solar, 2019. Disponível em: <https://blog.bluesol.com.br/aneel-energia-solar/>. Acesso em: 17 jan 2020.

LIMA, Danilo de Brito. "Guia de constituição de cooperativas de geração distribuída fotovoltaica". [Online]. Somos Cooperativismo, 2018. Disponível em: <https://www.somoscooperativismo.coop.br/publicacao/33/guiade-constituicao-de-cooperativas-de-geracao-dis>. Acesso em: 15 jan 2020.

NASCIMENTO, Rodrigo Limp. "Energia Solar no Brasil: Situação e Perspectivas". [Relatório]. Brasília: Câmara dos Deputados, 2017.

PADIS (2019). Ministério da Economia Comércio Exterior e Serviços [Online]. Disponível em: <http://www.mdic.gov.br/index.php/competitividade-industrial/ce-bim/105-assuntos/competitividade-industrial/474-regime-de-autopecas-nao-produzidas-ex-tarifarios-de-autopecas-10>. Acesso em: 16 jan 2020.

PLANALTO (1957). Decreto 41.019 de 26 de fevereiro de 1957 [Online]. Disponível em: <http://www.planalto.gov.br/ccivil_03/decreto/Antigos/D41019.htm>. Acesso em: 22 jan 2020.

PLANALTO (1988). Lei 7.689 de 15 de dezembro de 1988 [Online]. Disponível em: <http://www.planalto.gov.br/ccivil_03/LEIS/L7689.htm>. Acesso em: 22 jan 2020.

PLANALTO (1996). Decreto 2.003 de 10 de setembro de 1996 [Online]. Disponível em: <http://www.planalto.gov.br/ccivil_03/decreto/D2003.htm>. Acesso em: 22 jan 2020.

PLANALTO (1996). Lei 9.427 de 26 de dezembro de 1996 [Online]. Disponível em: http://www.planalto.gov.br/ccivil_03/LEIS/L9427cons.htm>. Acesso em: 22 jan 2020.

PLANALTO (1996). Lei 9.430 de 27 de dezembro de 1996 [Online]. Disponível em: http://www.planalto.gov.br/ccivil_03/Leis/L9430compilada.htm>. Acesso em: 23 jan 2020.

PLANALTO (1998). Lei 9.648 de 27 de maio de 1998 [Online]. Disponível em: http://www.planalto.gov.br/ccivil_03/leis/L9648cons.htm>. Acesso em: 22 jan 2020.

PLANALTO (1998). Decreto 2.655 de 02 de julho de 1998 [Online]. Disponível em: <http://www.planalto.gov.br/ccivil_03/decreto/D2655.htm>. Acesso em: 22 jan 2020.

PLANALTO (2003). Lei 10.833 de 29 de dezembro de 2003 [Online]. Disponível em: <http://www.planalto.gov.br/ccivil_03/leis/2003/L10.833.htm>. Acesso em: 22 jan 2020.

PLANALTO (2004). Lei 10.848 de 15 de março de 2004 [Online]. Disponível em: <http://www.planalto.gov.br/ccivil_03/_Ato2004-2006/2004/Lei/L10.848.htm>. Acesso em: 22 jan 2020.

PLANALTO (2004). Decreto 5.163 de 30 de julho de 2004 [Online]. Disponível em: <http://www.planalto.gov.br/ccivil_03/_Ato2004-2006/2004/Decreto/D5163.htm>. Acesso em: 22 jan 2020.

PLANALTO (2007). Lei 11.488 de 15 de junho de 2007 [Online]. Disponível em: <http://www.planalto.gov.br/ccivil_03/_Ato2007-2010/2007/Lei/L11488.htm>. Acesso em: 22 jan 2020.

PLANALTO (2013). Lei 12.783 de 11q de janeiro de 2013 [Online]. Disponível em: <http://www.planalto.gov.br/ccivil_03/_Ato2011-2014/2013/Lei/L12783.htm>. Acesso em: 22 jan 2020.

PLANALTO (2015). Lei 13.169 de 06 de outubro de 2015 [Online]. Disponível em: <http://www.planalto.gov.br/ccivil_03/_Ato2015-2018/2015/Lei/L13169.htm>. Acesso em: 22 jan 2020.

SOUZA, Luiz Felipe Falcone de. CCEE – Implantação e integração de novos empreendimentos de transmissão e geração de energia ao sistema elétrico brasileiro. São Paulo: [s.n.], 2018.

CAPÍTULO 10
ANÁLISE REGULATÓRIA E ECONÔMICA - GERAÇÃO DISTRIBUÍDA

Carlos Bastian

PARTE 2 – ANÁLISE ECONÔMICA

1 INTRODUÇÃO

A GD no Brasil vem crescendo a taxas expressivas e mesmo exponenciais, especialmente em função do advento da tecnologia Solar FV, a qual proporciona oportunidades de instalação diversa, pulverizada e em escalas não possíveis para outras fontes renováveis.

A regulamentação referente à GD, contrariamente a outros países ou regiões no mundo, não permite a remuneração financeira pela venda da energia gerada dessa forma. Em determinados países, como na Itália, a GD foi fortemente incentivada inclusive remunerada por uma tarifa especial subsidiada denominada *Feed-In Tariff* como forma de levar os usuários a instalarem sistemas FV residenciais e mesmo comerciais, em função das características dessa modalidade de geração elétrica: os investimentos em geração desse tipo não implicam em aportes de capital por parte de empresas privadas ou mesmo públicas, as quais precisam de retorno sobre esse investimento, pois essa é a principal motivação do investimento de capital.

O investimento em GD é realizado por participantes pulverizados com o objetivo principal de futura economia em conta de energia ou mesmo por vocação em participar de uma geração de energia renovável de baixo impacto no meio ambiente. Dessa forma permite a expansão da capacidade de geração de um país sem necessidade de participação do capital de investimento e aportes diretos governamentais. Ainda assim, em função dos então altos custos relacionados aos painéis FVs, era necessária a participação dos órgãos governamentais reguladores e econômicos de forma a incentivar participação desse capital pulverizado de GDFV.

Por outro lado, agora pela ótica do regulador e dos gestores da infraestrutura de distribuição de energia do país em questão, a GDFV não causaria problemas e desequilíbrios desde que mantida a níveis residuais e sem impacto nos sistemas de transmissão e distribuição. No entanto a adesão de forma maciça e exponencial sinalizou para os reguladores que a GDFV pode causar em um futuro, ainda distante, problemas de equilíbrio no controle do sistema de transmissão e distribuição, além, é claro, de queda de receita para investidores e atuais participantes do sistema atual.

2 MODELOS DE ASSOCIAÇÃO E FORMAS DE UTILIZAÇÃO DA GDFV NO BRASIL

No caso brasileiro, a GDFV tem regulação própria e não permite venda remunerada ($) da energia gerada. Ele se baseia especialmente na produção de energia para consumo próprio, em pequena escala, com baixo custo e baixas perdas de transmissão, por ser essencialmente local. Em função dessas características pode-se sugerir que majoritariamente se destina a uso em telhados e coberturas próprias, e uso em outras propriedades próprias dentro da área de atuação da mesma distribuidora.

Esse tipo de instalação, contrariamente à GC, é de menor capacidade e também de menor eficiência: geralmente instalações sem "tracking", no entanto próximas ao ponto de consumo. Na medida em que não é permitida remuneração financeira da geração, é essencial que as instalações possam ter acesso à rede de distribuição para compensação por sistema bidirecional, chamado de *net metering*, no qual pode ser gerado mais que o consumo instantâneo de forma a compensar por créditos de energia seja em outro horário, outro local ou mesmo outra atividade. Sem essa capacidade não haveria a demanda tão significativa por instalações de GDFV, visto que só podem produzir energia nos momentos de insolação do dia.

Portanto, e conforme muito bem descrito na parte 1 deste capítulo que aborda os aspectos regulatórios de GDFV, não somente é permitida a geração/consumo bidirecional e compensação de energia, como também o uso/produção compartilhado de GDFV. Esses usos compartilhados são por condomínios, cooperativas e consórcios, mas sempre considerando que não há comercialização de energia nessas modalidades de associação.

No entanto diversos empreendedores implementam atividades remuneradas com os modelos associativos acima, especialmente porque a compensação por sistema bidirecional no Brasil não penaliza de nenhuma forma o uso da rede de distribuição como "bateria" para a GDFV.

Existem seis possibilidades de cobrança por uso do sistema de compensação, são as alternativas de 0 a 5, em que a compensação irá de 0% (alternativa 0), a

72% (alternativa 1), 66% (alternativa 2), 59% (alternativa 3), 51% (alternativa 4) e finalmente 37% (alternativa 5).

Na medida em que foi acompanhado pela ANEEL o crescimento exponencial, acima do esperado, conforme mostrado na Figura 66, a ANEEL preparou um estudo com objetivo de antecipar a "cobrança" pelo uso da rede de distribuição pelos usuários de GDFV, locais, remotos e associados.

Figura 66 – Evolução da potência instalada – micro e minigeração

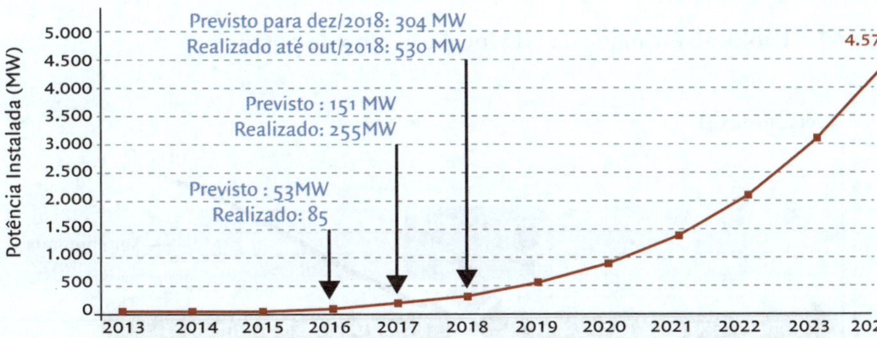

Fonte: *Adaptado da ANEEL, AIR nº 0004/2018*

3 EXPECTATIVA DE CRESCIMENTO DA BASE INSTALADA DE GDFV

A expectativa de crescimento da GDFV suscitou reação da ANEEL e de outras entidades reguladoras de forma a procurar um equilíbrio de longo prazo sem provocar os problemas ocorridos em outros países, especialmente europeus, nos quais o dimensionamento dos incentivos à instalação de GDFV levou a problemas especialmente junto às distribuidoras de energia.

Apesar de não haver investimento de capital coorporativo na GDFV, a própria ANEEL sugere em seu AIR nº 0004/2018, que o prazo de retorno sobre o investimento dos sistemas locais de GDFV se daria num prazo (*payback* descontado)

de aproximandamente 4 anos, apesar do alto custo ainda dos painéis solares importados. Esse prazo de retorno considera uma taxa de desconto de 12% a.a.

A 1ª proposta de alteração das regras de compensação bidirecional, elaborada pelo AIR nº 0004/2018, em dezembro de 2018, previa "gatilhos" diferenciados para GDFV local e remota. Estes podem ser vistos nas Figura 67 e Figura 68 abaixo. Nesses cenários, na geração local, seria atingida a marca de 17 GW em 2035 (valor quase equivalente à potência instalada das usinas de Belo Monte, Santo Antônio e Jirau juntas). No mesmo prazo a geração remota deveria atingir 4,5 GW, mesmo com acionamento de dois gatilhos previstos.

Figura 67 – Evolução estimada da GD **local** e gatilho de potência

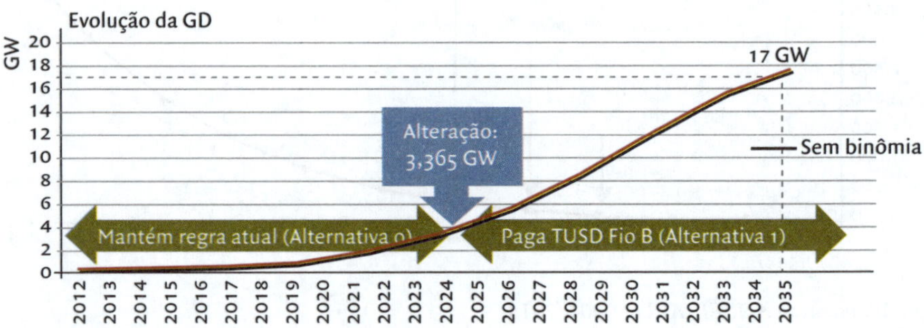

Fonte: *Adaptado da ANEEL, AIR nº 0004/2018*

Figura 68 – Evolução estimada da GD **remota** e gatilhos de potência

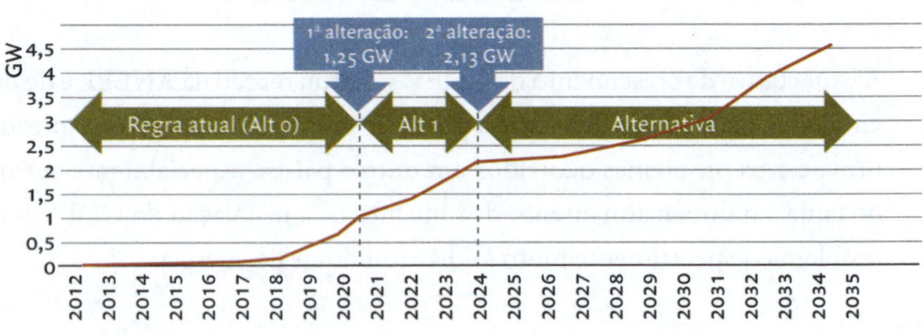

Fonte: *Adaptado da ANEEL, AIR nº 0004/2018*

Ainda nessa AIR nº 0004/2018, a Agência Reguladora projetou o efeito das alterações de Alternativas de 0 para os gatilhos propostos nas figuras anteriores. Essa expectativa levou a Agência Reguladora a propor alterações no sistema de *net metering* conforme as alternativas já existentes. O efeito esperado de redução do número acumulado de instalações de microgeração pode ser visto na Figura 69.

Figura 69 – Projeção do número acumulado de microgeração instalada nos diferentes cenários

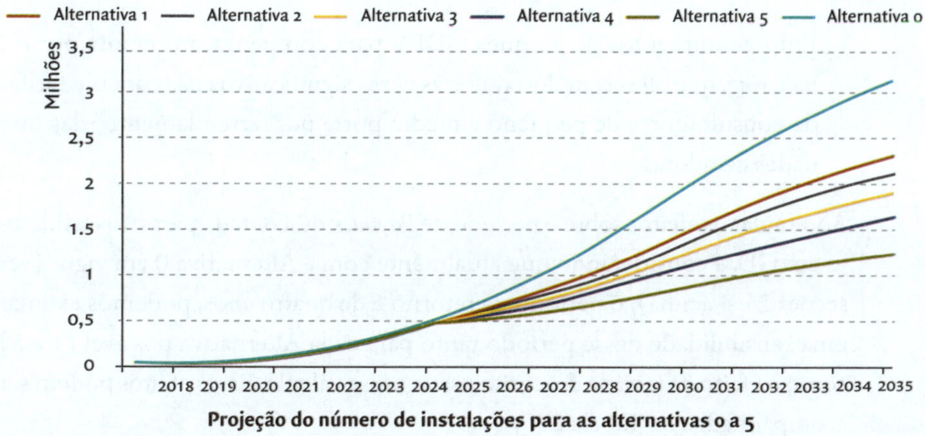

Fonte: *Adaptado da ANEEL, AIR nº 0004/2018*

Portanto, é evidente o efeito da redução de compensação por qualquer alternativa que vier a ser adotada.

4 REVISÃO REGULATÓRIA EM CURSO

Antes do fim do ano de 2019, a ANEEL pôs em CP (025/2019) uma proposta de revisão das normas em vigor que alteraria drasticamente a expectativa dos *stakeholders* envolvidos em todas as dimensões da GDFV. Em rápida análise, a nova proposta obrigaria todos os novos empreendimentos a adotarem imediatamente a Alternativa 5, e os empreendimentos já existentes passariam a essa alternativa após dez anos. A própria ANEEL prevê que o período de *payback* descontado passaria para nove anos, o que é considerado extremamente alto para uma ambiente de negócios como o brasileiro.

A revisão, ora em CP 025/2019, tanto para GD Local e Remota deverá impactar fortemente na expansão da base de sistemas instalados, assim como nos negócios envolvidos. Estes podem ser listados como:

- Pequenos e médios empreendimentos que instalam seus parques geradores FV para consumo próprio tanto locais quanto remotos, constando com sistemas bidirecionais (*net metering*) de compensação por créditos de energia;
- Empresas de instalação de sistemas de pequeno porte, residenciais, comerciais, condomínios, consórcios, cooperativas etc.;
- Empreendimentos de parques GDFV para compensação remota por *net metering*, que oferecem descontos às vezes significativos nas contas e tarifas de consumidores de pequeno e médio porte por "arrendamento" das unidades geradoras.

Ao simular os efeitos sobre o período de *Payback* descontado para o investimento em GD, e considerando que atualmente com a Alternativa 0 em vigor (ver seções 2 e 4 acima), o período de retorno é de quatro anos, podemos estimar uma sensibilidade desse período tanto para cada Alternativa possível (1 a 5) como o efeito da taxa de desconto usada nesse cálculo. Esses efeitos podem ser acompanhados na Tabela 20.

Tabela 20 – Sensibilidade do período de *Payback* descontado, a Taxa de Desconto usada e a Alternativa proposta sendo a Alternativa 0 o caso base

Alternativa:	Custo % sobre KWh	*Payback* (anos)			
		Taxa 6%	Taxa 8%	Taxa 10%	Taxa 12%
0 (CASO BASE)	0%	4	4	4	4
1	28%	6	6	7	7
2	34%	7	7	8	8
3	41%	8	8	9	9
4	49%	10	10	11	12
5	63%	15	17	21	>25

Fonte: *Análise dos autores sobre dados ANEEL*

Apesar de a ANEEL sugerir o uso de uma taxa de 12% de desconto para esse cálculo, em função da percepção de risco do investidor muitas vezes pessoa física, a taxa não é muito adequada para a situação presente e mesmo para períodos futuros, em função da queda acentuada da taxa de juros no país desde a última análise da ANEEL. Por esse motivo foi realizada uma sensibilidade, em termos reais, ou seja, sem inflação, desta taxa desde 6% ao ano até 12% a a.

Pode ser visto que mesmo com uma taxa de 6%, o período de *Payback* considerando a Alternativa 5 proposta pelo Regulador, passa para 15 anos, portanto muito longa para qualquer tipo de investidor. No caso de 12% de taxa de desconto, esse período seria superior a 25 anos, inviabilizando o investimento pela própria vida útil dos painéis solares, estimada em 25 anos. Ainda é importante apontar para o fato já levantado anteriormente que o investidor em GD tem seu Fluxo de Caixa Livre advindo da redução líquida de custo de energia consumida e, portanto, não pode ser comparado ao investidor de capital corporativo, para o qual o Fluxo de Caixa deve considerar IR, O&M, custos administrativos, e eventuais juros de financiamento de capital de terceiros.

5 CONCLUSÕES

A GDFV tem grande capacidade de aumentar a capacidade instalada de geração do Brasil sem custos de capital diretos e riscos de investimento corporativos. Apesar desse aspecto positivo, a GDFV deve levar a necessários investimentos em infraestrutura das geradoras para suportar o incremento futuro de carga bidirecional. Portanto a regulação precisa prever esse aspecto no aumento de capacidade de geração instalada. A proposta da ANEEL se suporta exclusivamente nessa premissa, mas não considera os efeitos positivos da energia limpa e renovável FV, nem os efeitos de disseminação de riqueza por promover um setor de atividade de serviços e indústria necessários para prover a expansão da base de geração em GDFV.

Todo o setor envolvido com a GDFV se encontra em compasso de espera em função da expectativa do que será decidido quanto à nova regulamentação e quais alternativas serão adotadas para o *net metering*, fundamental para a GDFV.

REFERÊNCIAS BIBLIOGRÁFICAS

ANEEL (2009). PPT Geração Distribuída – regulamentação atual e processo de revisão [Online]. Disponível em: <https://www.aneel.gov.br/documents/655804/14752877/Gera%C3%A7%C3%A3o+Distribu%C3%ADda+%E2%80%93+regulamenta%C3%A7%C3%A3o+atual+e+processo+de+revis%C3%A3o.pdf/3def5a2e-baef-bb59-2ce1-4f69a9cb2d88>. Acesso em: 12 mai. 2020.

ANEEL (2018). Relatório de AIR nº 0004/2018-SRD/SCG/SMA/ANEEL, de 06/12/2018 [Online]. Disponível em: <https://www.aneel.gov.br/documents/656877/18485189/6+Modelo+de+AIR+-+SRD+-+Geração+Distribuida.pdf/769daa1c-51af-65e8-e4cf-24eba4f965c1>. Acesso em: 12 mai. 2020.

CALILI, Rodrigo Flora. "Regulação e Tarifa de Energia". Apresentação da Pós-Gradução Latu Sensu de Energia Solar. PUC-Rio: Rio de Janeiro, [s.n.], 2019.

CHOUDHARY, P. & SRIVASTAVA, R. K. "Sustainability Perspectives-A Review for Solar Photovoltaic Trends and Growth Opportunities". *Journal of Cleaner Production*, 2019.

FERREIRA, A.; KUNH, S. S.; FAGNANI, K. C.; DE SOUZA, T. A.; TONEZER, C.; SANTOS, G. R. DOS & COIMBRA-ARAÚJO, C. H. "Economic Overview of the Use and Production of Photovoltaic Solar Energy in Brazil". *Renewable and Sustainable Energy Reviews, 81*, 2018, p. 181-191.

MOOSAVIAN, S. M.; RAHIM, N. A.; SELVARAJ, J. & SOLANGI, K. H. "Energy Policy to Promote Photovoltaic Generation". *Renewable and Sustainable Energy Reviews*, 25, 2013, p. 44-58.

TORANI, K.; RAUSSER, G. & ZILBERMAN, D. "Innovation Subsidies Versus Consumer Subsidies: A Real Options Analysis of Solar Energy". *Energy Policy*, 92, 2016, p. 255-269.

CAPÍTULO 11

ANÁLISE REGULATÓRIA E ECONÔMICA – SISTEMAS ISOLADOS

Luciana Piragibe e Carlos Bastian

1 INTRODUÇÃO

A Lei nº 12.111, de 09/12/2009 e o Decreto nº 7.246, de 28/07/2010, dispõem sobre SISOL e estabelecem um conjunto de medidas consolidadas de política setorial para os SISOL.

SISOL são, nos termos do Decreto 7.246/2010, art. 2º, III "os sistemas elétricos de serviço público de distribuição de energia elétrica que, em sua configuração normal, não estejam eletricamente conectados ao SIN, por razões técnicas ou econômicas".

Razões técnicas podem ser entendidas, por exemplo, como ausência de escala ou baixa demanda, ao passo que razões econômicas podem ser exemplificadas como necessidade de altos investimentos em transmissão em regiões de difícil acesso (Brasil, 2010), (Ribeiro et al., 2012).

O Decreto nº 7.246/2010 também estabeleceu que o suprimento em áreas isoladas deveria buscar a eficiência econômica e energética, a mitigação de impactos ao meio ambiente e a utilização de recursos energéticos locais, visando atingir a sustentabilidade econômica da geração de energia elétrica.

2 SISTEMAS ISOLADOS

No Brasil, há cerca de 250 SISOL, concentrados na região Norte. Tais sistemas somam apenas 1% do consumo total de energia elétrica do país, representam cerca de 40% do território nacional e atendem a cerca de 3 milhões de consumidores (EPE, 2018). Os estados que integram tal sistema são: Acre, Amazonas, Amapá, Mato Grosso, Pará, Rondônia, Roraima e ilha de Fernando de Noronha, pertencente ao estado de Pernambuco (Elétrica, 2017).

A Tabela 21 traz a relação dos estados, suas distribuidoras, números de sistemas e média de potência em MWh. Nota-se que Roraima e Amazonas possuem o maior número de sistemas, em contrário a Pernambuco, Pará e Mato Grosso. Confira abaixo:

Tabela 21 – Quantidade de Sistemas Isolados UF e Distribuidora

Estado	Distribuidora	Número de Sistemas	População atendida
Acre	Energisa Acre	9	233.412
Amapá	Companhia de Eletricidade do Amapá	29	46.240
Amazonas	Amazonas Energia	95	1.690.660
Pará	Centrais Elétricas do Pará S.A.	23	381.013
Pará	Petrobras BR	2	
Rondônia	Energisa Rondônia	26	363.028
Roraima	Roraima Energia	86	1.361.782
Mato Grosso	Energisa Mato Grosso	1	5.877
Pernambuco	Companhia Energética de Pernambuco	1	19.781
TOTAL	9	272	3.312.451

Fonte: *Adaptado da EPE-Nota Técnica-001/2019-r0*

Segundo a ONS (Elétrico, 2017), a previsão de consumo total de energia elétrica nos SISOL em 2018 é da ordem de 3.000 MWh, dentre os quais 1% é oriundo da queima de biomassa, 2% de usinas a gás natural e 97% de geração térmica a diesel – o que equivale a um consumo de mais de 800 mil m^3 de diesel.

Os SISOL a diesel têm sido empregados mundialmente e não tem sido diferente no Brasil. Na região amazônica, este tipo de gerador é bastante difundido, havendo diversos sistemas deste tipo para o atendimento de pequenas demandas (algumas dezenas de quilowatts) a grandes demandas (na ordem de alguns MW).

Contudo, com a redução de custos da fonte solar FV, associada ao desenvolvimento do mercado de baterias/armazenamento, essa fonte passou a ser mais bem avaliada pelo governo. No entanto, ainda há uma predominância nos recentes leilões de geração a diesel para os referidos sistemas.

Com a promulgação da Lei nº 12.111/2009 e posterior regulamentação pelo Decreto nº 7.246/2010, ficou estabelecido que a ANEEL, direta ou indiretamente, ficaria responsável pela realização de leilões, ao passo que as distribuidoras passariam a ficar responsáveis pelo atendimento da totalidade de seus mercados, suprindo, inclusive, a energia elétrica nos SISOL.

O referido Decreto dispôs sobre os possíveis objetos das licitações, quais sejam: (i) Aquisição de energia e potência elétrica de agente vendedor – que, na prática, trata-se da terceirização do serviço de geração de energia elétrica a uma empresa especializada, ficando a distribuidora responsável somente pela sua atividade fim, a distribuição da energia; (ii) Aluguel ou aquisição de unidades de geração de energia elétrica para operação pelos próprios agentes de distribuição; e (iii) Contratação de prestação de serviços de suprimento de energia elétrica em Regiões Remotas por meio de sistemas de geração descentralizada com redes associadas. São os chamados PIEs. No caso de PIE, este fica responsável pelo atendimento integral da demanda elétrica, devendo garantir requisitos tanto de potência quanto de energia, o que pode vir a favorecer projetos híbridos (PLANALTO, 2010) (PLANALTO, 2009).

Na oportunidade, vale esclarecer que há diferença entre SISOL e Regiões Remotas. Regiões Remotas são pequenos grupamentos de consumidores situados em Sistema Isolado, afastados das sedes municipais, e caracterizados pela ausência de economias de escala ou de densidade. Nos termos do Decreto 7.246/2010, art.2º, II são, em sua maioria, comunidades e vilas rurais, onde não é possível, por questões técnicas e ambientais, estender a linha de distribuição ou de transmissão. O atendimento é então feito pelo SIGFI[12] e pelo MIGDI, conforme Resolução ANEEL 488/2012 (ANEEL, 2012)[13].

O Decreto nº 7.246/2010 também previu sobre a submissão de Projetos Alternativos. Com isso, possibilitou-se que, ainda que o projeto original, elaborado pela distribuidora, considerasse uma usina a diesel, outros participantes dos leilões pudessem apresentar propostas baseadas em outras tecnologias ou combustíveis, desde que os valores de potência e energia requeridos fossem atendidos, visando à segurança energética.

Contudo, vale registrar que, em que pese essa possibilidade, dos 130 leilões de SISOL realizados até 2017, apenas dois tiveram como resultado a contratação

12 Sistema de geração de energia elétrica, utilizado para o atendimento de uma única unidade consumidora, cujo fornecimento se dê exclusivamente por meio de fonte de energia intermitente, nos termos da RN ANEEL nº 493/2012.

13 Sistema isolado de geração e distribuição de energia elétrica com potência instalada total de geração de até 100 kW, nos termos da RN ANEEL nº 493/2012.

de soluções alternativas: no município de Coari, AM (queima de gás natural) e em Oiapoque, AP (PCH, associada a uma usina termelétrica a diesel).

Importante destacar que os editais dos leilões supracitados trouxeram um avanço para inserção futura de fontes renováveis: foi facultado ao empreendedor vencedor do certame alterar seu projeto após a licitação, inserindo fontes renováveis. Esse mecanismo foi adotado no leilão do sistema isolado de Oiapoque-AP, onde o empreendedor optou pela instalação de um sistema FV, não previsto inicialmente, para reduzir o consumo de diesel na termelétrica, até que se conclua a construção da PCH originalmente prevista.

A partir de 2018, com a edição da Portaria MME nº 67, para participar da disputa, cada agente interessado deve apresentar seu próprio projeto, independente da fonte ou tecnologia. Tais projetos devem ser habilitados tecnicamente, tornando mais isonômicas as condições para competição no leilão (EPE, 2018).

Já em 2019, verificou-se um importante avanço em relação aos anos anteriores, em que houve a mudança do diesel para fontes renováveis, especialmente Biocombustível e Cavaco/Resíduo de Madeira. Vale destacar ainda que houve um projeto híbrido vencedor considerando a fonte solar.

Confira na Tabela 22 o resultado dos leilões de SISOL realizados de 2014 a 2019.

A princípio, pode-se entender que o arcabouço regulatório que trata sobre SISOL mostra-se adequado à situação atual. Isso porque reconhece e visa subsidiar os custos da geração termelétrica a diesel. Por outro lado, não há incentivo legal para que a distribuidora local busque fontes renováveis como alternativa ou complementação ao diesel.

Um ponto que também merece atenção diz respeito aos prazos contratuais estabelecidos nos editais. Prazos curtos dificultam a viabilização de tecnologias com elevado custo de investimento – cujo custo precisa ser amortizado no tempo. Em contrapartida, prazos longos podem levar à manutenção da estrutura como é hoje – usinas a diesel. Isso porque, mesmo contratos de 15 anos podem se mostrar insuficientes para o melhor aproveitamento econômico de sistemas FVs, cuja vida útil é estimada em 25 anos.

Tabela 22 – Resultado dos leilões de Sistemas Isolados (A)

Nº do Leilão	Compradora	Discriminação das Localidades	Potência Instalada (kW)	Fonte	Período (meses)
001/2019	Roraima Energia S/A	SUCUBA-69	42.255	Óleo Diesel	84
001/2019	Roraima Energia S/A	BOA VISTA-230	126.290	Gás Natural	180
001/2019	Roraima Energia S/A	SÃO JOÃO DA BALIZA-69	17.616	Biocombustível + Biomassa	180
001/2019	Roraima Energia S/A	BOA VISTA-69	56.218	Biocombustível + Radiação Solar	180
001/2019	Roraima Energia S/A	RORAINÓPOLIS-34,5	11.490	Biocombustível	180
001/2019	Roraima Energia S/A	BONFIM-69	10.000	Cavaco/Resíduo de Madeira	180
001/2019	Roraima Energia S/A	BONFIM-69	10.000	Cavaco/Resíduo de Madeira	180
001/2019	Roraima Energia S/A	BOA VISTA-69	10.000	Cavaco/Resíduo de Madeira	180
001/2019	Roraima Energia S/A	BOA VISTA-69	10.000	Cavaco/Resíduo de Madeira	180
02/2016-2ª Etapa	Eletrobras Distribuição Amazonas	Coari	37.000	diesel	155
02/2016-2ª Etapa	Eletrobras Distribuição Amazonas	Augusto Montenegro e outras	44.200	diesel	180
02/2016-2ª Etapa	Eletrobras Distribuição Amazonas	Vila Amazônia + Zé Açú e outras	37.230	diesel	60
02/2016-2ª Etapa	Eletrobras Distribuição Amazonas	Pauini e outras	85.875	diesel	180
02/2016-2ª Etapa	Eletrobras Distribuição Amazonas	Humaitá e outras	40.200	diesel	60
02/2016-2ª Etapa	Eletrobras Distribuição Amazonas	São Gabriel da Cachoeira	10.500	diesel	180
02/2016-2ª Etapa	Eletrobras Distribuição Amazonas	Autazes	10.500	diesel	180
02/2016-1ª Etapa	CELPA	Afuá e outras	131.710	diesel	Até 60
02/2016-1ª Etapa	Eletrobras Distribuição Amazonas	Tamaniquá e outras	81.500	diesel	180
02/2016-1ª Etapa	Eletrobras Distribuição Amazonas	Estirão do Equador e outras	66.460	diesel	180

Nº do Leilão	Compradora	Discriminação das Localidades	Potência Instalada (kW)	Fonte	Período (meses)
010/2015	ELETROACRE	Cruzeiro do Sul e outras	45.175	diesel	36
		Assis Brasil e outra	3.600	diesel	18
		Marechal Thaumaturgo	9.450	diesel	180
010/2015	CERON	Calama e outras	4.760	diesel	180
001/2014	CEA	Oiapoque e outras	12	diesel e futura PCH	180
001/2014	CERON	Distrito de Triunfo e outras	66.187	diesel	18

Fonte: *ANEEL (2020) – Resultado dos Leilões de Geração [Online]*

Na oportunidade, é importante mencionar que cerca de metade dos SISOL foi sujeito a leilões e que, conforme verificamos a partir da Tabela 22 acima, sua maioria foi atendido por diesel.

Dois exemplos interessantes, que valem ser mencionados, são: a ilha de Fernando de Noronha e a cidade de Itacoatiara, no estado do Amazonas. A primeira já era atendida por uma usina termelétrica a diesel e, em 2014/2015, foram instalados dois sistemas FVs, gerando uma economia de cerca de R$ 1,5 milhão ao ano. A segunda conta com duas usinas termelétricas: uma com capacidade instalada de 23,8 MW, com motores a diesel; e a segunda que gera energia elétrica a partir da queima de biomassa (cavaco de madeira) oriunda do resíduo da extração legal de madeira, com capacidade instalada de 9 MW, dos quais 3 MW são utilizados no consumo interno da usina e da madeireira.

O Sistema Isolado de Oiapoque é atendido por uma termelétrica a diesel e uma PCH está sendo construída. Enquanto acontece a construção, o sistema tem sido atendido por energia FV de 4,3 MWp, ajudando na redução do consumo de diesel.

Dado o elevado custo da geração nos SISOL e o baixo poder aquisitivo da população, o fornecimento de energia elétrica nessas localidades depende de subsídios diretos, custeados pelos demais consumidores do restante do país.

Assim, foi criada a CCC, pela Lei nº 5.899/73, art. 13, inciso III, conforme já explicitado no texto que trata da GD. Trata-se, pois, de um encargo do setor elétrico brasileiro pago por todas as concessionárias de distribuição e de transmissão de energia elétrica, de forma a subsidiar os custos anuais de geração dos SISOL. A partir da Lei 12.783/2013, o CCC foi incorporado pela CDE. Em maio de 2017, nos termos das Lei 13.360, de 2016, a CCEE assumiu a gestão financeira e operacional da CCC (PLANALTO, 1973) (PLANALTO, 2013) (PLANALTO, 2016).

A CDE, por sua vez, foi criada pela Lei nº 10.438/2002com o objetivo de, dentre outras finalidades, promover a universalização do serviço de energia elétrica em todo o território nacional, custear os descontos nas tarifas concedidos às classes rural e residencial de baixa renda e garantir a competitividade da energia produzida a partir de fonte eólica, de pequenas centrais hidrelétricas, de biomassa, de gás natural e de carvão mineral. A partir da Lei 12.783/2013, as cotas passaram a ser definidas em função dos recursos necessários para atingir suas finalidades e das demais receitas relacionadas à CDE. O Tesouro Nacional pode aportar recursos na conta da CDE, visando à modicidade das tarifas. O custo da CDE é rateado por todos os consumidores atendidos pelo SIN. O valor das cotas é calculado pela ANEEL e é pago, por meio de tarifa, por todos os consumidores interligados ao SIN (PLANALTO, 2002) (PLANALTO, 2013).

Com relação aos tributos, conforme já discorrido na seção que trata da GC, incide sobre a TE, ICMS, PIS e Contribuição para Financiamento da Seguridade Social – COFINS. Além disso, a regulamentação estabelece que os agentes beneficiários da CCC têm direito ao reembolso do custo decorrente dos créditos não compensados de ICMS e de PIS e COFINS, relativo aos gastos mensais com combustíveis e contratos, apurados com base na energia efetivamente gerada.

Um ponto importante, no que tange à tributação, diz respeito à arrecadação tributária sobre a comercialização de combustíveis. Parte do desafio em se inserir fontes renováveis nos SISOL se dá em razão da eventual perda de arrecadação tributária por parte dos estados da Região Norte sobre a venda de combustíveis. Ao manter um sistema com base em óleo diesel os estados garantem arrecadação mensal de ICMS, ao passo que não se espera que haja qualquer movimento por parte deles a fim de incentivar novas fontes em suas matrizes energéticas, uma vez que lhe trariam flagrante redução de arrecadação tributária.

Por fim, vale mencionar que no dia 6 de fevereiro de 2020 foi publicado o Decreto nº 10.221/2020 que instituiu o Programa Nacional de Universalização do Acesso e Uso da Energia Elétrica na Amazônia Legal – Mais Luz para a Amazônia, com a finalidade de fornecer o atendimento com energia elétrica à população brasileira residente em regiões remotas da Amazônia Legal. O referido programa vigerá até 31 de dezembro de 2022, com possibilidade de prorrogação.

São beneficiárias do Programa Mais Luz para a Amazônia as famílias e as respectivas unidades de apoio socioeconômico e as demais unidades consumidoras situadas em regiões remotas da Amazônia Legal que ainda não tiveram acesso ao serviço público de energia elétrica ou que sejam atendidas, atualmente, por geração de fonte de energia elétrica não renovável.

Os atendimentos nas regiões remotas serão realizados por meio de fontes renováveis de geração de energia elétrica, com vistas a integrar a eficiência energética às opções tecnológicas estabelecidas no manual de operacionalização do Programa Mais Luz para a Amazônia, a ser editado pelo MME.

3 ASPECTOS ECONÔMICOS FINANCEIROS

Apesar da realidade dos SISOL essencialmente baseados em geração a diesel, pode-se verificar, pelos certames promovidos pela ANEEL para SISOL, o alto custo dessa geração. Na listagem dos resultados desses leilões, podem ser estimados os custos de operação e de O&M dos SISOL em comparação com os certames de energia solar, os quais cobrem aproximadamente o mesmo período de tempo de 2014 a 2017, conforme apresentado na Tabela 23.

Os preços médios dos leilões referentes aos SISOL variam entre R$ 940 e R$ 2.100 por MWh, com média de 1.100 R$/MWh para todos os certames. O mais recente, de 2017, obteve como vencedor o preço de 275 R$/MWh, mais próximo aos leilões de ESFV do período de 2016.

O total de investimentos previstos nesses leilões somou R$ 26,7 bilhões, para uma potência total instalada de 706 MW. Comparativamente, todos os leilões de energia FV somam uma previsão de R$ 23,6 bilhões para uma potência de 4.767 MW.

A razão para essas fortes diferenças está no custo de operação dos SISOL essencialmente baseados em geração a diesel. Na Tabela comparativa (Tabela 23), foi estimado o percentual de custos de O&M de cada certame considerado o preço do lance ofertado vencedor (P), a Energia Requerida (E), a alíquota de IR de 34% para Lucro Real (todos os projetos têm receita superior a R$ 78 M) e depreciação do investimento previsto pelo prazo do projeto no leilão. Ainda foi considerado que os leilões foram suficientemente competitivos para que o VPL dos ofertantes fosse igual a zero, sendo estes remunerados pelo seu custo de capital, aqui estimado em 8% a.a. em termos reais. Ainda foi desconsiderado o ICMS, PIS e COFINS na estimativa de resultado visto que os agentes beneficiários da CCC são reembolsados destes tributos, conforme explicado no capítulo anterior.

Pode ser observado que o custo de operação dos SISOL situa-se entre 50% e 60% da receita deles (considerando ainda 34% de IR), quando esse valor é estimado em média de 10% da receita para sistemas FVs. Esse alto custo de operação é devido ao consumo de combustível (diesel) em toda a operação, além da sua logística até os SISOL.

Ainda em 2019 a ANEEL realizou um Leilão de Geração (nº 01/2019-ANEEL – ver Tabela 22) para suprimento a Boa Vista e localidades conectadas, com início de suprimento em 28 de junho de 2021, e contratou várias fontes, incluindo as renováveis.

O certame negociou nove soluções de suprimento, com preço médio de R$ 833 por MWh: Biocombustíveis 772 R$/MWh, Cavaco/Resíduo: 777 R$/MWh; além de Gás natural: 800 R$/MWh e Diesel: 1059 R$/MWh.

Mesmo com essa marcada redução de preços, eles ainda são muito superiores aos praticados no resto do país, seja no ACR ou no ACL e mesmo no PLD, o qual é definido pela CCEE como preço *spot* para fechamento de diferenças entre geradores e distribuidoras, o que justificaria o subsídio oriundo da CCC.

Tabela 23 – Resultados leilões Sistemas Isolados de 2014 a 2017

RESULTADOS DOS LEILÕES DE ENERGIA NOS SISTEMAS ISOLADOS (2014-2017)3

Nº do Leilão	Potência Instalada (kW) (E)	Lance Vencedor (R$/MWh) (P)	Deságio (%)	Valor CCESI Contratado (R$)	Receita Ano (A) (R$)	O&M + AdmIR p; Lucro Real (B) (R$)	(B)/(A)
02/2016-2ª Etapa	37.000	275,76	43,38	470.779.091	319.277.465	166.559.314	52,2%
02/2016-2ª Etapa	44.200	1.155,00	27,00	2.865.745.575	1.673.595.416	854.886.414	51,1%
02/2016-2ª Etapa	37.230	1.287,99	20,00	871.841.396	1.527.464.435	854.777.739	56,0%
02/2016-2ª Etapa	85.875	1.063,00	27,60	5.086.439.055	2.970.480.408	1.517.346.021	51,1%
02/2016-2ª Etapa	31.670	976	34,14	1.645.418.880	960.924.626	490.848.266	51,1%
02/2016-2ª Etapa	40.200	1.030,01	29,11	870.740.126	1.525.535.698	853.698.475	56,0%
02/2016-2ª Etapa	10.500	989,99	26,61	695.851.915	406.375.887	207.579.929	51,1%
02/2016-2ª Etapa	10.500	964,99	28,84	660.528.081	385.750.005	197.044.540	51,1%
02/2016-1ª Etapa	131.710	1.228,00	9,77	1.848.373.320	5.551.014.655	3.338.558.005	60,1%
02/2016-1ª Etapa	81.500	1.152,23	22,51	4.826.773.278	2.921.492.900	1.507.638.414	51,6%
02/2016-1ª Etapa	66.460	1.170,80	22,10	4.013.402.882	2.418.106.160	1.246.270.468	51,5%
010/2015	45.175	1.000,00	7,34	604.620.000	1.765.490.400	1.003.355.806	56,8%
010/2016	3.600	1.173,60	12,50	23.983.690	140.064.747	80.482.975	57,5%
010/2017	9.450	2.101,31	1,72	730.474.749	599.052.886	331.730.131	55,4%
010/2015	4.760	1.452,92	8,88	280.778.002	169.454.989	87.376.679	51,6%
001/2014	12	798,65	12,60	631.332.825	368.698.370	188.334.184	51,1%
001/2014	66.187	938,94	10,00	455.216.421	2.658.463.901	1.527.586.976	57,5%
TOTAL GERAL	706.029	-	-	26.582.299.286			

Fonte: *Adaptado da ANEEL (2020)*

4 CONCLUSÃO

Os maiores desafios encontrados para a inserção de fontes renováveis nos SISOL envolvem questões tributárias (forte arrecadação de ICMS na distribuição de combustíveis), além de regulatórias (por exemplo: CP da ANEEL nº 014/2019 sobre Sistemas Híbridos ainda aguarda RN regulatória), comerciais (visto que os prazos contratuais não serem por vezes suficientes para amortizar os custos de um projeto FV) e culturais (visto que atividade econômica de comercialização de óleo diesel é muito forte nos estados da região Norte). Logo, conforme vimos acima não é de se esperar que haja, no curto prazo, uma substituição da geração a diesel por outras fontes.

No entanto, em que pese os desafios, entendemos que há espaço – como, de fato, foi visto no último leilão realizado em 2019 em Roraima – para a entrada de fontes renováveis nas matrizes energéticas dos estados mencionados com o desenvolvimento de sistemas híbridos[14], por exemplo, cabendo aos governos estaduais e federal definir políticas públicas como, por exemplo, a implantação de projeto-piloto de usinas híbridas e a simplificação do licenciamento ambiental, para que sejam promovidos o uso de fontes renováveis nos SISOL visando à mitigação de impactos ao meio ambiente, à utilização de recursos energéticos locais e à redução de custos e subsídios.

Com relação a usinas híbridas vale mencionar que a CP da ANEEL nº 014/2019 pretende abordar a definição dos termos técnicos, a classificação das híbridas, as possibilidades de comercialização da energia gerada e os critérios para a outorga e a operação das usinas. Além disso, procurará sanar dúvidas de como será o tratamento das perdas e que tipo e porcentagens de combinação de tecnologias serão aceitáveis. Outro ponto importante é qual será a fonte principal de

14 Na Nota Técnica 051/2019 a EPE descreveu quatro tipologias de arranjo de usinas híbridas: as **usinas adjacentes** seriam aquelas construídas em locais próximos e que podem compartilhar fisicamente os mesmos terrenos e instalações de interesse restrito, porém cada usina contrata uma capacidade exclusiva de uso da rede compatível com sua potência instalada nominal. As vantagens desse tipo de arranjo seriam algum ganho na compra do terreno e diminuição do custo de O&M. Do ponto de vista do sistema são consideradas duas usinas distintas, com outorgas distintas, não havendo compartilhamento de equipamentos de geração. As **usinas associadas** seriam aquelas em que existem duas fontes energéticas distintas, com características de produção complementar, que compartilham fisicamente e contratualmente a infraestrutura de conexão e acesso à Transmissão ou à Distribuição, podendo ser contratada uma capacidade de escoamento menor do que a soma das potências das usinas. No caso das **usinas híbridas**, fontes distintas são combinadas ainda no processo de produção de energia elétrica, sendo que a medição é única para toda a produção. Dessa forma, não seria possível a distinção de qual fonte primária é a responsável pela produção de energia elétrica. Os **portfólios comerciais** seriam usinas que não estão necessariamente próximas fisicamente uma da outra nem há compartilhamento de equipamentos. Essa tipologia é apenas comercial-contratual, com o objetivo da redução de exposições contratuais ao preço de curto prazo. Esse arranjo faz sentido no caso de usinas com recursos complementares em termos energéticos, porém sem interferência na contratação individual do uso da rede.

geração visto que precisarão ser considerados os incentivos legais que existem para cada fonte de que o país dispõe.

Por fim, os resultados econômicos confirmam a oportunidade de projetos de ESFV em SISOL em apoio aos projetos atuais operados a geradores diesel. No entanto, conforme sugerido anteriormente, a menor receita dos projetos de energia solar irá encontrar resistência dos estados em função da potencial perda de arrecadação tributária por estes.

REFERÊNCIAS BIBLIOGRÁFICAS

ANEEL (2012). Resolução Normativa 482 de 17 de abril de 2012 [Online]. Disponível em: <http://www2.aneel.gov.br/cedoc/ren2012482.pdf>. Acesso em: 10 mai. 2020.

ANEEL (2012). Resolução 488 de 15 de maio de 2012 [Online]. Disponível em: <http://www2.aneel.gov.br/cedoc/ren2012488.pdf>. Acesso em: 10 mai. 2020.

ANEEL (2015). Resolução Normativa 687 de 24 de novembr de 2015 [Online]. Disponível em: <http://www2.aneel.gov.br/cedoc/ren2015687.pdf>. Acesso em: 10 mai. 2020.

ANEEL (2016). Encargos [Online]. Disponível em: <https://www.aneel.gov.br/espaco-do-empreendedor/-/asset_publisher/uPv0Vn1PiOn9/content/encargos/654800?inheritRedirect=false>. Acesso em: 10 mai. 2020.

ANEEL (2017). Procedimentos de Regulação Tarifária – PRORET: Módulo 7 – Estrutura Tarifária das Concessionárias de Distribuição de Energia Elétrica [Artigo]. Brasília, [s.n.]. 2017b. v. Submódulo 7.1, ver. 2.4>. Acesso em: 10 mai. 2020.

ANEEL (2018). Relatório de AIR nº 0004/2018-SRD/SCG/SMA/ANEEL, de 06/12/2018 [Online]. Disponível em: <https://www.aneel.gov.br/documents/656877/18485189/6+Modelo+de+AIR+-+SRD+-+Geração+Distribuida.pdf/769daa1c-51af-65e8-e4cf-24eba4f965c1>. Acesso em: 10 mai. 2020.

ANEEL (2019). Editais de Licitação [Online]. Disponível em: <https://www.aneel.gov.br/geracao4>. Acesso em: 10 mai. 2020.

ANEEL (2019). Geração Distribuída [Online]. Disponível em: <https://www.aneel.gov.br/informacoes-tecnicas/-/asset_publisher/CegkWaVJWF5E/content/geracao-distribuida-introduc-1/656827>. Acesso em: 10 mai. 2020.

ANEEL (2019). Consulta Pública 025/2019 [Online]. Disponível em: <https://www.aneel.gov.br/consultas-publicas?p_p_id=participacaopublica_WAR_participacaopublicaportlet&p_p_lifecycle=1&p_p_state=normal&p_p_mode=view&p_p_id=participacaopublica_WAR_participacaopublicaportlet&_participacaopublica_WAR_participacaopublicaport>. Acesso em: 11 set. 2020.

ANEEL (2019). PPT Geração Distribuída – regulamentação atual e processo de revisão [Online]. Disponível em: <https://www.aneel.gov.br/documents/655804/14752877/Gera%C3%A7%C3%A3o+Distribu%C3%ADda+%E2%80%93+regulamenta%C3%A7%C3%A3o+atual+e+processo+de+revis%C3%A3o.pdf/3def5a2e-baef-bb59-2ce1-4f69a9cb2d88>. Acesso em: 11 set. 2020.

ANEEL (2019). Relatório de AIR n.° 003/2019-SRD/SGT/SRM/SRG/SCG/SMA/ANEEL, de 07/10/2019 [Online]. Disponível em: <https://www.aneel.gov.br/consultas-publicas?p_p_id=participacaopublica_WAR_participacaopublicaportlet&p_p_lifecycle=2&p_p_state=normal&p_p_mode=view&p_p_cacheability=cacheLevelPage&p_p_col_id=column-2&p_p_col_pos=1&p_p_col_count=2&_participacaopublica_WAR>. Acesso em: 11 set. 2020.

ANEEL (2020). Resultado dos Leilões de Geração [Online]. Disponível em: <https://www.aneel.gov.br/resultados-de-leiloes>. Acesso em: 11 set. 2020.

BAPTISTA. Danilo Febroni. "Estrutura da tarifa branca de Energia Elétrica no Brasil: Análise crítica e proposição metodológica". [Relatório] Dissertação apresentada como requisito parcial para obtenção do grau de Mestre pelo Programa de Pós-Graduação em Metrologia. PUC-RIO: Rio de Janeiro, 2016.

CALILI, Rodrigo Flora. "Regulação e Tarifa de Energia". Apresentação da Pós-Gradução *Latu Sensu* de Energia Solar. PUC-Rio: Rio de Janeiro, [s.n.], 2019.

CARRILHO, Mariana Mortari & SILVA, João Paulo Corrêa da Costa e. "Modelos de Negócios em Geração Distribuída no Brasil: experiências internacionais e novas oportunidades". [Relatório] Projeto de Gradução – Engenharia de Produção. PUC-Rio: Rio de Janeiro, 2018.

CCEE (2019) [Online] Disponível em: <https://www.ccee.org.br/portal/faces/pages_publico/onde-atuamos/comercializacao?_afrLoop=653865556586364&_adf.ctrl-state=u07jg80ch_1#!%40%40%3F_afrLoop%3D653865556586364%26_adf.ctrl-state%3Du07jg80ch_5>. Acesso em: 11 mai. 2020.

CELULOSE ONLINE (2019) [Online] Disponível em: <https://www.celuloseonline.com.br/as-7-maiores-usinas-solares-em-operacao-no-brasil/>. Acesso em: 11 ago. 2020.

CONAMA (2201). Resolução 279 de 27 de junho de 2001. [Online] Disponível em: <http://www2.mma.gov.br/port/conama/legiabre.cfm?codlegi=277>. Acesso em: 11 set. 2020.

CONFAZ (2015). Convênio ICMS 16 de 22 de abril de 2015. [Online] Disponível em: <https://www.confaz.fazenda.gov.br/legislacao/convenios/2015/CV016_15>. Acesso em: 11 mai. 2020.

ELÉTRICA CCEE. Câmara de Comercialização de Energia. Relatório orçamento das contas setoriais 2018. [Relatório] CDE/RGR/CCC: São Paulo, [s.n.], 2017.

ELÉTRICO ONS – Operador Nacional do Sistema. Plano anual da operação energética dos sistemas isolados para 2018. [Relatório] Rio de Janeiro, [s.n.], 2017.

ENERGÉTICA EPE. Empresa de Pesquisa Planejamento do atendimento aos Sistemas Isolados. Horizonte 2023 – Ciclo 2018 [Relatório]. Rio de Janeiro: [s.n.], 2018.

EPE (2018). [Online]. Disponível em: <http://www.epe.gov.br/pt/imprensa/noticias/epe-publica-instrucoes-para-a-apresentacao-de-propostas-de-solucao-de-suprimento-em-sistemas-isolados>. Acesso em: 4 set. 2020.

EPE. Projeções da Demanda de Energia Elétrica 2017-2026. [Relatório] Empresa de Pesquisa Energética: Rio de Janeiro, 2017.

FONTES, Ruy. “Conheça as regras da autogeração para evitar problemas com seu sistema”. ANEEL Energia Solar [Online]. Blus Sol – energia Solar. (2019) Disponível em: <https://blog.bluesol.com.br/aneel-energia-solar/>. Acesso em: 4 set. 2020.

FREITAS D. S. D.; MASCARENHAS A.C. R. & ALMEIDA M. P. "Análise de Impactos na Integração de Usinas Fotovoltaicas do Sistema Elétrico Isolado na Ilha de Fernando de Noronha". [Conferência] XXII Seminário Nacional de Distribuição de Energia Elétrica – SENDI: Curitiba, [s.n.], 2016.

LIMA, Danilo de Brito. "Guia de constituição de cooperativas de geração distribuída fotovoltaica". [Online] Somos Cooperativismo. (2018). Disponível em: <https://www.somoscooperativismo.coop.br/publicacao/33/guiade-constituicao-de-cooperativas-de-geracao-dis>. Acesso em: 11 ago. 2020.

NASCIMENTO, Rodrigo Limp. Energia Solar no Brasil: Situação e Perspectivas. [Relatório] Câmara dos Deputados: Brasília: 2017. Acesso em: 6 fev. 2020.

PADIS. Ministério da Economia Comércio Exterior e Serviços [Online]. (2019). Disponível em: <http://www.mdic.gov.br/index.php/competitividade-industrial/ce-bim/105-assuntos/competitividade-industrial/474-regime-de-autopecas-nao-produzidas-ex-tarifarios-de-autopecas-10>. Acesso em: 11 ago. 2020.

PLANALTO (1957). Decreto 41.019 de 26 de fevereiro de 1957 [Online]. Disponível em: <http://www.planalto.gov.br/ccivil_03/decreto/Antigos/D41019.htm>. Acesso em: 6 fev. 2020.

PLANALTO (1973). Lei 5.899 de 05 de julho de 1973 [Online] Disponível em: <http://www.planalto.gov.br/ccivil_03/leis/L5899.htm>. Acesso em: 6 fev. 2020.

PLANALTO (1973). Lei 5.899 de 07 de julho de 1973 [Online] Disponível em: <http://www.planalto.gov.br/ccivil_03/leis/L5899.htm>. Acesso em: 6 fev. 2020.

PLANALTO (1988). Lei 7.689 de 15 de dezembro de 1988 [Online] Disponível em: <http://www.planalto.gov.br/ccivil_03/LEIS/L7689.htm>. Acesso em: 6 fev. 2020.

PLANALTO (1996). Decreto 2.003 de 10 de setembro de 1996 [Online] Disponível em: <http://www.planalto.gov.br/ccivil_03/decreto/D2003.htm>. Acesso em: 6 fev. 2020.

PLANALTO (1996). Lei 9.427 de 26 de dezembro de 1996 [Online] Disponível em: <http://www.planalto.gov.br/ccivil_03/LEIS/L9427cons.htm>. Acesso em: 6 fev. 2020.

PLANALTO (1996). Lei 9.430 de 27 de dezembro de 1996 [Online].Disponível em: <http://www.planalto.gov.br/ccivil_03/Leis/L9430compilada.htm>. Acesso em: 6 fev. 2020.

PLANALTO (1998). Lei 9.648 de 27 de maio de 1998 [Online].Disponível em: <http://www.planalto.gov.br/ccivil_03/leis/L9648cons.htm>. Acesso em: 6 fev. 2020.

PLANALTO (1998). Decreto 2.655 de 02 de julho de 1998 [Online] Disponível em: <http://www.planalto.gov.br/ccivil_03/decreto/D2655.htm>. Acesso em: 6 fev. 2020.

PLANALTO (2002). Lei 10.438 26 de abril de 2002 [Online] Disponível em: <http://www.planalto.gov.br/ccivil_03/LEIS/2002/L10438.htm>. Acesso em: 6 fev. 2020.

PLANALTO (2003). Lei 10.833 de 29 de dezembro de 2003 [Online] Disponível em: <http://www.planalto.gov.br/ccivil_03/leis/2003/L10.833.htm>. Acesso em: 6 fev. 2020.

PLANALTO (2004). Lei 10.848 de 15 de março de 2004 [Online] Disponível em: <http://www.planalto.gov.br/ccivil_03/_Ato2004-2006/2004/Lei/L10.848.htm>. Acesso em: 6 fev. 2020.

PLANALTO (2004). Decreto 5.163 de 30 de julho de 2004 [Online] Disponível em: <http://www.planalto.gov.br/ccivil_03/_Ato2004-2006/2004/Decreto/D5163.htm>. Acesso em: 6 fev. 2020.

PLANALTO (2007). Lei 11.488 de 15 de junho de 2007 [Online] Disponível em: <http://www.planalto.gov.br/ccivil_03/_Ato2007-2010/2007/Lei/L11488.htm>. Acesso em: 6 fev. 2020.

PLANALTO (2009). Lei 12.111 de 09 de dezembro de 2009 [Online] Disponível em: <http://www.planalto.gov.br/ccivil_03/_Ato2007-2010/2009/Lei/L12111.htm>. Acesso em: 6 fev. 2020.

PLANALTO (2010). Decreto 7246 de 28 de junho de 2010 [Online] Disponível em: <http://www.planalto.gov.br/ccivil_03/_Ato2007-2010/2010/Decreto/D7246.htm>. Acesso em: 6 fev. 2020.

PLANALTO (2013). Lei 12.783 de 11 de janeiro de 2013 [Online] Disponível em: <http://www.planalto.gov.br/ccivil_03/_Ato2011-2014/2013/Lei/L12783.htm>. Acesso em: 6 fev. 2020.

PLANALTO (2015). Lei 13.169 de 06 de outubro de 2015 [Online] Disponível em: <http://www.planalto.gov.br/ccivil_03/_Ato2015-2018/2015/Lei/L13169.htm>. Acesso em: 6 fev. 2020.

PLANALTO (2016). Lei 13.360 de 17 de novembro de 2016 [Online] Disponível em: <http://www.planalto.gov.br/ccivil_03/_Ato2015-2018/2016/Lei/L13360.htm>. Acesso em: 6 fev. 2020.

PONTE, Gustavo Pires. "Geração de Energia Elétrica em Sistemas Isolados: desafios e propostas para aumento da participação de fontes renováveis com base em uma análise multicritérios". [Artigo] Dissertação de Mestrado. PUC-Rio: Rio de Janeiro, 2019.

SOUZA, Luiz Felipe Falcone de. "Implantação e integração de novos empreendimentos de transmissão e geração de energia ao sistema elétrico brasileiro". CCEE: São Paulo, [s.n.], 2018.

CAPÍTULO 12

EXPERIÊNCIAS INTERNACIONAIS E REGULAÇÃO

Luciana Piragibe

1 INTRODUÇÃO

O presente capítulo tem como meta dar uma visão macro do sistema regulatório da geração solar FV na Austrália, Califórnia (EUA) e Espanha, abordando os principais pontos encontrados sobre cada país/estado.

Ao final, espera-se poder identificar estruturas regulatórias que possam ser implementadas no Brasil como forma de aumentar a parcela da geração solar FV na matriz energética.

2 AUSTRÁLIA

O setor elétrico australiano é bastante heterogêneo e seu mercado nacional de eletricidade não incorpora todas as regiões do país. O grau de privatização também varia fortemente entre as regiões. A Austrália não possui um único sistema que atenda a todo o país, não é, pois, interconectado. Isso acontece porque: (i) historicamente, cada estado desenvolveu seu próprio sistema de geração, distribuição e transmissão; (ii) o país é composto por seis estados (Queensland, NSW, Victoria, South Australia, Tasmania e Western Australia) e dois territórios (Australian Capital Territory e Northern Territory); (iii) o país possui tamanho territorial expressivo; (iv) o país possui uma baixa densidade populacional.

Existem, pois, dois principais sistemas de eletricidade na Austrália: o sistema formado pelos estados de Queensland, NSW, Australian Capital Territory, Victoria, South Australia e Tasmania, que opera no âmbito do NEM, e representa 85% do mercado de eletricidade australiano; e o SWIS, que opera no âmbito do WEM, e inclui o estado de Western Australia, representando apenas 10% do mercado de eletricidade do país. Northern Australia é atendida por SISOL e atendem tanto instalações agrícolas, minas e instalações de infraestrutura (como telecomunicações e dessalinização) quanto pequenas comunidades (BRINSMEAD et al., 2014).

A Figura 70 abaixo traz um cenário de 2020 com o comprometimento das regiões para alcançar uma matriz energética renovável.

Figura 70 – Cenário das energias renováveis na Austrália em 2020

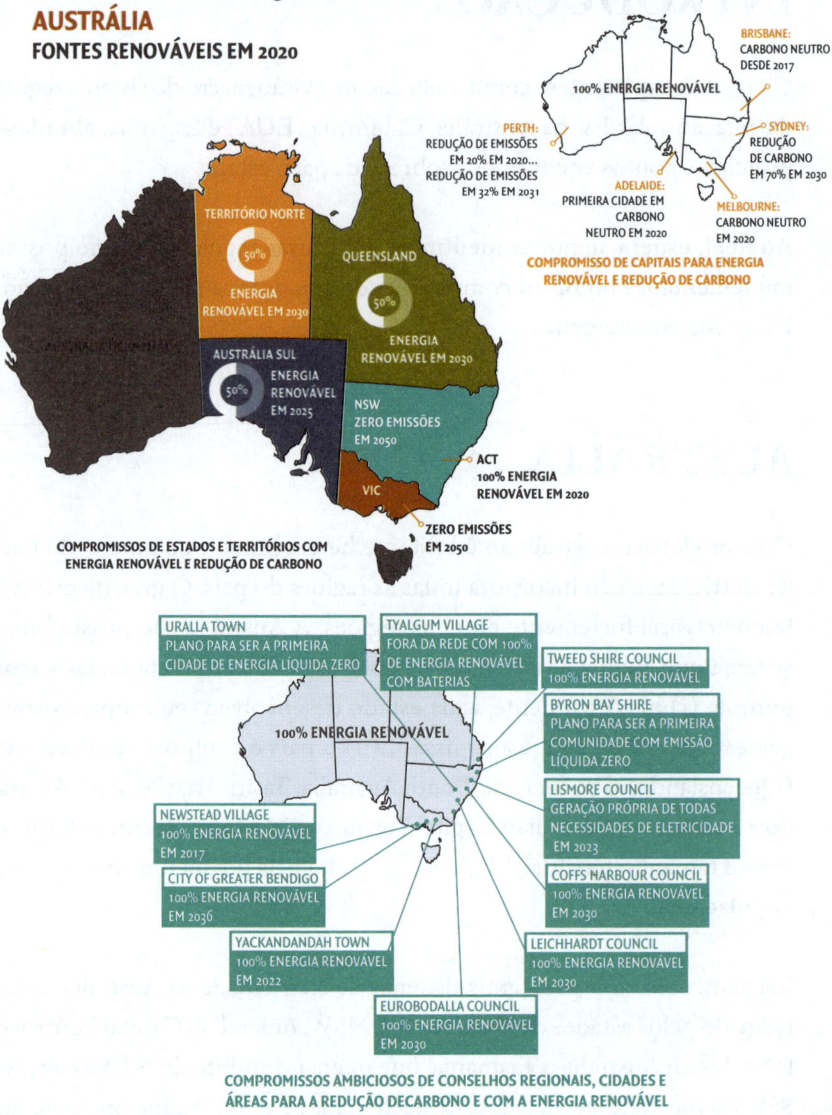

Fonte: *Adaptação do 100% RENEWABLES (2017)*

A reforma do setor elétrico australiano teve início nos anos 1990 e foi realizada de forma descentralizada pelos estados. Esse processo prosseguiu de tal forma que o grau e a velocidade da liberalização e privatização do setor elétrico variaram por estado. Vale ressaltar que, em que pese a relativa autonomia dos estados, há uma forte iniciativa de aumentar a cooperação e coordenação entre os governos estaduais.

O NEM foi concebido pelo governo nacional em conjunto com os estados e implementado definindo: (i) a forma de operação do mercado *spot* e gerenciamento do sistema interconectado de eletricidade e (ii) a definição dos termos de acesso às redes de distribuição e transmissão na jurisdição do NEM.

Nos estados atendidos pelo NEM, por exemplo, houve a desverticalização dos monopólios integrados verticalmente com vistas a auferir ganhos de eficiência via concorrência nos segmentos mais competitivos da indústria.

Em termos institucionais e de governança, o NEM apresenta a NEMMCO com a função de definir as normas do mercado atacadista de eletricidade, além de operar o mercado e gerenciar o sistema de energia. O AER ficou responsável pela regulação econômica e por garantir a conformidade das regras a nível nacionais e a AEMO, agregando a responsabilidade pela operação do mercado inter-regional em uma única entidade.

Em suma: O NEM opera como um mercado do qual os geradores são pagos pela eletricidade que produzem e os varejistas, consumidores livres, pagam pela eletricidade que seus clientes consomem. A liberalização do mercado varejista só se aplicava a grandes consumidores comerciais e industriais. A partir de 2002, os estados de Victoria e NSW passaram a aderir à liberalização do mercado varejista, oportunidade em que os consumidores de todos os segmentos passaram a ser livres. Mais tarde, Australian Capital Territory e South Australia (2003), Queensland (2007), Victoria (2009), South Australia (2013), Tasmania (2014), NSW (2014) e Queensland (2016) também aderiram à liberalização.

O mercado de eletricidade funciona como um mercado *spot*, em que a oferta e a demanda de energia são correspondidas instantaneamente. O operador do mercado AEMO coordena esse processo. Os mercados físico e financeiro estão interligados.

O WEM, por sua vez, continua a ser dominado por empresas públicas. O órgão responsável pela operação do WEM, tal como no caso do NEM, é o AEMO.

Os comercializadores de energia passaram a competir uns com os outros oferendo preços de mercado como alternativa à tarifa final regulada. Vale esclarecer que alguns estados continuam exigindo que os comercializadores ofereçam tarifas finais reguladas que possam ser aplicadas a pequenos consumidores e que podem ser ajustadas a cada seis meses.

Apesar da reestruturação do setor elétrico e das medidas implementadas pelos governos estaduais no sentido de promover a separação estrutural entre a geração e a distribuição de eletricidade, muitos comercializadores voltaram a se integrar às geradoras, formando os "gentailers". "Gentailers" podem ser entendidos como empresas que possuem participação tanto na geração quanto na comercialização de eletricidade. Esse processo tem levado ao crescente aumento do poder de mercado exercido por algumas empresas atuantes no NEM. A formação dos "gentailers" reflete a estratégia dos comercializadores e geradores de gerenciar o risco relacionado à volatilidade dos preços no mercado atacadista de eletricidade, de modo a reduzir a necessidade de proteger (*hedge*) suas posições no mercado futuro (derivativos).

Dados indicam, no entanto, que as tarifas finais "livres" oferecidas pelos comercializadores podem ser substancialmente inferiores às tarifas "reguladas" oferecidas por esses mesmos comercializadores.

Interessante notar que em pesquisa realizada em 2016 pela AEMC – responsável por criar e desenvolver as regras do Mercado de Energia Australiano – revelou que a maioria dos consumidores do NEM não tem conhecimento sobre a possibilidade de se escolher o comercializador de eletricidade pelo qual desejam ser atendidos, e que 50% dos consumidores não mudaram de comercializador ou de "plano de eletricidade" nos últimos cinco anos.

No que tange à GD aplica-se *gross metering* ou *net metering*. No *gross metering* são utilizados dois medidores distintos, um voltado a contabilizar a produção do painel FV, e outro destinado a contabilizar o consumo de eletricidade. Assim, toda a eletricidade produzida no sistema FV é exportada para a rede, gerando uma receita equivalente ao valor da tarifa *feed-in* para cada kWh produzido, enquanto todo o consumo de eletricidade é faturado à tarifa final varejista. Já no esquema de *net metering*, o consumidor injeta na rede apenas o excedente, após o autoconsumo, na rede, de modo que a base de cálculo para o pagamento do *feed-in* é apenas o volume de eletricidade excedente.

Os programas de tarifas *feed-in* vêm passando por drásticas reduções das tarifas, sendo até mesmo extintos, estando vetada a entrada de novos participantes.

Atualmente, o setor elétrico australiano exibe uma estrutura institucional diversa e em transformação e existe sempre um forte esforço de melhorar a coordenação de iniciativas e políticas entre os governos estaduais com o governo federal.

Um ponto interessante diz respeito ao incentivo do governo para o desenvolvimento do mercado de renováveis no país. A criação do RET indica essa tendência/incentivo ao estipular até 2020 uma meta de até 23,5% de renováveis na matriz energética do país. O RET é responsável por políticas e programas de tecnologia, particularmente na área de energia. A instituição tem se focado em fontes de energia limpas e eficiência energética industrial.

Para a obtenção de investimento, pesquisa e infraestrutura para alcançar o RET, o governo federal criou o CEFC responsável pelo *project finance* e empréstimos, e criou também o ARENA.

A ARENA, criada em 2012, é responsável pelo financiamento de projetos inovadores, tendo como prioridade projetos: (i) com baixa emissão de carbono; (ii) com soluções mais acessíveis e eficientes através de P&D; (iii) que ajudem a reduzir o custo da energia no transporte, infraestrutura e setor industrial; e (iv) que criem nova escala de exportação de valor na cadeia produtiva do setor de energia renovável. Via de regra, a ARENA deve fornecer uma administração mais independente, eficiente e simplificada dos existentes fundos de financiamento.

Já o CEFC é uma autoridade estabelecida por lei que tem como mandato investir 10 bilhões de dólares americanos em cinco anos, sendo dois bilhões por ano a começar em 2013, em iniciativas de energia renovável e eficiência energética, além de tecnologias de baixa emissão de CO_2. No setor privado, investe em *project finance, equity finance*, empréstimos corporativos e financiamentos. Podem ser projetos em fase inicial ou final de desenvolvimento, desde que desenvolva ou comercialize tecnologia em energia limpa ou estejam envolvidos com sua cadeia produtiva, como foco em projetos que tenham maior potencial de redução de emissão de CO_2.

3 ESTADOS UNIDOS – CALIFÓRNIA

Atualmente, o sistema elétrico da Califórnia conta com aproximadamente 79 GW de capacidade instalada de geração de eletricidade. As plantas de geração a gás natural predominam no estado e respondem por cerca de 56% da capacidade instalada, seguidas por plantas de geração hídrica de grande porte (11,6%) e os sistemas FVs (12,4%), conforme se depreende da Figura 71 abaixo:

Figura 71 – Mix de gerações instaladas da Califórnia

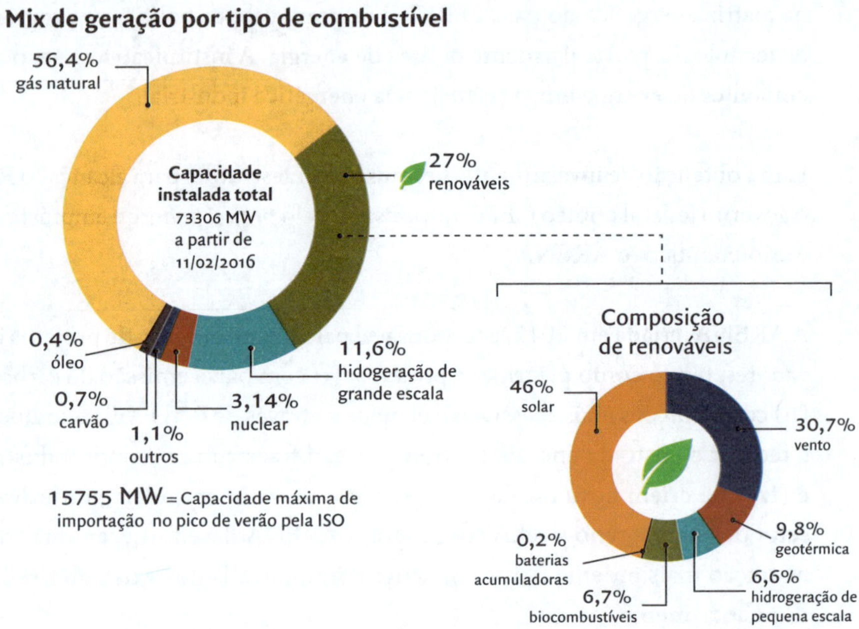

Fonte: *Adaptação de CAISO (2020)*

No que tange à energia solar, a Califórnia, em 2016, era o estado líder no processo de difusão da energia solar nos Estados Unidos, conforme Figura 72. Em maio de 2017, o estado contava com 13,3 GW de capacidade FV instalada, dos quais 4,5 GW eram referentes a sistemas de GD, e 8,8 GW consistiam em GC.

Figura 72 – Número de casas com instalação solar fotovoltaica e sua capacidade em MW em 2016

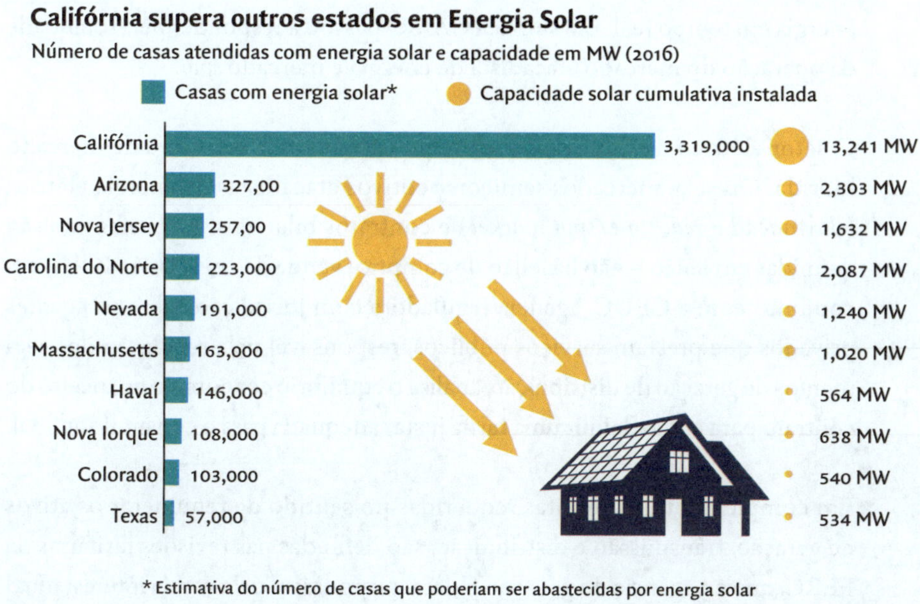

Fonte: *Adaptado do Solar Energy Industries Association*

Nos anos 1990, o setor elétrico da Califórnia foi dominado por monopólios integrados verticalmente, tendo três IOU (empresas que concentram ativos de geração, transmissão e distribuição): a PG&E, a SEC e a SDG&E. Vale ressaltar que mesmo com esse monopólio, sempre houve a participação de produtores independentes.

O novo modelo de setor elétrico teve início em 1996, com a *Electric Utility Industry Restructuring Act of 1996 (AB 1890)* que permitiu que fosse criado um mercado de eletricidade competitivo, no qual as IOUs foram encorajadas a alienar pelo menos 50% dos seus ativos de geração a partir de combustíveis fósseis.

Essa lei estabeleceu a fusão dos sistemas de transmissão das três principais IOUs para um único sistema sob controle operacional do CAISO – agência reguladora com jurisdição sobre os agentes privados que prestam serviços públicos.

Ficou estabelecido que decisões acerca do segmento de transmissão ficassem a cargo do CAISO, e não mais das *utilities*, cabendo à CAISO a função de realizar o balanceamento do mercado no curtíssimo prazo, realizando leilões de contratação de energia para corrigir possíveis diferenças entre oferta e demanda de energia em tempo real. Em suma: a CAISO passou a responder pela totalidade da operação do mercado atacadista de energia e mercado *spot*.

O setor elétrico da Califórnia atualmente possui uma estrutura de mercado híbrida. Ou seja, mercados semicompetitivos atacadistas de energia elétrica (*day-ahead* e *real-time/spot market*) e contratos bilaterais. As tarifas não são definidas em leilão – não há leilão de compra e venda de energia. As IOUs, em conjunto com a CPUC, agência reguladora com jurisdição sobre os agentes privados que prestam serviços públicos, responsável pela regulação dos segmentos de geração de distribuição, analisa o equilíbrio econômico financeiro do contrato para então definir uma tarifa justa/adequada para o consumidor final.

Em complemento, as receitas requeridas no sentido de remunerar os ativos de geração, transmissão e distribuição, são definidas nas revisões tarifárias da FERC, que é a agência do governo federal responsável pela venda interestadual de eletricidade, preço de eletricidade no mercado atacadista, licenciamento hidroelétrico e precificação do gás natural.

As tarifas de eletricidade aplicadas ao segmento residencial são monômias, baseadas no consumo de eletricidade (US$/kWh). O preço da eletricidade varia de acordo com o consumo: quanto mais alto for o consumo, maior o preço da eletricidade, sendo, pois, uma tarifa progressiva. Para cerca de 10% dos consumidores residenciais que demandam maior volume de eletricidade há a cobrança de uma taxa denominada *super-user electric surcharge*.

Em 1996, entrou em vigor a lei NEM que foi um marco regulatório para a GD na Califórnia. De acordo com o NEM, os prosumidores de até 1 MW, ao injetarem energia na rede, geram créditos valorados pelo preço da eletricidade no mercado varejista, que são utilizados para compensar mensalmente a conta de eletricidade. Esses créditos são utilizados para abater os dispêndios oriundos do consumo de energia da rede. Ao final de doze meses, os consumidores que tivessem excedente de geração poderiam receber um pagamento proporcional à quantidade de energia excedente. Esse pagamento é conhecido como compensação pelo excedente líquido NSC e é balizado pelo valor das tarifas especiais, que consistem em uma média móvel de doze meses da tarifa de eletricidade praticada no mercado varejista, que variam de acordo com cada *utility*.

No Brasil, os prosumidores são chamados de *free riders* da rede, ou seja, usufruem do serviço prestado pelas distribuidoras sem que arquem com o custo de prestação do mesmo. Há, pois, o que chamam de *cost shifting*, uma vez que os consumidores que não possuem painéis são os que arcam com os custos da rede de distribuição daqueles que usam painéis FVs. Nesse sentido, grande parte das mudanças que vêm sendo discutidas atualmente na Califórnia remetem a esse debate.

As distribuidoras passaram a pleitear mudanças com relação ao NEM para mitigar estes impactos. Alguns dos pontos presentes nas propostas das distribuidoras eram a implementação de tarifas fixas mensais e a redução da valoração dos excedentes de energia injetados na rede, posto que atualmente essa energia é valorada pela tarifa de eletricidade praticada no mercado varejista, gerando uma compensação do tipo 1 para 1. A CPUC definiu um novo modelo de compensação para os novos prosumidores, qual seja: pagamento de tarifa única de interconexão, tarifas do tipo *times-of-use* e tarifas por kWh consumido da rede.

Por fim, há a CEC, instituição responsável por planejar e implementar as políticas energéticas. Dentre suas funções, destacam-se as seguintes: implementar medidas de promoção da eficiência energética e conservação do meio ambiente; apoiar projetos de PDI; autorizar o funcionamento de plantas térmicas com capacidade instalada superior a 50 MW; e promover o desenvolvimento de fontes de geração renováveis.

4 ESPANHA

A Espanha possui um potencial FV maior que outros países-membros da União Europeia em razão de seu clima favorável. Este país possui condições climáticas muito favoráveis para uma alta produção de ESFV, pois é um dos países europeus com o maior número de horas de radiação solar. Em 2020, há 8.928 MW de capacidade instalada de ESFV. O desenvolvimento do setor de energia renovável, em geral, e da ESFV, em particular, foi bastante influenciado pela estrutura regulatória e pelos subsídios do setor público.

Figura 73 – Mapa da potência instalada em 2020

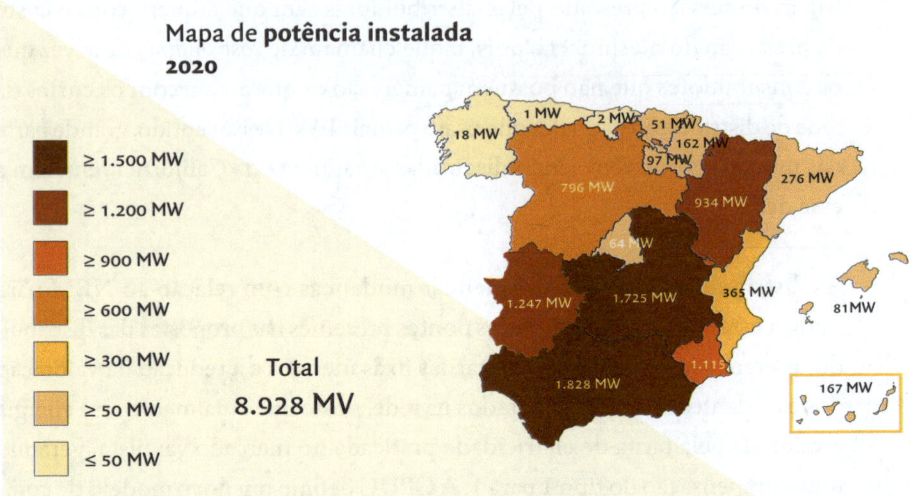

Fonte: *Adaptado da UNEF*

A Lei 40/1994 foi a primeira tentativa do governo de regular a produção de energia por meio de energias renováveis, introduzindo o conceito de "regime especial de geração" para instalações baseadas em energias renováveis. Para seguir as políticas europeias em termos de implementação de um modelo energético menos poluente e mais diversificado, os governos espanhóis promoveram a produção de energias renováveis, com foco especial na ESFV.

Desde 2007, há uma política de subsídios muito agressiva, que atraiu milhares de investidores e levou o mercado espanhol de ESFV a experimentar um grande crescimento nos anos seguintes, tanto em termos de MWh produzido, quanto em número de empresas do setor. Isso é demonstrado pelo fato de que, em 2007, a produção FV era de 152 MWh, enquanto em 2010 atingiu 3.842 MWh e em 2018 o número atingiu 4.744 MWh produzidos.

No período de 2007 a 2011, ocorreu o grande *boom* do setor FV. É significativo que, antes de 2007, a energia FV acumulada na Espanha fosse de 152 MW, enquanto em 2010 ultrapassava 3.000 MW. Esse crescimento exponencial foi marcado pelo Decreto Real 661/2007, que estabeleceu uma taxa inicial fixa que seria atualizada com a inflação, mas também um número máximo de horas em que se poderia receber os incentivos.

Outras contribuições não podem ser ignoradas, como: a) os incentivos teriam uma redução parcial aos 25 anos e b) a implantação de um teto de 371 MW de potência instalada no território espanhol, onde, uma vez alcançadas, as tarifas seriam revisadas. O quadro legislativo implementado com este decreto proporcionou estabilidade e rentabilidade a longo prazo, o que atraiu investimentos para esse setor.

Fatores socioeconômicos também contribuíram para que fosse impulsionado um grande crescimento da energia FV. A crise econômica global afetou consideravelmente a Espanha. Os setores para os quais o investimento era tradicionalmente direcionado, como a construção, não eram mais um negócio seguro. Portanto, um negócio legalmente perseguido pela administração pública e com prêmios apetitosos, como a energia solar, atraiu a atenção dos investidores. Além disso, o sistema financeiro espanhol, liderado por caixas econômicas e bancos, divulgou esse tipo de investimento, alcançando diferentes tipos de investidores.

Essas políticas levaram a Espanha a alcançar excelentes resultados, com uma redução notável no consumo de combustíveis fósseis. No entanto, apesar desses bons resultados, o executivo espanhol decidiu fazer uma mudança nas políticas de promoção da energia solar. A razão mais importante para essa mudança foi que o tesouro público não podia assumir um custo tão alto devido ao sistema tarifário de alimentação em um cenário de crise econômica. Esse sistema de incentivo às energias renováveis estava ampliando a lacuna entre os custos de geração e as receitas cobradas pelas tarifas, aumentando o "déficit tarifário". Houve, pois, um freio na política energética que apoiou financeiramente a instalação de usinas FVs em parcelas do território espanhol.

Os empresários que investiram em usinas FVs impulsionados pelos rendimentos esperados com base nos altos prêmios oferecidos pelo governo, se veem diante de uma mudança política que reduz os prêmios e elimina a lucratividade de tais investimentos. Com isso, impossibilita os investidores a recuperar o que já foi investido. Segundo os cálculos do governo espanhol, essas medidas representaram uma economia de 740 milhões de euros entre 2011 e 2013 para o governo e, consequentemente, a perda de rentabilidade de algumas plantas chegou a 40%.

Essa mudança implicou uma redução maciça no bônus atribuído aos empresários que produzem energia solar nas "fazendas solares". A lucratividade do setor piorou em 2013. Quando o Decreto-Lei 2/2013 foi aprovado, as empresas foram forçadas a escolher entre os dois mecanismos de retribuição existentes: ir ao mercado ou, no caso de o preço não cobrir custos de geração, receberem um bônus compensatório.

Diante desse cenário macroeconômico de perdas, o mesmo governo que implementou uma remuneração tão alta pela energia solar teve que eliminar gradualmente o sistema tarifário.

A necessidade de limitar o acúmulo de déficits tarifários pelo sistema elétrico espanhol levou a uma redução dos incentivos ao sistema FV. A partir de 2013, após uma sucessão de leis cada vez mais restritivas com subsídios públicos à energia FV, esses incentivos foram definitivamente abolidos, levando à estagnacão do setor.

A regulamentação energética de 2018 foi marcada pela intenção do governo de ser mais ambicioso e alterar prioridades na implementação das medidas que devem ser adotadas para enfrentar a transição energética. Em Outubro de 2018 foi editado o Decreto-Lei 15/2018 que definiu medidas urgentes de transição energética e proteção ao consumidor.

Em termos de metas climáticas, o novo ministério elaborou o Plano Nacional de Energia e Clima Espanhol 2021-2030, concentrando-se nas metas para 2030 e tendo implementado determinadamente as bases para alcançar um cenário de neutralidade de emissões até 2050.

Em 2030, o projeto atual do Plano Nacional Integrado prevê uma potência total instalada no setor de eletricidade de 161 GW (dos atuais 105 GW), dos quais 50 GW serão energia eólica, 39 GW solar FV e 27 GW de usinas de ciclo gás combinado, 17 GW de hidráulica e bombeamento misto, 7 GW solar termoelétrico, 3 GW de energia nuclear e 2,5 GW de armazenamento, conforme se vê na Figura 74 abaixo:

Figura 74 – Plano de Geração para 2030

Parque de geração do Cenário Alvo (MW)

Ano	2015	2020*	2025*	2030*
Eólica (terrestre e marítima)	22.925	28.033	40.633	50.333
Fotovoltaico solar	4.854	9.071	21.713	39.181
Termoelétrica solar	2.300	2.303	4.803	7.303
Hidráulica	14.104	14.109	14.359	14.609
Bombeamento misto	2.687	2.687	2.687	2.687
Bombeamento puro	3.337	3.337	4.212	6.837
Biogás	223	211	241	241
Outras renováveis	0	0	40	80
Biomassa	677	613	815	1.408
Carvão	11.311	7.897	2.165	0
Ciclo combinado	26.612	26.612	26.612	26.612
Congeneração	6.143	5.239	4.373	3.670
Combustível e combustível/gás (territórios não Peninsulares)	3.708	3.708	2.781	1.854
Resíduos e outros	893	610	470	341
Nuclear	7.399	7.399	7.399	3.181
Armazenamento	0	0	500	2.500
Total	107.173	111.829	133.802	160.837

** Los datos de 2020, 2025 y 2030 son estimaciones del Escenario Objetivo del borrador actualizado del PNIEC.*

Fonte: *Adaptado da UNEF*

5 CONCLUSÃO

Diferentemente do que ocorre no Brasil, com relação à Austrália verifica-se duas modalidades de "compensação" quando da GD: *gross metering* ou *net metering*, sendo apenas a última modalidade aplicada no Brasil, porém com algumas diferenças. No *net metering* da Austrália, o consumidor injeta na rede apenas o excedente, após o autoconsumo, na rede, de modo que a base de cálculo para o pagamento do *feed-in* é apenas o volume de eletricidade excedente. Nota-se uma tendência mundial de que programas de tarifas *feed-in* vêm passando por drásticas reduções das tarifas, sendo até mesmo extintos.

O que se nota é que os países que adotaram a tarifa *feed-in* como política de inserção de ESFV, o fizeram no início, principalmente quando os custos do sistema são elevados. No caso do Brasil, não fazia sentido, pois os preços de equipamentos (módulos e inversores) já estavam mais baratos. O avanço que se tem em relação aos sistemas tarifários no mundo é o da adoção da tarifa monômia, depois que deixam o modelo de *feed-in*. Com a tarifa binômia é possível alocar de forma mais correta o custo da energia e da rede. Nos mercados em que não há a liberalização e cujas políticas de incentivos foram restringidas, continua-se com modelos *net metering*.

Já na Califórnia, há um aspecto muito peculiar que são as IOU´s, que por muito tempo detiveram o monopólio da geração, distribuição e transmissão da energia elétrica no Estado – o que dificulta um comparativo com o Brasil nesse sentido, em razão da estrutura ser muito diferente. Uma semelhança se dá em relação aos prosumidores, chamados de *free riders* rede, pois usufruem do serviço prestado pelas distribuidoras sem que arquem com o custo de prestação. Há a mesma discussão acirrada com relação à GD quando se analisa o que chamam de *cost shifting* – quando os consumidores que não possuem painéis são os que arcam com os custos da rede de distribuição daqueles que usam painéis FVs. O mesmo debate ocorre atualmente no Brasil.

Por fim, com relação à Espanha, trata-se de um bom exemplo da necessidade de uma estrutura institucional estável para o crescimento e consolidação de um setor. Especialmente quando esse setor é emergente e está incluído em um setor estratégico, como a energia. Analisamos como as perdas econômicas para o setor têm sido consideráveis e essa situação levou ao fechamento de empresas e à destruição de empregos. No entanto, as consequências não são apenas visíveis neste setor. A instabilidade e a mudança legal negativa, sem compensação, podem ser percebidas pelos investidores estrangeiros como um sinal de que a Espanha não garante uma estrutura estável para o investimento, o que pode levar a problemas futuros na economia do país. O mesmo raciocínio pode ser aplicado quando analisamos o Brasil sob a ótica da revisão da

Resolução 482/2012 e a falta de segurança jurídica com as alterações que vêm sendo propostas pelo governo brasileiro.

REFERÊNCIAS BIBLIOGRÁFICAS

100% RENEWABLES (2017). "Estados, territórios e governos locais australianos liderando o caminho para as energias renováveis e compromissos climáticos". Disponível em: <https://100percentrenewables.com.au/australian-states-territories-local-governments-leading-way-renewables-climate-commitments/>. Acesso em: 20 ago. 2020.

BLANCO-DÍEZ, Patricia; DÍEZ-MEDIAVILLA, Montserrat & ALONSO-TRISTÁN, Cristina. "Review of the Legislative Framework for the Remuneration of Photovoltaic Production in Spain: A Case Study". (2020). Disponível em: <https://www.mdpi.com/journal/sustainability>. Acesso em: 20 ago. 2020.

BRINSMEAD, T. S.; HAYWARD, J. & GRAHAM, P. "Australian electricity market analysis report to 2020 and 2030". CSIRO: Newcastle, NSW, 2014.

LAWYERS, Mc Cullough Robertson. "Renewable energy in Australia: a guide to regulation". (2017). Disponível em: <https://www.mccullough.com.au/wp-content/uploads/2017/07/Renewable-energy-in-Australia-Part-2_A-guide-to-regulation_FINAL.pdf>. Acesso em: 20 ago. 2020.

UNEF. Unión Española Fotovoltaica. Disponível em <https://unef.es/el-sector-fotovoltaico-en-espana/>. Acesso em: 20 ago. 2020.

ENCADEAMENTO PRODUTIVO DA ENERGIA FOTOVOLTAICA NO BRASIL

CAPÍTULO 13
MAPA DO ENCADEAMENTO PRODUTIVO

Adriana Barbosa, Valdir dos Santos, Yiannis Chanis e Helena Coelho

1 INTRODUÇÃO

O objetivo deste trabalho é mapear o encadeamento produtivo da geração ESFV no Brasil, seus principais atores, apresentando as principais tecnologias de fabricação de módulos FVs, os elementos da cadeia de valor e indicação do seu caminho crítico.

Entende-se como cadeia de valor da ESFV a cadeia produtiva do segmento, englobando a fabricação e o fornecimento de equipamentos, materiais e componentes, chamados bens, e as prestações de serviços relacionados, tais como, desenvolvimento de projetos, empresas EPCistas (*engineering, procurement, construction*), empresas de consultoria e engenharia, operação e manutenção de sistemas e usinas, agentes financeiros, associações, instituições de ensino e pesquisa, e distribuidoras de equipamentos. Um fluxo esquemático da cadeia de valor solar FV é apresentado na Figura 75.

Figura 75 – Esquemático da Cadeia de Valor Solar Fotovoltaica

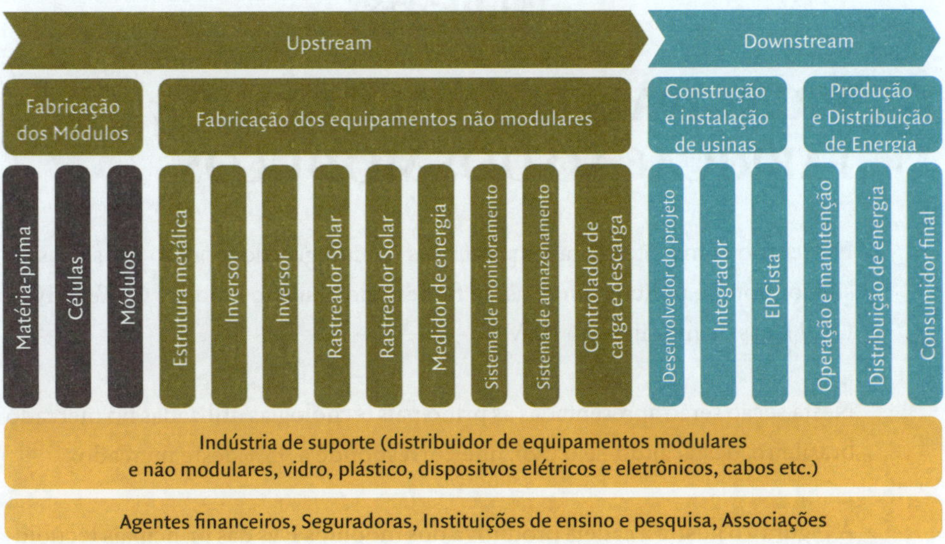

Fonte: *Elaboração própria*

Este trabalho está estruturado em quatro etapas principais, conforme descrito a seguir. No primeiro momento, realizou-se uma revisão das principais tecnologias do mercado, enfatizando-se o mercado brasileiro. Em seguida, foram identificadas as partes integrantes da cadeia produtiva das principais tecnologias, isto é, desde o *upstream* até o *downstream*. Por fim, foram identificados os elementos da cadeia de valor dos mercados de geração de ESFV, com indicação de caminhos críticos e seus principais atores.

Para a execução do trabalho, a equipe utilizou informações obtidas, principalmente, em visitas a empresas, universidades e associações, participação em feiras e conferências profissionais, além de entrevistar representantes com conhecimento reconhecido sobre a ESFV no Brasil (acesse o código abaixo para ver a lista de entidades visitadas).

2 PRINCIPAIS TECNOLOGIAS DE FABRICAÇÃO DOS MÓDULOS

De acordo com a literatura, as principais tecnologias de módulo FV são as de silício mono e policristalino, as de filmes finos (silício amorfo, CdTe, CIGS, OPV) e as de multijunção III-V.

Nesta seção serão apresentadas as principais tecnologias utilizadas no mercado brasileiro, destacando-se o c-Si, que corresponde a 95% deste mercado.

A Figura 76 ilustra a cadeia produtiva dos módulos FVs das principais tecnologias, tais como silício, filmes finos e OPV. As principais etapas são a extração da matéria-prima ou obtenção desses insumos industriais, seguido pela preparação das células para formação dos módulos, além da instalação dos equipamentos elétricos auxiliares sobre esse processo de fabricação dos módulos. Por fim, visa-se à comercialização desses módulos.

Figura 76 – Cadeia produtiva de módulos fotovoltaicos de silício, filmes finos e OPV

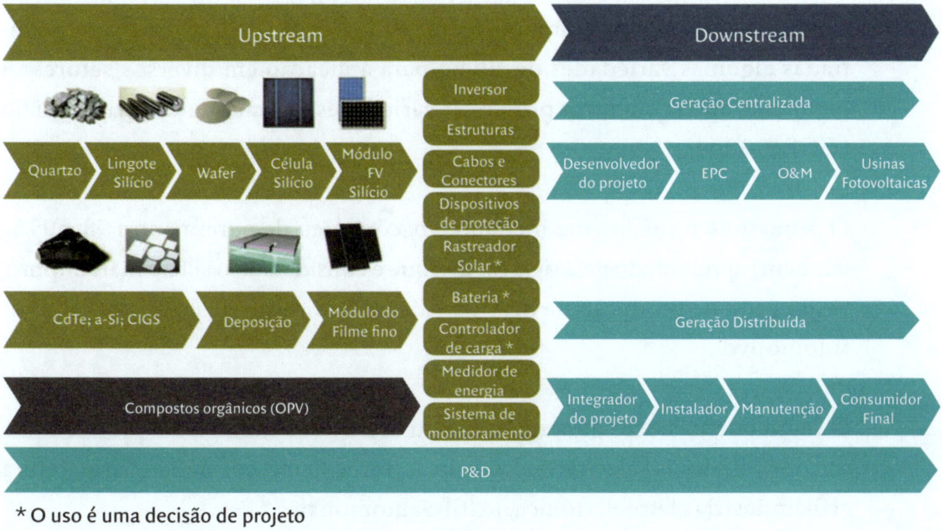

Fonte: *Elaboração própria*

2.1 PROCESSO DE FABRICAÇÃO DE MÓDULOS FV DE SILÍCIO CRISTALINO

O silício é um elemento químico, localizado no grupo 14 da Tabela Periódica, ou também conhecido por família do carbono. Considerado como o segundo elemento mais abundante, o silício compõe de 25 a 27% da crosta terrestre, sendo encontrado apenas combinado a outros elementos, em rochas, areias, barros e solos.

O silício também conhecido por *silex* ou *silicius*, que significa "pedra dura", foi obtido inicialmente por um químico sueco, Jons Jacob Berzelius, em 1824, a partir de uma reação entre tetrafluoreto de silício e potássio, sob aquecimento. Existem outras formas de obtenção desse metal, através de uma reação de SiO_2 com Mg metálico ou carvão, ou ainda, a partir da reação de SiO_2 com coque. Há ainda, uma reação de decomposição de SiH_4 ou tetrahaleto de silício a altas temperaturas, a fim de formar silício ultrapuro, utilizado como semicondutor (PEIXOTO, 2001).

As formas de obtenção de silício mencionadas anteriormente resultam em SiGM. Essa nomenclatura é uma classificação quanto ao grau de pureza do elemento. A partir de inúmeras técnicas de purificação, podem ser encontradas algumas variedades de silício para aplicação em diversos setores. A seguir, são apresentadas as principais variedades de graus de pureza do silício (CGEE, 2009).

O primeiro é o silício grau metalúrgico, com grau de pureza entre 98 a 99%, também representado pela sigla SiGM, que é considerado o silício mais impuro, empregado na produção de ligas de Al e na fabricação de peças para o setor automotivo.

O segundo é o silício grau químico, ou SiGQ, utilizado para a produção de silicones especiais (óleos leves), nas áreas de medicina, cosméticos, arquitetura civil, indústria eletroeletrônica, têxtil e automotiva.

O terceiro é o silício de grau eletrônico, ou SiGE, um silício de alta pureza, empregado na fabricação de semicondutores, além da produção de triclorossilanos, que são transformados em diodos e processadores de alta performance (chips de computadores), com grau de pureza acima de 99,9999%.

O quarto é o silício grau solar, ou SiGS, utilizado na fabricação de módulos solares, com grau de pureza acima de 99,9999%.

Há, também, o silício grau metalúrgico melhorado, ou SiGMM, com grau de pureza entre 99 a 99,99%, obtido através de uma purificação do silício por processos de baixo custo, como uma solidificação unidirecional, uma fusão zonal, uma degaseificação a vácuo ou o processo Czochralski.

Primeiramente, será apresentado o processo de obtenção de SiGM (SAMPAIO et al., 2019). O processo de fabricação de silício comercial, também conhecido por SiGM, é obtido através de uma reação de redução de quartzo (reação de redução carbotérmica) com eletrodos de carbono em forno a arco elétrico à temperatura superior a 1900ºC, ver Figura 77. O silício líquido acumula-se no fundo do forno, sendo extraído e resfriado. É importante destacar que o silício obtido contém elevados teores de contaminantes como Ca, Fe e Al, resultantes da redução de seus óxidos.

Figura 77 – Processo de fabricação de silício grau metalúrgico

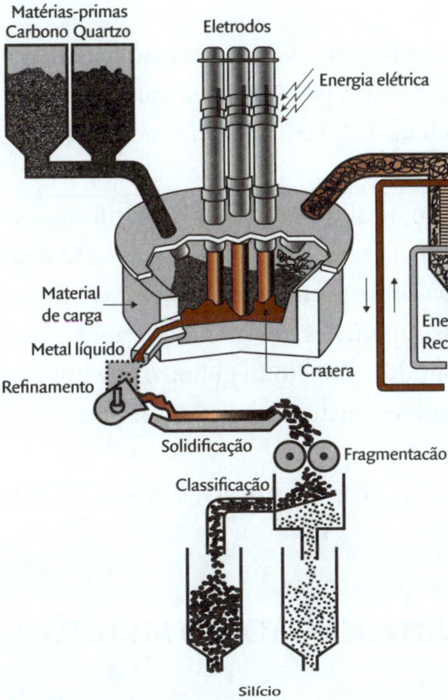

Fonte: *Adaptado de MYRVAGNES (2008)*

O processo químico ocorre em fornos a arco elétrico com topo aberto e diâmetro duas vezes maior que a profundidade. A potência máxima é de cerca de 25 MW e, devido ao gradiente de temperatura entre o topo e a base do forno, ocorre a fusão de toda a carga a uma temperatura que pode atingir o valor de 1.800ºC.

Os principais fatores que podem interferir na eficiência deste processo são a potência de operação, a posição dos eletrodos e a porosidade da carga, além das reações paralelas (1), (2), (3) e (4).

$$SiO_{2(s)} + 2\,C_{(s)} \rightarrow Si_{(s)} + 2\,CO_{(g)} \quad (1)$$

$$SiO_{2(s)} + C_{(s)} \rightarrow SiO_{(s)} + CO_{(g)} \quad (2)$$

$$SiO_{(s)} + 2\,C_{(s)} \rightarrow SiC_{(s)} + CO_{(g)} \quad (3)$$

$$SiC_{(s)} + SiO_{2(s)} \rightarrow Si_{(s)} + SiO_{(s)} + CO_{(g)} \quad (4)$$

Um desafio para a obtenção de silício grau solar, pela redução carbotérmica, está relacionado ao consumo de energia e de matéria-prima para produzir o SiGM.

Por exemplo, para produzir 1.000 kg de SiGM são requeridos de 2.500-2.700 kg de quartzo, 600 kg de carvão vegetal, 600-700 kg de carvão mineral ou coque, 300-500 kg de lascas de madeira e 500.000 kWh de energia elétrica.

Após o processo de obtenção do silício, técnicas de purificação deste material são necessárias, tendo em vista, as variedades de aplicação deste material. Existem o método físico que consiste em moagem do silício de modo que as impurezas se acumulem nas superfícies dos grânulos e após uma dissolução ácida, um pó mais puro é obtido, e o método químico que utiliza compostos como $HSiCl_3$, $SiCl_4$ e SiH_4 sobre o material para purificação.

A seguir serão detalhados os principais processos de purificação do silício (SAMPAIO et al., 2019).

2.1.1 PROCESSOS DE PURIFICAÇÃO DO SILÍCIO

a. Processo Siemens

Inicialmente, o silício metalúrgico moído a uma granulometria de 40 μm é inserido em um reator de leito fluidizado, ao qual se adiciona HCl na forma gasosa a uma temperatura de 300ºC (5). Os produtos formados são triclorossilano e hidrogênio (6).

$$Si_{(s)} + 3\,HCl_{(g)} \rightarrow SiHCl_{3\,(g)} + H_{2(g)} \qquad (5)$$

$$Si_{(s)} + 4\,HCl_{(g)} \rightarrow SiCl_{4\,(g)} + 2\,H_{2(g)} \qquad (6)$$

Em seguida, realiza-se uma destilação fracionada para separação dos silanos e cloretos metálicos (7) e (8), resultando em um silício com uma concentração de pureza menor que 1,0 ppb. O $SiHCl_3$ de alta pureza é vaporizado, diluído com hidrogênio de alta pureza (9) e introduzido no reator CVD de silício policristalino a uma temperatura de 1100ºC (10). O reator no formato em U invertido auxilia como ponto de nucleação à deposição de silício policristalino. A taxa de crescimento é menor que 1,0 mm/h. Após 200 a 300 horas de deposição, são produzidos 150-200 mm de silício alta pureza, ou seja, o SiGS.

$2\,SiHCl_{3(g)} \rightarrow SiH_2Cl_{2(g)} + SiCl_{4(g)}$	(7)
$SiH_2Cl_{2(g)} \rightarrow Si_{(s)} + 2\,HCl_{(g)}$	(8)
$SiHCl_{3(l)} + H_{2(g)} \rightarrow Si_{(s)} + 3\,HCl_{(g)}$	(9)
$SiHCl_{3(l)} + HCl_{(g)} \rightarrow SiCl_{4(g)} + H_{2(g)}$	(10)

Desvantagens: Clorossilanos são tóxicos e corrosivos; e o elevado consumo de energia requerido para operar a 1.100ºC. Apenas 30% do silício no reator é convertido em silício de alta pureza.

2.1.2 PROCESSOS DE RECRISTALIZAÇÃO

a. Processo Czochralski

Esse processo se baseia no crescimento de monocristais de semicondutores, em uma atmosfera inerte (Ar), obtendo-se Mono-Si com pureza na faixa de 99,9 até 99,999999%.

Primeiramente, um cadinho de quartzo é utilizado como reator, no qual se adiciona uma amostra de silício policristalino (pode ser cristalino também), sendo aquecido até sua fusão, a uma temperatura de 1.500ºC. Depois, são adicionados elementos dopantes, como boro e fósforo, para a formação de um semicondutor. Utiliza-se uma amostra de Mono-Si, presa a uma haste, que ao tocar no silício fundido no interior do cadinho, será resfriado, iniciando o processo de cristalização, conforme Figura 78. Esse processo se origina em um grande lingote ou tarugo. Por meio de cortes transversais no lingote, as lâminas ou waffers de forma circular são obtidas.

Figura 78 – Processo de cristalização de silício

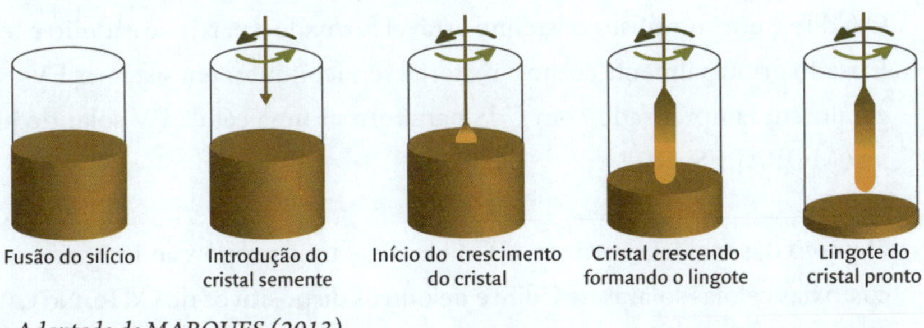

Fonte: *Adaptado de MARQUES (2013)*

Vantagens: cristal semente sem forma definida, melhor resistência das lâminas (quantidade de oxigênio) e menor custo de produção.

Desvantagens: efeito *gettering*.

Figura 79 – Processo de Fabricação módulo fotovoltaico de silício cristalino

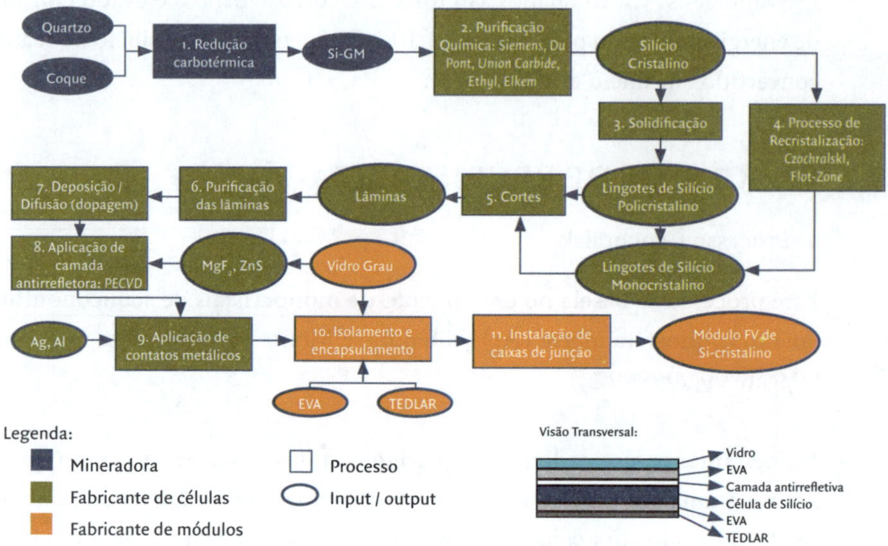

Fonte: *Elaboração própria*

2.2 PROCESSO DE FABRICAÇÃO DE MÓDULOS FV DE FILMES FINOS

2.2.1 CdTe

O CdTe é um composto cristalino estável formado a partir de cádmio e telúrio. É usado principalmente como o material semicondutor em sistemas FVs, sendo geralmente imprensado com CdS para formar uma célula PV solar de junção *pn* (MORALES, 2011).

O preço das matérias-primas, o Cd e o Te, é uma proporção insignificante do custo das células solares de CdTe e de outros dispositivos de CdTe. No entanto, Te é um elemento relativamente raro (1-5 partes por bilhão na crosta terrestre).

Através da eficiência aprimorada do material e do aumento dos sistemas de reciclagem FV, a indústria FV de CdTe tem o potencial de contar totalmente com Te a partir de módulos reciclados em fim de vida até 2038 (CANDLESS et al., 2011).

Existem inúmeros processos de deposição de CdTe em filmes finos para produção de células solares. O processo de fabricação depende de três fatores: as condições de temperatura e pressão, a espessura do filme e a taxa de deposição. Os principais métodos de obtenção de CdTe são: VTD, CSS, pulverização catódica, eletrodeposição, MOCVD, Screen-print, Spray. Para a síntese de CdS, as técnicas mais utilizadas são CSS, Pulverização catódica e banho químico (CBD) (CANDLESS et al., 2011).

Durante a visita ao laboratório de filmes finos do IME, pôde-se perceber que as técnicas mais empregadas eram CSS, pulverização e CBD, conforme a literatura em Romeo (2004).

As etapas do processo de fabricação de módulo FV de CdTe são apresentadas na Figura 80.

Figura 80 – Processo de Fabricação módulo fotovoltaico de CdTe

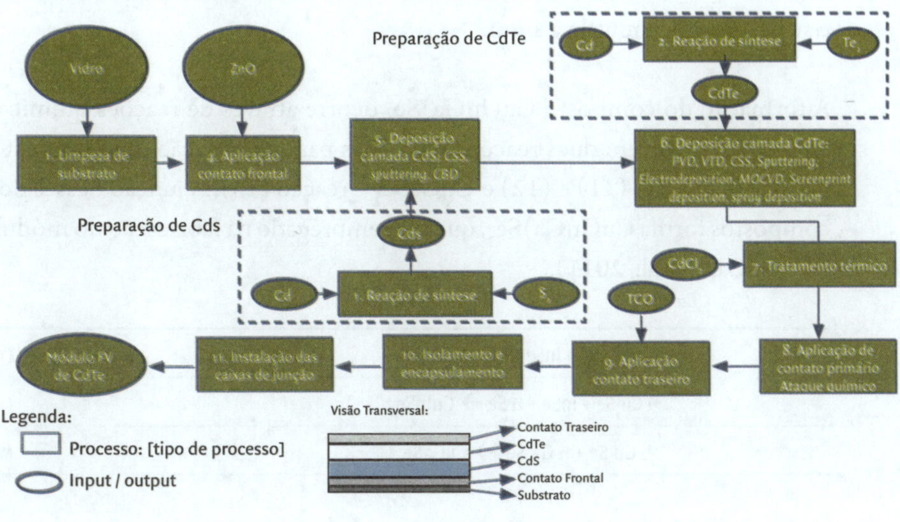

Fonte: *Elaboração própria*

2.2.2 CIGS

Os módulos FVs CIS ou CIGS também se encontram dentro da categoria filmes finos. Sua preparação envolve as técnicas semelhantes ao CdTe. A sigla CIS se remete às inicias dos elementos Cu, In, Se; já CIGS apresenta os mesmos elementos mais o elemento Ga, cuja fórmula química é $Cu(InGa)Se_2$.

Os módulos CIGS apresentam algumas vantagens como baixo custo e alta taxa de deposição do semicondutor em grandes áreas, utilizando espessuras na faixa de micrômetros na fabricação de módulos monolíticos, além de elevada eficiência na faixa de 20% para 0,5 cm^2, conforme o NREL. Porém, esse dado de eficiência não é uniforme, tendo em vista os valores encontrados por algumas empresas na produção desses módulos, como exemplo, eficiência de 13,5% em 3459 cm^2.

A montagem do módulo, como pode ser visto na Figura 81, consiste em: substrato (geralmente vidro), uma camada de Mo, a célula CIGS, uma camada de CdS, ZnO. Após, é feito o isolamento e encapsulamento, e, por fim, a instalação da caixa de junção.

O substrato mais empregado é o vidro, do tipo *soda-lime*, a uma temperatura de 500 °C. A camada de Mo é depositada diretamente através de uma pulverização e sua espessura equivale a 1 μm.

A formação do composto $Cu(InGa)Se_2$ ocorre através de reações químicas, em etapas. Ocorrem duas reações separadas para a formação dos compostos $CuInSe_2$ – reações (11) e (12) e $CuGaSe_2$ – reação (13). A junção desses dois compostos forma $Cu(InGa)Se_2$, que será empregado na fabricação do módulo FV (STOLT et al., 2011).

$$CuSe + InSe \rightarrow CuInSe_2 \tag{11}$$

$$\tfrac{1}{2}\,Cu_2Se + InSe + \tfrac{1}{2}\,Se \rightarrow CuInSe_2 \tag{12}$$

$$\tfrac{1}{2}\,Cu_2Se + \tfrac{1}{2}\,Ga_2Se_3 \rightarrow CuGaSe_2 \tag{13}$$

Outros métodos de deposição da combinação CIGS podem ser utilizados, como pulverização, selenização, CSS, CBD, evaporação a laser e pirólise spray.

O CdS é obtido principalmente pela técnica CBD ou banho químico, já visto na técnica de CdTe. Existem outros métodos, como evaporação a vácuo, pulverização, ALD (deposição atômica), CVD e eletrodeposição (SHAFARMAN et al., 2011).

Figura 81 – Processo de Fabricação módulo fotovoltaico de CIGS

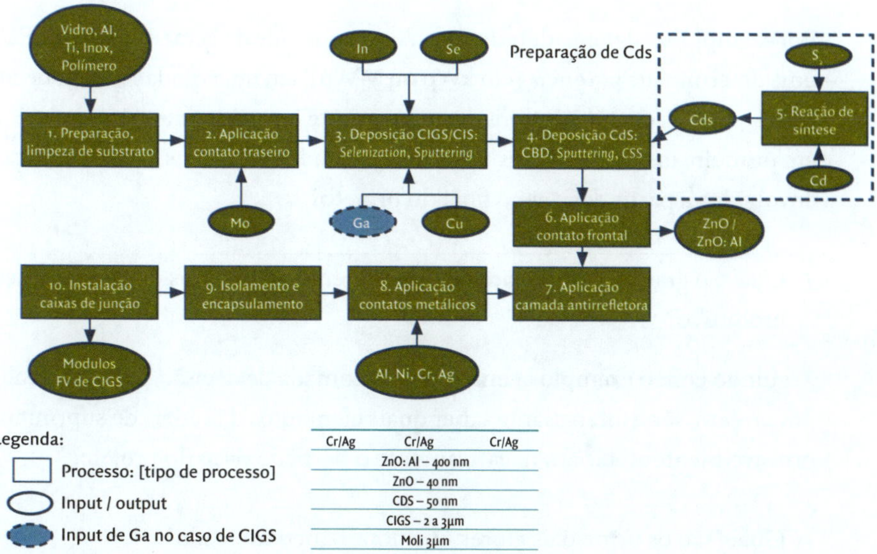

Fonte: *Elaboração própria*

3 A CADEIA DE VALOR DE ENERGIA SOLAR FOTOVOLTAICA NO BRASIL

O encadeamento produtivo destaca-se como um grande influenciador na tomada de decisão em um empreendimento. Por exemplo, uma cadeia de suprimentos longa e complexa pode afetar o perfil de risco de um projeto e, portanto, sua viabilidade. Outras variáveis incluem tamanhos e localização de mercado, tecnologias, regulamentação, considerações econômicas e financeiras.

O objetivo da análise a seguir é mapear o encadeamento produtivo dos mercados de geração de ESFV do ponto de vista da empresa de energia interessada em gerar e vender ESFV no Brasil.

Como os objetivos são sempre resultados de necessidades e/ou demandas, seria útil refletir sobre a necessidade de estudar a cadeia de suprimentos, usando como guia o conjunto de perguntas abaixo. Dessa forma, a análise torna-se mais eficiente, ao se focar nas questões que são centrais para a tomada de decisão:

- Qual é o caminho em termos de execução e aprovação do projeto até a geração de energia?

Por exemplo, se alguém identificasse a oportunidade de gerar e vender ESFV de uma determinada potência (em kWp ou MWp), em uma modalidade específica de GD ou GC, com quais tipos de empresa este investidor deveria se relacionar em primeira instância e quais tipos de fornecedores de bens e serviços estarão envolvidos a partir daí e até o final do projeto?

- Qual é o grau de complexidade dos diferentes elementos do encadeamento produtivo?

Seguindo com o exemplo acima, antes da tomada de decisão acerca de realizar um projeto, seria interessante saber quais elementos da cadeia de suprimentos provavelmente afetariam negativamente o perfil de risco do projeto.

- Quais são os principais atores que dominam o mercado?

Embora sempre exista espaço para contratar fornecedores com menor participação no mercado, pois estes talvez possam oferecer melhores condições ou sejam mais especializados em segmentos específicos, são os grandes *players* que, provavelmente, oferecerão o melhor perfil de risco.

- Finalmente, existem tendências em termos de reorientação da cadeia de suprimentos?

No exemplo acima, é provável que atualmente, para um grande projeto, o proprietário deva comprar um equipamento específico diretamente do fabricante. No futuro, essa demanda poderia ser atendida por um distribuidor?

Esta seção apresenta um primeiro esforço de alto nível para responder às perguntas acima, atendendo assim à demanda de descrever a cadeia de suprimentos de ESFV no Brasil.

ALGUNS PARÂMETROS

Antes de aprofundar-se no encadeamento produtivo, serão definidos os parâmetros da nossa análise, ou seja, as "condições iniciais", uma vez que objetivamos criar uma ferramenta de tomada de decisão, que poupe o usuário de informações desnecessárias ou já conhecidas.

- A análise abaixo não inclui explicações do processo envolvido na geração de energia, algo que os engenheiros das empresas de energia dominam completamente.
- Não está no escopo desta análise explicar as características técnicas da transmissão e distribuição de energia. A premissa desta análise será desde a fabricação do equipamento necessário para uma instalação de ESFV, até o ponto de geração de energia, com somente referências à transmissão e distribuição de energia.
- Questões tecnológicas específicas (eficiência do módulo ESFV, tecnologias envolvidas em inversores etc.) não serão abordadas nesta análise, porém são abordadas em outros capítulos do estudo.

3.1 METODOLOGIA DE ANÁLISE

Como mencionado anteriormente, em uma análise de alto nível como essa, a eficiência é essencial. Quando terminar de ler, o leitor deve ter um entendimento razoável da rede que envolve a cadeia de suprimentos, quais são os elementos que têm maior potencial de inviabilizar um projeto ou aumentar significativamente o perfil de risco do projeto, e como eles interagem entre si.

Definimos estes elementos da cadeia de valor como "elementos críticos" e focaremos nossa análise nestes atores da cadeia. Quando necessário, uma análise mais detalhada pode ser realizada com o objetivo de investigar profundamente todos os elementos da cadeia de suprimentos com um detalhamento que permita determinar o perfil de risco completo do projeto.

Baseado na metodologia de caminho crítico, amplamente utilizado na gestão de projetos, usaremos o mesmo conceito para identificar o "caminho crítico de suprimento" entre a aprovação do projeto e a geração de energia.

Na gestão de projetos, a metodologia do caminho crítico é usada para estimar a duração mínima do projeto e determinar a flexibilidade de agendamento dos caminhos de rede lógica no modelo de cronograma. A flexibilidade do cronograma é medida pela quantidade de tempo em que uma atividade do cronograma pode ser adiada ou estendida a partir de sua data de início planejada, sem atrasar a data de término do projeto ou violar uma restrição de cronograma.

Da mesma forma, o caminho crítico do suprimento pode ser definido livremente como uma sequência de elementos do encadeamento produtivo (fornecedores de bens e serviços), que se encontram dentro do modelo ou rede da cadeia, com a mínima inflexibilidade total. Definimos como inflexibilidade uma quantidade que expressa o potencial de um elemento da cadeia de suprimentos de aumentar o perfil de risco de um projeto.

Consequentemente, os elementos da cadeia de suprimentos dentro do caminho crítico serão aqueles que juntos causarão o efeito negativo máximo ao perfil de risco do projeto ou, visto de outra forma, exercerão a influência máxima ao sucesso do projeto.

O processo de definição do caminho crítico decorreu-se com os seguintes passos:

a. Levantamento dos elementos do encadeamento produtivo, com definições e exemplos de organizações que se encaixam na descrição de cada um, e criação de uma rede lógica de inter-relações entre os elementos da cadeia de suprimentos;

b. Análise qualitativa para determinar a inflexibilidade de cada elemento da cadeia de suprimentos;

c. Identificação do caminho crítico da cadeia produtiva, como a rede de elementos com a máxima inflexibilidade total;

d. Análise dos elementos críticos do encadeamento produtivo.

Em seguida, é dada atenção aos elementos do caminho crítico da cadeia produtiva. Estes elementos devem ser de importância crítica – são os que mais provavelmente afetarão o perfil de risco de um projeto: apresenta "*show-stoppers*", afeta com maior grau a lucratividade do projeto, afeta o prazo e a qualidade do projeto.

Esta parte da análise será baseada fortemente nas principais lições aprendidas de visitas e reuniões realizadas com organizações. Como mencionado anteriormente, os elementos não críticos serão citados, porém não detalhados.

3.2 ELEMENTOS DO ENCADEAMENTO PRODUTIVO

As empresas ligadas à ESFV no Brasil foram pesquisadas e relacionadas através de diferentes fontes, tais como: lista de empresas cadastradas nas associações ABSOLAR e ABGD; a lista de empresas que participaram no INTERSOLAR em São Paulo, em 2019; revistas especializadas do setor, entre outras fontes de pesquisa.

Em seguida, foi apurada cada entrada para identificar a atividade primária e secundária de cada empresa, organização etc. A principal ferramenta usada para esta atividade foi a pesquisa na Internet, entrando no site de cada entidade. Em alguns casos, foram realizadas conversas por telefone com as empresas e visitas a várias empresas identificadas como principais exemplos de seus respectivos elementos da cadeia de suprimentos.

A lista de elementos da cadeia de suprimentos, com exemplos das principais organizações pertencentes a cada elemento, encontra-se no Anexo 1 e a lista de todas as empresas e organizações mapeadas encontra-se no Anexo 2 (acesse o código abaixo para visualizar)

3.3 REDE LÓGICA DE INTER-RELAÇÕES

Após identificar os diferentes elementos da cadeia de suprimentos, houve a participação de pesquisadores e especialistas em uma série de sessões de gerações de ideias com o objetivo de mapear como os diferentes elementos estão interligados. Como explicado anteriormente, após entender quais elementos estão envolvidos no projeto, seguiu-se para o próximo passo, que consistiu em definir como eles interagem. No caso dessa rede lógica da cadeia de suprimentos, os vários elementos foram vinculados, usando a regra "*follow the money*". Assim, os elementos são vinculados com base nas suas relações financeiras.

Por exemplo, no caso da "GD Micro", entende-se que na maioria dos projetos, um "Integrador" comprará de um Distribuidor de Equipamentos Fotovoltaicos os equipamentos necessários para a instalação, e esta ligação é demonstrada na rede lógica da cadeia de suprimentos daquele mercado.

3.3.1 ESTRUTURAÇÃO DO MERCADO

Ponderou-se como os diferentes elementos da cadeia de suprimentos estão ligados, ficando óbvio que esses elos dependem em grande parte da forma que cada mercado se organiza e de como os diferentes submercados têm requisitos diferentes. Por exemplo, projetos pequenos de GD são executados principalmente por integradores, que normalmente são pequenas empresas de 1 a 10 pessoas, mais a mão de obra contratada, que compram dos distribuidores de equipamentos FVs brasileiros os diferentes equipamentos para a instalação. Por outro lado, grandes projetos de GC e de GD de médio porte (entre 5 e 30 MW) são executados por EPCistas que podem comprar equipamentos diretamente dos fabricantes estrangeiros.

Para entender como o mercado se organizou, recorreu-se primeiro às definições dos diferentes segmentos do mercado, conforme textos legais e regulamentares relacionados a este negócio. Estas definições e descrições detalhadas do ponto de vista legal sobre GC e GD, e outras, podem ser encontradas nos relatórios específicos sobre Marco Regulatório. Porém, as conversas com os diferentes *players* indicaram que o mercado de GD se organizou de uma maneira um pouco diferente da pretendida pela regulamentação atual. Segundo a regulamentação, a GD é classificada em GD Micro (usinas até 75 kWp), GD Mini (usinas maiores que 75 kWp e até 5 MWp) e usinas maiores que 5 MWp até 30 MWp, estas sem uma denominação específica, neste relatório chamada de GD médio porte.

Para entender como o mercado está realmente organizado, procurou-se o banco de dados de projetos de GD Micro e Mini da ANEEL, que demonstra de maneira relativamente amigável todos os projetos de GD Micro e Mini no Brasil, com informações como potência da instalação em KWp, local da instalação (por estados e municípios), data em que a instalação foi conectada à rede pública de distribuição, e também a "Modalidade de Geração" e "Classe de Consumo":

- Modalidade de Geração

Nichos de consumidores e possibilidades de negócios definidas nas regulamentações da ANEEL para GD Micro e Mini. São eles: Geração na própria unidade de consumo (autoconsumo local); autoconsumo remoto; empreendimentos com múltiplas unidades consumidoras – condomínio; e geração compartilhada (consórcio, cooperativa ou condomínio voluntário).

- Classe de consumo

São as diversas classes aplicadas a cada tipo de consumidor, conforme Resolução Normativa da ANEEL. São elas: Residencial; Industrial; Comercial; Rural; Iluminação Pública; Serviço Público e Poder Público.

Para começar a entender a configuração do mercado, uma pergunta que pode ser feita é: qual é a potência de uma instalação de ESFV "média"? Uma noção neste sentido pode ajudar a dimensionar o tamanho de uma operação.

Usa-se essa questão primordial como um guia para mapear como o mercado se organizou. No entanto, deve-se ter ciência das complexidades das forças de mercado em fluxo constante, da regulamentação complicada, descritiva e, às vezes, sobreposta, bem como o fato de que a geração de energia solar compete diretamente com outras fontes de energia e com outros usos de espaço. Esses fatores podem mudar drasticamente os mercados futuros e, como tal, deve-se ficar atento aos desenvolvimentos no Brasil e no exterior.

Para chegar nesta informação, utilizou-se as informações disponíveis no banco de dados da ANEEL de GD Micro e Mini (conforme dados do dia 30 de dezembro de 2019) e traçou-se a Curva S da Figura 82. Esta curva mostra o número cumulativo das usinas de ESFV em GD Micro e Mini no Brasil em relação à potência delas.

Figura 82 – Usinas de ESFV em relação à potência (Brasil)

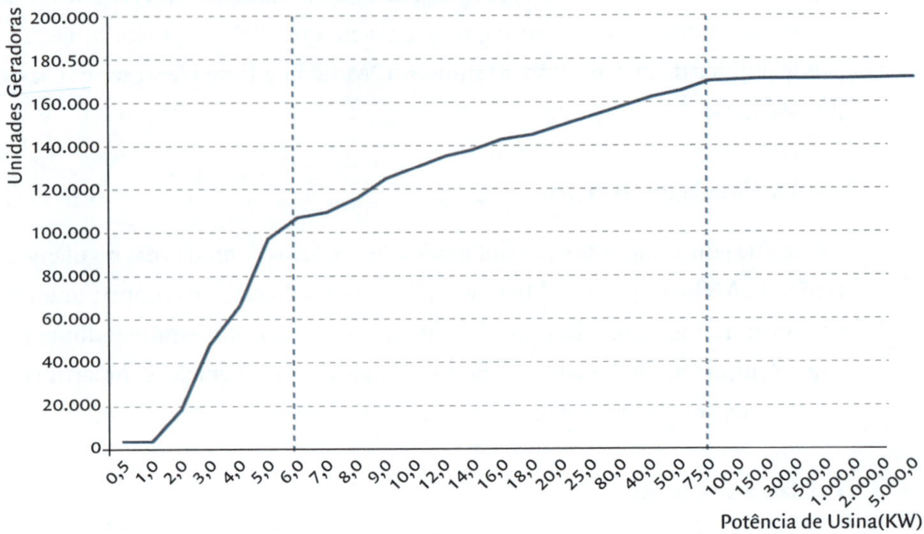

Fonte: *Elaboração própria*

Analisando a curva da Figura 82, pode-se observar que:

- No início da curva, há um aumento muito acentuado do número de unidades com potência instalada entre 0 e 6 kWp. Embora a inclinação da curva também possa ser atribuída à escala escolhida para o eixo X, o gráfico mostra que cerca de 105.000 unidades, ou seja, cerca de 60% do total têm um potencial instalado de 6 kWp ou menos.
- Após a parte inicial bastante íngreme da curva, segue uma parte em que a Curva S apresenta uma inclinação moderada até o marco de 75 kWp (GD Micro). Dentro da zona de 6 a 75 kWp, encontra-se a grande maioria das instalações GD restantes.
- Após o marco de 75 kWp, apenas 1.466 unidades são adicionadas, com uma potência total de 302 MW, ou menos de 1% da quantidade total de instalações, correspondendo aproximadamente a 15% da potência total instalada. Apesar do regulamento permitir instalações de GD até 5 MWp (GD Mini), a partir de 75 kWp existem poucas usinas até o momento.

As observações acima são mostradas de uma outra maneira gráfica na Figura 83.

Figura 83 – Detalhamento das unidades x potência

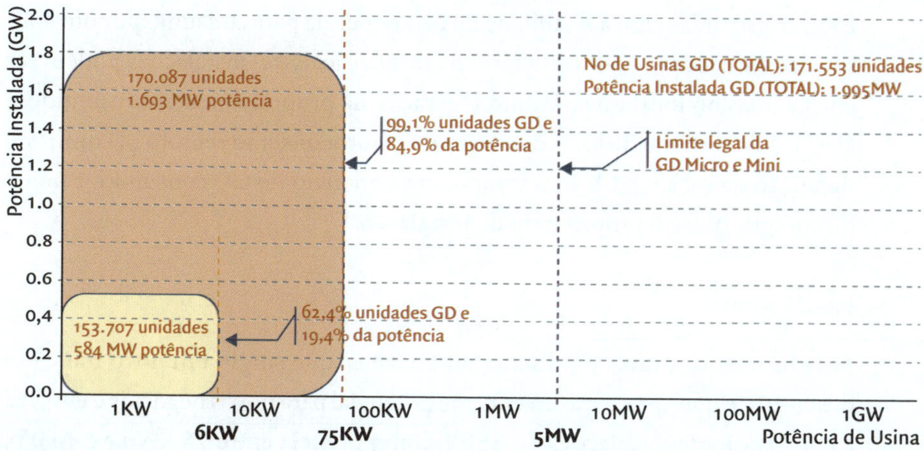

Fonte: *Elaboração própria*

a. GD Micro

A partir dos dois gráficos anteriores (Figura 82 e Figura 83), podemos ver que a grande maioria das instalações de ESFV é construída com capacidade de até 75 kWp, o que está classificado como GD Micro. Assim, existe um mercado que envolve instalações de ESFV para uso residencial, comercial, industrial, rural e público, entre 0 e 5 MWp, mas, na prática, e como visto anteriormente, 99,1% das instalações têm potência igual ou inferior a 75 kWp.

Outro aspecto que diferencia este mercado é o "modelo de negócios" por trás dele, em que essencialmente uma empresa de engenharia (integrador) atua como uma empresa de EPC, oferecendo diretamente ao consumidor de energia o projeto, a instalação, a aquisição dos equipamentos (geralmente em nome do cliente) e a instalação, por um valor "*lumb sum*" negociado entre eles. O integrador não oferece venda de energia ao cliente de forma direta ou indireta (veja o Anexo 2 acessando o código abaixo).

Esse mercado é denominado de "GD Micro". Deve-se supor que a grande maioria das instalações desse mercado são relativamente pequenas, de até 75 kWp, e são construídas com a finalidade de gerar energia para consumo por um consumidor único que é o proprietário da instalação. Essas instalações podem ser construídas no local do consumo ("geração na própria unidade consumidora (UC)") ou distante do local do consumo ("autoconsumo remoto"), conforme definição da seção 3.3.1, mas sempre em benefício de um consumidor único de energia, que é o proprietário da instalação.

b. GD Mini

Foi observado, através de discussões e visitas, que surgiu um novo mercado desde 2019, que apresenta um enorme potencial para novos negócios e envolve a construção de instalações de ESFV com potência entre 75 kWp e 5 MWp, classificadas como GD Mini.

As premissas gerais desse negócio são de que o proprietário da instalação está oferecendo um aluguel de cotas de uma determinada usina para suprir o consumo de energia de um cliente, chamado GD Compartilhada. O proprietário da usina não está vendendo energia para seus clientes, mas aluga para eles o espaço e equipamentos necessários para gerar a referida energia. Assim, o proprietário não está desobedecendo ao regulamento da GD Mini, que não permite venda de energia. O proprietário é compensado pelo consumidor de energia por meio de uma taxa mensal de aluguel e, em troca, os clientes (consumidores de energia) podem obter economias de 10 a 30% em sua fatura mensal de energia, sem ter que investir recursos ou ter o espaço físico para a instalação do sistema de ESFV.

Os benefícios desse modelo de negócio são:

- Terreno/espaço barato para instalar usina;
- Apesar de ser comércio de energia, não está sob as regras da comercialização da energia;
- Evita a instalação na própria unidade consumidora, que pode ser complexa por falta de espaço (não tem área de telhado disponível ou a estrutura pode não suportar o peso), questões arquitetônicas etc.

A análise dos dados da ANEEL e as informações recebidas através de entrevistas com *players* do mercado, mostram que este mercado tem um potencial enorme de gerar renda e ainda é pouco explorado. O banco de dados da ANEEL, em 30 de dezembro de 2019, mostra que naquela época havia apenas 3 unidades no Brasil, sendo duas em Cruzeiro, SP, e uma em João Pinheiro, MG, gerando energia sob essa modalidade, com um potencial total instalado de 4 MWp. Para os fins desta análise, chamaremos esse mercado de "GD Mini".

Provavelmente, a revisão da RN nº 482 da ANEEL pode vir a gerar obstáculos neste mercado. Neste caso, o negócio pode migrar para o mercado livre de energia (ACL), ainda como GD, mas sem sistema de compensação, ou talvez aceite as penalidades do novo regulamento/lei, caso os lucros sejam muito significativos, compensando manter-se dentro da GD Mini.

c. Geração Centralizada

As definições e limites legais desse mercado estão bem descritos nos relatórios específicos sobre Marco Regulatório. Para o benefício do leitor, pode-se dizer em resumo que se refere a usinas que têm como característica estarem conectadas ao SIN, com potência acima de 30 MW.

De acordo com a ABSOLAR e consulta ao banco de dados Global Data, em março de 2020, existem 75 usinas FVs centralizadas ativas no Brasil, com uma capacidade ativa de aproximadamente 2,7 GW. Temos, ainda, 14 projetos de usinas FVs em construção, com capacidade total em torno de 0,5 GW, os quais serão conectados ao SIN durante o ano de 2020. Outros empreendimentos de GC que não iniciaram sua construção vão agregar cerca de 2 GW de potência até o ano de 2025.

SISTEMAS ISOLADOS

É preciso citar, também, os SISOLs, que são aqueles que em sua configuração normal não estão conectados ao SIN. Conforme dados do ano de 2019, da EPE e do ONS, existem cerca de 270 localidades isoladas no Brasil, a maior parte na região Norte, sendo que a maioria delas se encontra ao longo dos rios, que representam a principal via de transporte da região Norte.

A fonte de geração de energia elétrica mais presente nos SISOL é o óleo diesel. Em períodos de estiagem, a logística de fornecimento fica comprometida, pois as embarcações não conseguem navegar pelos rios, o que implica em necessidade de grandes reservatórios de combustível próximos aos geradores.

Por fim, fica evidente que uma solução de geração de energia elétrica híbrida seria bem aplicada, resultando em redução de custos com uso de combustível, diminuição de emissão de gases de efeito estufa e aumento da matriz elétrica limpa e renovável. As usinas híbridas são aquelas que utilizam mais de uma tecnologia de geração de energia elétrica. As combinações mais usuais para a formação de sistemas híbridos com geradores são: sistema eólico-diesel, sistema FV-diesel e sistema FV-eólico-diesel.

Os sistemas híbridos podem ser aplicados para garantir a estabilidade da tensão da rede, impedir a intermitência no fornecimento de energia e contribuir na questão da eficiência energética. Por exemplo, numa planta híbrida (FV e gerador à óleo diesel) podemos utilizar a ESFV para suprir os horários com maior demanda por energia, assim seria reduzido o consumo de óleo diesel e otimizado o emprego da ESFV. Caso a irradiação solar seja insuficiente, por conta da alta demanda ou por causa de um dia chuvoso, o gerador a óleo diesel garantirá a continuidade da produção sem prejudicar um determinado processo.

Um sistema híbrido dotado de armazenamento por meio de baterias será ainda mais eficiente, pois poderá utilizar a energia acumulada para suprir a demanda. Sua recarga pode ser feita tanto por meio da ESFV quanto pelo óleo diesel. *Softwares* são usados para determinar qual fonte energética será usada em cada situação para maximizar a eficiência energética e a redução de custos.

As usinas FVs com armazenamento de energia (por baterias) também podem ser aplicadas. Existem questões ainda em pauta como o custo das baterias, os impactos ambientais, além da própria concorrência com os fornecedores de combustível, já que a matriz elétrica dos SISOL é praticamente toda composta de geradores diesel.

É interessante destacar que existe uma oportunidade significativa no mercado brasileiro para o desenvolvimento de baterias em SISOL, entretanto, só será possível se for estimulada a GD. O uso de baterias em SISOL pode prover autonomia na falta de energia, visto que se trata de um negócio de pequeno porte e já existem empresas atuando nesse nicho de mercado.

d. Off-Grid

Um mercado interessante, com futuro muito promissor, é aquele que envolve sistemas FVs autônomos com armazenamento de energia (baterias). Para facilitar o leitor no entendimento deste conceito, segue um pequeno resumo e esquemático (Figura 84).

Figura 84 – Esquemático de sistema off-grid

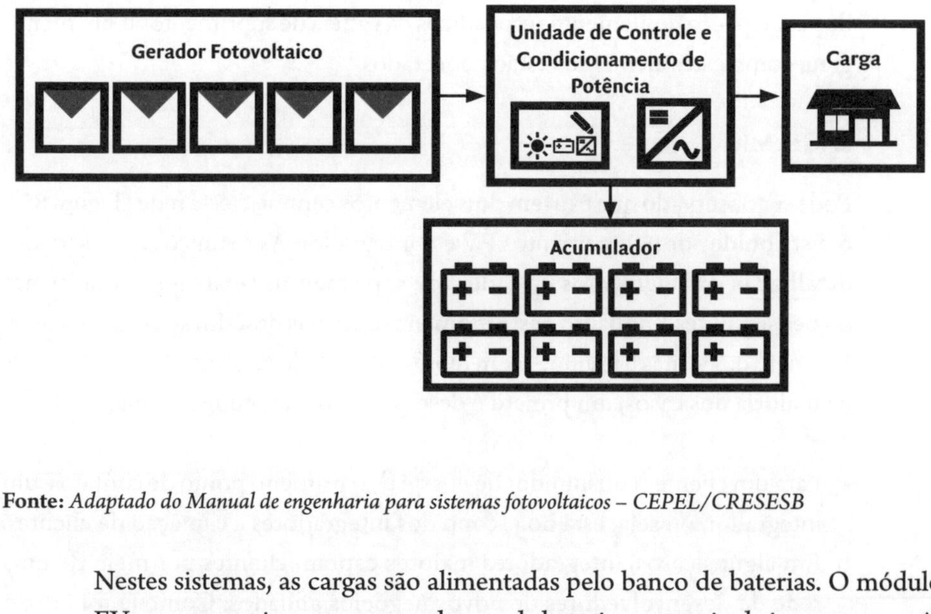

Fonte: *Adaptado do Manual de engenharia para sistemas fotovoltaicos – CEPEL/CRESESB*

Nestes sistemas, as cargas são alimentadas pelo banco de baterias. O módulo FV gera a energia que carrega o banco de baterias por meio de inversores autônomos e controladores de carga. Estes sistemas são capazes de fornecer energia nos períodos sem sol.

O interesse nesse mercado é motivado pelo rápido desenvolvimento de novas tecnologias de baterias, que permitem a geração de ESFV em locais onde a energia elétrica da rede pública não está disponível ou a qualidade da energia não é confiável. O mercado entende que estes sistemas ainda estão com o custo elevado ou não são totalmente confiáveis, mas as percepções estão mudando à medida que a tecnologia de baterias se torna mais barata e mais confiável, e à medida que o mercado está se habituando aos sistemas off-grid, aumentando a confiabilidade.

O modelo de negócios por trás deste mercado não é diferente do GD Micro, além da inclusão de baterias. O restante dos elementos da cadeia de suprimentos está presente neste modelo.

3.3.2 REDES (NETWORKS) LÓGICAS

Elaborou-se quatro redes, uma para cada sub-mercado: "GD Micro", "OFF--GRID", "GD Mini", "GC e GD médio porte" (de 5MW até 30MW) (veja Figura 85, Figura 86, Figura 87, Figura 88). Cada rede leva em consideração as particularidades do mercado pertinente e, como tal, existem diferenças em termos de participação de elementos específicos da cadeia de suprimentos e, em menor grau, como estes elementos estão conectados.

a. GD Micro

Pode ser observado que existem dois elementos centrais nesta rede (Figura 85), o distribuidor de equipamentos FV e o integrador. As definições e descrições detalhadas dos elementos da cadeia de suprimentos serão apresentadas nas seções seguintes, enquanto neste momento é apenas descrito seu papel na rede. Por meio das visitas e reuniões com representantes do mercado, entende-se que, na maioria dos casos, um projeto é desenvolvido da seguinte forma:

- Para um cliente (consumidor de energia), o primeiro ponto de contato é um integrador, ou seja, está no escopo dos integradores a captação de clientes. Em alguns casos, integradores maiores captam clientes por meio de uma rede de desenvolvedores de novos negócios afiliados. Como já foi dito, o integrador vai projetar a instalação e fazer o processo de compra dos equipamentos. Em geral, o integrador compra todo o equipamento necessário com um único pedido de "kit", colocado em um distribuidor de equipamentos FV;
- O distribuidor fornecerá todos os equipamentos, como módulos, inversores, estruturas de suporte e materiais elétricos diversos. Além disso, ele será responsável por todas as operações logísticas que levem o kit ao local da instalação;

- Geralmente, a integradora vai terceirizar a instalação dos módulos e das outras partes da usina. Para este fim, a integradora pode contratar o serviço de uma instaladora, ou contar com sua própria mão de obra, dependendo do tamanho da instalação, caso a caso;
- Uma seguradora vai oferecer seguro tanto para a integradora (seguro de engenharia e instalação), quanto para o consumidor final (seguro de operação de 12 meses incluindo proteção contra incêndio, granizo, tornado etc.).

b. Off-grid

Como mencionado anteriormente, a única diferença entre o mercado Off-Grid e o GD Micro, em termos de cadeia de suprimentos, é a inclusão de fornecimento de sistemas de baterias. A ser visto mais adiante (Seção 4 – Identificação do Caminho Crítico), isso altera bastante a importância relativa dos demais elementos da cadeia de suprimentos, uma vez que o papel do fabricante de baterias se torna central, juntamente com o distribuidor de equipamentos FV e a integradora.

c. GD Mini

A peça central deste mercado é o EPCista. Ele é contratado pela Comercializadora de Energia, que alugará cotas da instalação dela para seus clientes/consumidores de energia. O EPCista é responsável não apenas pelo projeto e construção da usina, mas também pela colocação de pedidos de todos os equipamentos e materiais necessários. Também contratará uma instaladora para instalar os módulos e o restante do equipamento elétrico.

Devemos destacar o papel da logística. Eles fornecem seus serviços ao EPCista, que os contratará para importar e transportar para o local da obra os diversos equipamentos, mas também para os fabricantes e/ou representantes de inversores e módulos. Também existe o cenário no qual um distribuidor de equipamentos FV está envolvido no fornecimento de parte ou de todo o equipamento necessário, dependendo do tamanho da instalação. De qualquer maneira, a logística também fará um papel central para o sucesso do projeto.

Pelo lado do cliente (Comercializadora de Energia), percebe-se que estes são responsáveis pela disponibilização dos recursos financeiros do projeto, próprios ou captados de uma Instituição Financeira/Holding. Eles têm relação comercial direta com os consumidores de energia. O risco para este modelo de negócio, do ponto de vista do proprietário do projeto, diminui sensivelmente quando, de alguma forma, todos os clientes estão vinculados ao mesmo grupo – por exemplo: lojas da mesma franquia.

d. Geração Centralizada e GD médio porte (de 5 MW até 30 MW)

Embora esse mercado exija a participação de mais elementos da cadeia de suprimentos, a peça central é a mesma da GD Mini: o EPCista.

Na GD Mini, o EPCista é contratado pelo proprietário do projeto para entregar a instalação pronta para a produção de energia (projeto do tipo *Turn Key*). No caso da GC e GD médio porte, o proprietário geralmente é a Geradora de Energia. Às vezes, o EPCista continua sua participação no projeto como O&M, que também é contratado pela Geradora.

Também podemos observar uma minirrede ao redor da Desenvolvedora. Como veremos mais adiante, o seu papel é iniciar o projeto e "vendê-lo" à Geradora. Ela contrata os serviços de Medição e Verificação para coleta dos dados exigidos por leilões de energia, de modo a habilitar o projeto para venda. Uma Instituição Financeira/Holding pode fornecer recursos financeiros.

3.4 ANÁLISE QUALITATIVA PARA DETERMINAR INFLEXIBILIDADE

Em seguida, realizou-se uma análise qualitativa para determinar a inflexibilidade de cada elemento da cadeia de suprimentos. Este estudo foi baseado em um procedimento de avaliação de matriz de impacto.

As variáveis escolhidas com definições de impactos negativos para serem usados na avaliação dos impactos das variáveis em cada elemento da cadeia de valor são:

- Variedade: uma noção da disponibilidade de fornecedores para um produto ou serviço específico;
- Custo: parcela do custo total do projeto atribuído a um elemento específico da cadeia de suprimentos;

- Prazo: parcela da duração total do projeto atribuída a um elemento em particular – quanto de um "item de lead longo" esse elemento representa;
- Criticidade: Ela mesma é o produto dos quatro fatores abaixo:
  - Potencial de acarretar parada;
  - Substituição – fácil ou difícil;
  - Padronização – alta ou não;
  - Cadeia de suprimento – longa ou curta.

Através de sessões de *brainstorming*, decidiu-se os pesos para cada variável no mercado.

4 IDENTIFICAÇÃO DO CAMINHO CRÍTICO DO ENCADEAMENTO PRODUTIVO

Depois que a Inflexibilidade foi calculada para todos os elementos da cadeia de suprimentos e em todos os diferentes mercados (veja o código abaixo), e usando uma técnica semelhante ao cálculo do caminho crítico no cronograma de projeto, os caminhos críticos foram calculados para cada mercado. Estes são mostrados nas figuras a seguir:

Figura 85 – Caminho Crítico de GD Micro

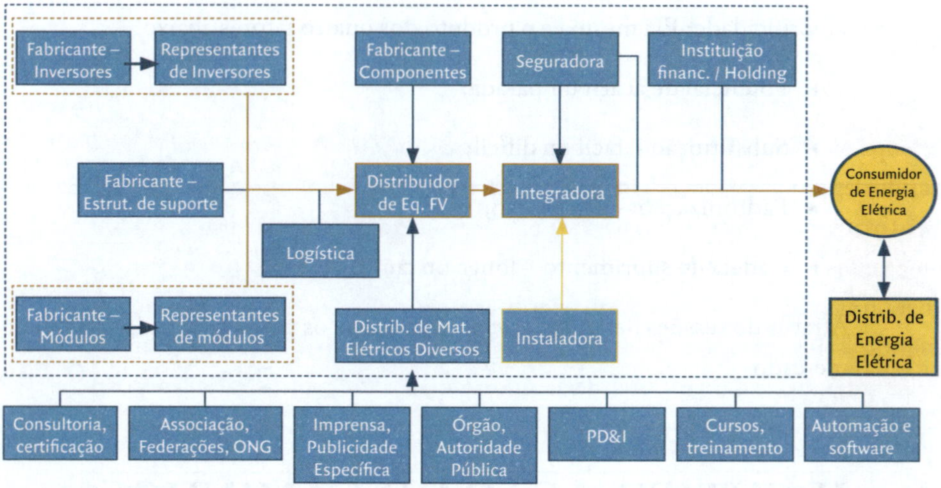

Fonte: *Elaboração própria*

Figura 86 – Caminho Crítico de Off-Grid

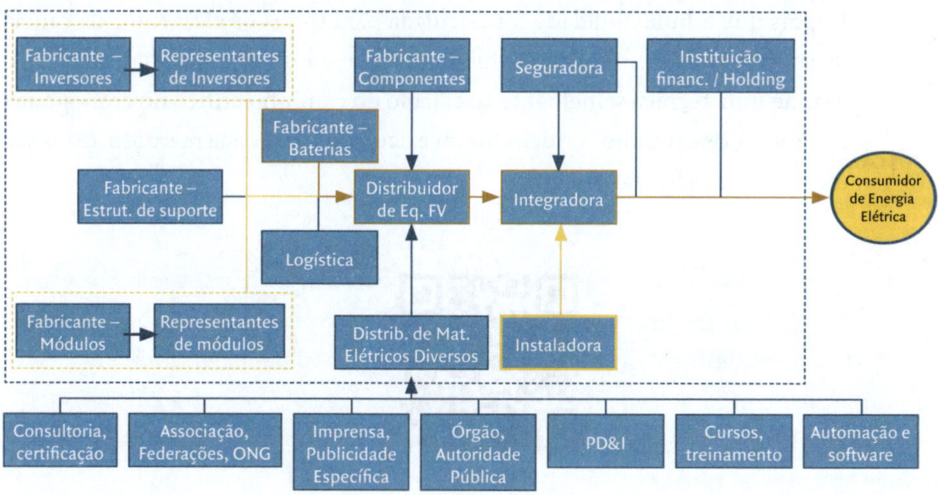

Fonte: *Elaboração própria*

Figura 87 – Caminho Crítico de GD Mini

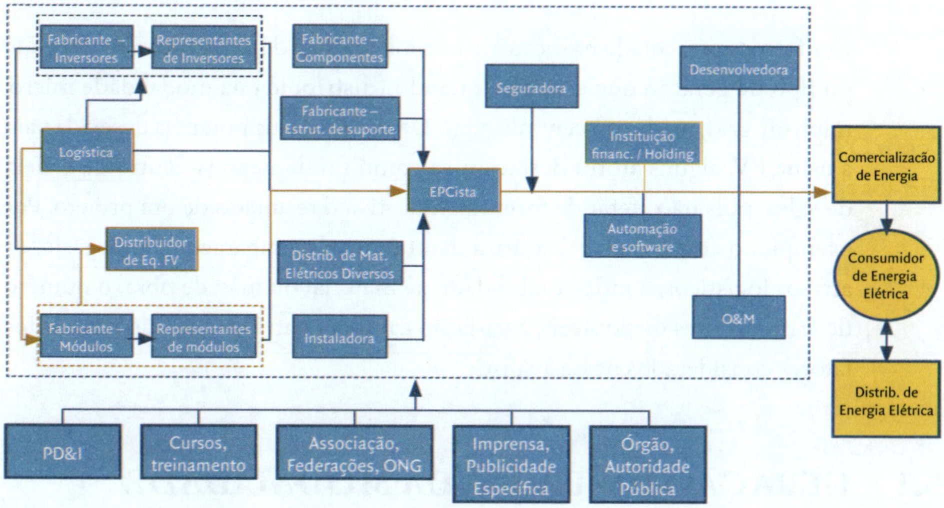

Fonte: *Elaboração própria*

Figura 88 – Caminho Crítico da Geração Centralizada e GD médio porte

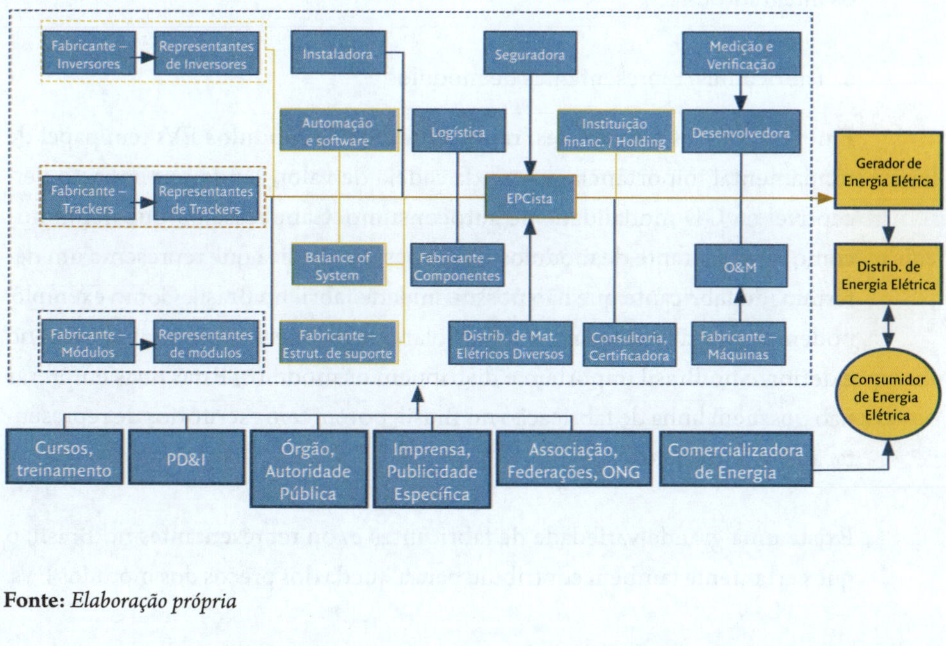

Fonte: *Elaboração própria*

5 ELEMENTOS DO CAMINHO CRÍTICO

Conforme apresentado na seção 4, o caminho crítico da cadeia de valor depende do tipo de geração que estamos tratando (distribuída na modalidade micro, mini, off-grid, médio ou centralizada). Dependendo da potência desejada para a usina FV, alguns atores destacam-se como fundamentais dentro da cadeia de valor, pois irão afetar de forma significativa o resultado de um projeto. Por exemplo, o atraso na fabricação, a demora no desembaraço alfandegário, os atrasos logísticos, a indisponibilidade de material ou mão de obra, o número de fornecedores disponíveis, a variação cambial, entre outros, são alguns dos fatores considerados nessa análise.

5.1 GERAÇÃO DISTRIBUÍDA MODALIDADE MICRO

De acordo com a Figura 85, os elementos do caminho crítico para GD modalidade micro são: os fabricantes ou representantes de inversores, os fabricantes ou representantes de módulos FVs, os distribuidores de equipamentos FVs e os integradores.

a. Fabricantes/representantes de módulos

É notável que os **fabricantes/representantes de módulos** FVs têm papel de fundamental importância dentro da cadeia de valor, sendo seu impacto perceptível na GD modalidade de autoconsumo. Cabe ressaltar que definimos como representante de módulos FVs, a pessoa jurídica que representa um determinado fabricante que não possui unidade fabril no Brasil. Como exemplo, podemos citar a First Solar e a Trina Solar que possuem as próprias fábricas no exterior, e no Brasil importam e distribuem os módulos. Estas duas empresas não possuem linha de fabricação no Brasil, porém tem escritórios de representação em São Paulo.

Existe uma grande variedade de fabricantes e/ou representantes no Brasil, o que certamente também contribuiu para a queda dos preços dos módulos FVs.

A quantidade de módulos FVs tem um grande peso no custo total de um projeto FV (segundo dados coletados durante as entrevistas, apuramos que os módulos representam em torno de 40% a 50%). Segundo os critérios adotados nesse estudo, determinamos que seu papel é crítico dentro desta cadeia de valor, ou seja, um problema no fabricante e/ou representante pode resultar em parada no projeto. Apesar de padronização alta, a substituição não é tão simples e a cadeia de suprimentos é curta. Sendo assim, qualquer intercorrência neste agente pode desencadear efeitos nas demais atividades de um projeto.

O Brasil possui capacidade tecnológica e detém material humano e recursos para atuar na fabricação nacional de diferentes tecnologias de módulos FVs, porém a questão "custo-Brasil", isto é, os impostos nas esferas municipal, estadual e federal para implementar um negócio e manter funcionários qualificados dificultam o desenvolvimento tecnológico no país. Um exemplo está no valor final de venda dos módulos, após importação do produto acabado da China, visto que a compra de materiais e a fabricação dos produtos nacionais podem elevar o custo em até 40%, mesmo com linhas de financiamento do BNDES. O mercado agrícola possui maior interesse pelo módulo nacional, pois ele apresenta as linhas de financiamento diferenciadas e as taxas de juros mais acessíveis.

Ao longo da pesquisa, os integradores demonstraram preocupação com a substituição dos módulos de silício de tecnologias ultrapassadas e a grande variedade de modelos com potências distintas. À medida que o processo de fabricação é otimizado, a tecnologia dos módulos avança e as potências aumentam, contribuindo para o precoce desaparecimento de determinados modelos do mercado.

A necessidade de substituição de módulos danificados tem maior impacto sobre os pequenos integradores que atendem ao mercado de GD na modalidade de autoconsumo. Eles, em sua grande maioria adquirem os módulos diretamente de um distribuidor de equipamentos FVs que, por sua vez, não costuma manter estoques de módulos mais antigos.

Os fatores citados acima acarretam longos períodos para a substituição do módulo, redução na geração de energia e necessidade de readequação do arranjo FV, principalmente quando existem *strings* ligadas em paralelo.

b. Fabricante/representante de inversores

Este é outro agente do caminho crítico neste mercado. É preciso definir que o representante de inversores é pessoa jurídica que representa um determinado fabricante que não possui unidade fabril no Brasil, e vende seus produtos para distribuidores de equipamentos FVs e EPCistas, os quais serão tratados oportunamente.

Em consonância com o mapeamento de empresas, foi constatado que existe grande variedade de fabricantes e/ou representantes de inversores no Brasil. Dentro de um projeto de GD Micro, o inversor representa o segundo maior custo (entre 10% e 30%, segundo dados do SEBRAE (2017), validados por fontes atuais de mercado). Também é um equipamento que pode resultar em parada no sistema, ou seja, um problema na entrega, mal funcionamento ou até mesmo uma falha de configuração dos parâmetros, pode impactar no projeto como um todo, gerando atrasos no tempo de entrada em operação e prejuízos financeiros para o cliente.

c. Distribuidor de equipamentos fotovoltaicos

O **distribuidor de equipamentos fotovoltaicos**, que é aquele que importa e comercializa equipamentos, tais como, inversores, módulos, estruturas de suporte, sistema de armazenamento (baterias), controladores de carga e descarga, entre outros, aparece no caminho crítico da GD na modalidade de autoconsumo. Isto se deve ao fato de que as integradoras, em geral, concentram todo o seu processo de compra no distribuidor de equipamentos FVs. Além disso, toda logística empregada é providenciada pelo distribuidor, dessa forma, todo o material necessário a um projeto é recebido diretamente na obra.

d. Integrador

Por fim, o **integrador**, é a empresa que prospecta os clientes, elabora os projetos, compra os produtos do sistema FV, realiza a instalação, faz o processo de conexão da usina à rede pública de distribuição e acompanha o sistema durante um período de garantia previamente acordado. Este elemento da cadeia produtiva foi identificado no caminho crítico porque se envolve em diversos processos, desempenha papel ímpar, e, assim, uma falha de dimensionamento, projeto ou instalação compromete o resultado final.

Durante as visitas técnicas, entendeu-se que as Integradoras operam com diferentes modalidades de negócio: franquias, representações, microempresas, empresas de pequeno porte. Elas atendem aos mais variados públicos, desde um consumidor residencial até usinas FVs de 400 kWp.

5.2 GERAÇÃO DISTRIBUÍDA MODALIDADE MINI

Conforme a Figura 87, os agentes do caminho crítico neste mercado são: as empresas de logística, os fabricantes e representantes de módulos FVs, os distribuidores de equipamentos FVs e os EPCistas. Foram utilizados os mesmos critérios de avaliação para definir o caminho crítico deste mercado.

a. EPCista

Os **EPCistas** são os responsáveis pela engenharia, compras e construção. Portanto, a grosso modo, têm papel análogo ao do integrador na GD de autoconsumo, só que agora estamos tratando de projetos com potência entre 1 MWp e 5 MWp. As semelhanças e responsabilidades, já justificam sua presença no caminho crítico da GD Mini.

São vários os EPCistas disponíveis no mercado, seu custo é médio em relação ao valor total do projeto e participam praticamente de todas as etapas do projeto.

b. Distribuidor de equipamentos fotovoltaicos

Os EPCistas, podem concentrar seu processo de compras no **distribuidor de equipamentos fotovoltaicos** ou podem comprar os módulos FVs via **fabricante/representante de módulos**, dependendo das condições comerciais oferecidas, da logística a ser empregada e os prazos de entrega. Existem vários distribuidores capazes de suprir esse mercado, os custos variam pouco de um fornecedor para o outro (dependendo muito do estoque do distribuidor), mas sua criticidade é alta.

c. Logística

Quando o EPCista optar por concentrar suas compras no distribuidor de equipamentos FVs, esse, não terá controle sobre o processo logístico, que fica a critério do distribuidor. Na hipótese de importação, pelo EPCista, de módulos e inversores, a questão logística é crítica. Assim, a empresa de **logística**, que é um prestador de serviços destinado a substanciar o fluxo de abastecimento de insumos, movimentação de mercadorias e estocagem, surge no caminho crítico da GD compartilhada. Em relação ao custo do projeto, a empresa logística não representa um percentual significativo e existe uma grande variedade de empresas nesse segmento. Porém, sua criticidade é alta, podendo ocasionar impactos no desenvolvimento do projeto.

d. Fabricante/representante de módulos

Tal qual ocorre na GD na modalidade autoconsumo, o papel do **fabricante/representante de módulos** é fundamental na GD compartilhada, uma vez que, qualquer problema neste agente pode desencadear efeitos nas demais atividades de um projeto. Os módulos também representam um custo alto, mas por outro lado há grande oferta de marcas e alta padronização.

5.3 SISTEMAS OFF-GRID

Como se pode observar na Figura 86, os fabricantes de bateria, os distribuidores de equipamentos FVs e os integradores são os agentes do caminho crítico para sistema off-grid. Como mencionado anteriormente, a única diferença entre o mercado Off-Grid e o GD Micro, em termos de cadeia de suprimentos, é a inclusão de fornecimento de sistemas de baterias, o que altera o caminho crítico que passava por inversores e módulos, agora para o fabricante de baterias. Entretanto, é importante ressaltar que módulos e inversores continuam com um importante papel neste modelo, sendo classificados como não crítico de alta relevância.

a. Fabricante de Baterias

Quando se fala em sistemas off-grid, logo vem à tona o tema do armazenamento de energia. A questão da continuidade do fornecimento de energia é vital e o uso de dispositivos de armazenamento se torna necessário. Nesse sentido, um dos agentes do caminho crítico em sistemas off-grid é o **fabricante de baterias**, que são aquelas empresas que manufaturam baterias estacionárias de chumbo-ácido, de lítio ou outras tecnologias e as vendem para distribuidores de equipamentos FVs e/ou EPCistas.

Em termos de custo, as baterias representam um percentual alto, são itens padronizados e fabricados em escala, de fácil substituição e podem acarretar parada nos sistemas off-grid. Podem ser empregadas para reduzir os custos com energia e na estabilidade da rede. Quando a legislação permitir este mercado terá alta expectativa de crescimento, assim como a hibridização dos sistemas, que poderão ser conectados também à rede pública de distribuição.

b. Distribuidor de Equipamentos Fotovoltaicos

Assim como já acontece na GD na modalidade micro e mini, nos sistemas off-grid, o **distribuidor de equipamentos fotovoltaicos** também faz parte do caminho crítico pelos mesmos motivos já relatados anteriormente. Adicionalmente, os distribuidores devem ser capazes de fornecer baterias, controladores de carga e descarga, luminárias autônomas e sistemas de bombeamento solar.

c. Integrador

Outro ator do caminho crítico que aparece nos sistemas off-grid é o **integrador**. Este realiza as mesmas atividades descritas no item 5.1 (alínea d), e adicionalmente fica responsável pelo correto dimensionamento e instalação do banco de baterias para atender a autonomia desejada pelo consumidor.

5.4 GERAÇÃO CENTRALIZADA E GD MÉDIO PORTE

Com base na Figura 88, é possível identificar que os atores do caminho crítico para GC e GD médio porte são: os fabricantes ou representantes de seguidores solares (*trackers*) e os EPCistas. Mesmo tratando de GC, os parâmetros para indicação do caminho crítico são idênticos aos aplicados anteriormente.

a. EPCista

Na GC FV e na GD médio porte, o EPCista pode ser definido como uma empresa de grande porte com atividade em engenharia (projetos e gerenciamento de projeto), compras (de equipamentos, contratação de mão de obra, contratação de empresas terceirizadas especializadas nas respectivas áreas de conhecimento) e construção de usinas FVs, ou seja, que fornecem projetos do tipo *Turn Key*.

O mercado tem disponibilidade de vários EPCistas. Em função da sua importância dentro de um projeto FV seu percentual de participação no custo do projeto é representativo, afinal passa pelo EPCista a aquisição dos módulos FVs, os inversores, *trackers*, cabines primárias, transformadores, cabos e demais equipamentos, que são os itens de valor elevado. Os gastos com mão de obra também são altos, principalmente devido à carga tributária incidente sobre a folha de pagamento. Todos os riscos de operação da obra estão sob responsabilidade do EPCista, pois sua atuação começa na preparação do terreno e termina com o comissionamento e entrada em operação da usina.

b. Fabricante/representante de *tracker*

Ainda em conformidade com os critérios deste trabalho, outro ator presente no caminho crítico da GC e GD médio porte é o **fabricante/representante de** tracker. O fabricante de *tracker* é a empresa brasileira que manufatura os *trackers*, trata da construção mecânica do dispositivo e elabora os projetos para a aplicação do equipamento nas usinas FVs. O representante de *tracker* é aquele que desempenha o mesmo papel, só que não possui planta industrial no Brasil, só no exterior.

Um dos maiores riscos em projetos de usinas FVs é a correta definição da fundação da estrutura, segundo a STI Norland. Para mitigar esses riscos devem ser realizadas investigações geotécnicas e "*pull-out tests*", afinal os *trackers* são equipamentos mecânicos que dependem da adequada instalação da estrutura para funcionar convenientemente. Quando uma usina FV define que vai utilizar este equipamento, é esperado um ganho de geração de energia de ao menos 30%, segundo dados do Portal Solar (2020). Existe disponibilidade deste ator na cadeia produtiva, porém este é um elemento crítico, pois afeta a geração de energia, e seu mau funcionamento gera prejuízos financeiros ao proprietário da usina. Segundos dados do SEBRAE, 2017, o *tracker* representa em média 20% do Capex de um projeto. Um mau dimensionamento das fundações, que acarretará na ineficiência do *tracker*, pode vir a ser notado somente durante os testes de operação da usina. Um eventual retrabalho impactaria negativamente no cronograma da obra, prejudicando o investimento.

5.5 PAPÉIS ALTERNATIVOS DOS ELEMENTOS DA CADEIA PRODUTIVA

Face ao exposto até aqui, foi possível verificar que alguns atores da cadeia de valor estão presentes em mais de um caminho crítico, independente de pertencerem à GD, sistemas off-grid ou GC.

Os fabricantes/representantes de módulos estão presentes no caminho crítico tanto da GD micro quanto na GD mini. Já o distribuidor de equipamentos FVs se faz presente no caminho crítico da GD micro, mini e sistemas off-grid.

As empresas integradoras (e EPCistas de pequeno porte) integram o caminho crítico da GD micro e sistemas off-grid. Os EPCistas de pequeno porte podem atuar na GD micro, concorrendo com as integradoras.

Por fim, outros agentes da cadeia de valor são específicos para cada modalidade de geração. O fabricante/representante de inversores está presente no caminho crítico da GD micro. As empresas de logística são integrantes do caminho crítico da GD mini. Os fabricantes de bateria aparecem no caminho crítico dos sistemas off-grid e os fabricantes/representantes de *tracker* estão relacionados à GC e GD médio porte.

6 ELEMENTOS NÃO CRÍTICOS (RELEVANTES)

Na seção 5, tratamos dos atores que fazem parte do caminho crítico nas diferentes modalidades de GD e na GC. Existem, também, aqueles elementos não críticos, que possuem um grau de inflexibilidade que pode afetar o caminho crítico, ou até mesmo alterá-lo, dependo das condições. Vamos apresentar estes elementos por modalidade de geração, tal qual fizemos na seção 5.

6.1 GERAÇÃO DISTRIBUÍDA MODALIDADE MICRO

De acordo com a Figura 85, só o elemento **Instaladora** tem grau de inflexibilidade que pode afetar ou alterar o caminho crítico. As **instaladoras** são aquelas empresas que são subcontratadas pelas integradoras (algumas integradoras têm mão de obra de instalação própria) para realizar a montagem das usinas FVs, incluindo em seu escopo o serviço de fundações para as estruturas de suporte ou avaliação estrutural. Qualquer evento inesperado influencia diretamente a integradora, que está no caminho crítico.

6.2 GERAÇÃO DISTRIBUÍDA MODALIDADE MINI

Baseado na Figura 87, podemos observar que o elemento não crítico que merece atenção, nesta modalidade, é a **instituição financeira**, que é uma organização cuja finalidade é otimizar a alocação de capitais financeiros próprios e/ou de terceiros, obedecendo uma correlação de risco, custo e prazo. Como agora estamos tratando de sistemas com potência elevada (entre 1 MWp e 5 MWp), o investimento por conta da comercializadora de energia é mais alto, portanto, a obtenção de linhas de crédito junto às instituições financeiras pode até mesmo inviabilizar um projeto.

Obviamente, o fabricante/representante de inversores fornece uma parte muito importante da instalação. No entanto, devido à grande disponibilidade de opções entre diferentes fornecedores e ao fato de que os inversores necessários para esse tipo de instalação (alta potência) não são considerados como itens de "longo prazo", este elemento não faz parte do caminho crítico.

6.3 SISTEMAS OFF-GRID

Conforme a Figura 86, os fabricantes/representantes de módulos e inversores, e as empresas instaladoras são os agentes não críticos que merecem ressalva nesta modalidade.

Como o distribuidor de equipamentos FVs está no caminho crítico desta modalidade de geração, qualquer eventualidade que ocorra na produção, no preço ou no prazo dos fabricantes de módulos e inversores, vai refletir no distribuidor de equipamentos FVs, na integradora, na instaladora e até mesmo no consumidor de energia elétrica.

Como no mercado de GD Micro, qualquer evento inesperado, em relação às atividades da Instaladora, influencia diretamente a Integradora, que está no caminho crítico.

6.4 GERAÇÃO CENTRALIZADA E GD MÉDIO PORTE

Conforme a Figura 88, os seguintes elementos são considerados de alta inflexibilidade e, portanto, têm um potencial maior de afetar ou alterar adversamente o caminho crítico:

a. Automação e *Software*

São empresas que oferecem sistemas de automação, de controle remoto de usinas FV, e de *software* voltado para estas atividades. A influência desse elemento no custo e no prazo de um projeto é considerada baixa, dado que os *softwares* são, em geral, produtos de prateleira, e o custo impacta pouco o CAPEX do projeto. No entanto, a equipe identificou apenas duas empresas que oferecem seus produtos ao mercado brasileiro, o que torna este serviço escasso. Além disso, é considerado um elemento de alta criticidade técnica. Desempenho baixo pode causar grandes interrupções na operação da usina, não é um sistema de fácil substituição e não é padronizado.

b. *Balance of System*

Dentro deste elemento, está incluído o fornecimento de equipamentos como transformadores, painéis elétricos, cabines primárias, dispositivos de proteção etc. Embora esses elementos possam ser obtidos de diversos fornecedores, eles normalmente são itens que demandam um longo prazo de fornecimento, o que significa que atrasos na entrega podem afetar muito o prazo do projeto. Além disso, eles são considerados de alta criticidade técnica, uma vez que o baixo desempenho pode afetar ou atrapalhar a operação da usina, e não são itens de fácil substituição devido ao longo prazo de fornecimento e questões logísticas associadas.

c. Fabricante de Estruturas de Suporte

São aquelas empresas que fabricam estruturas de módulos, inclusive aqueles para fachadas de prédios. Este elemento inclui também fabricação de estruturas metálicas para *trackers*. Esse elemento não afeta significativamente o custo total do projeto e o potencial de afetar o prazo do projeto é modesto. No entanto, as estruturas são itens de fornecimento ao longo prazo e atrasos na entrega podem afetar o prazo total do projeto. Além disso, elas são tecnicamente críticas porque não são fáceis de substituir sem interromper a produção e o baixo desempenho da estrutura pode afetar significativamente o desempenho do rastreador, que por sua vez pode afetar a produção.

d. Instituição Financeira /*Holding*

Assim como no mercado de GD Mini, problemas com obtenção de linhas de crédito junto as instituições financeiras podem até mesmo inviabilizar um projeto. Além disso, como os projetos nesta modalidade levam anos para serem entregues, interrupções na linha de crédito certamente afetam a execução do projeto e podem até terminá-lo antes de sua conclusão. Assim, esse elemento foi considerado de alta criticidade técnica. Outro fator é que pode demorar muito a captação de recursos para começar um projeto e isto pode afetar o prazo total e a viabilidade do projeto.

Durante as visitas técnicas, a equipe de pesquisadores verificou que o risco tecnológico do ponto de vista do financiador é um impedimento para a adoção de novas tecnologias de painéis solares, ou seja, as instituições que financiam projetos de ESFV de grande porte não estão dispostas a providenciar fundos quando um projeto envolve tecnologias de segunda geração, como as de CIGS e CdTe. Um dos motivos é que as instituições financeiras temem que a usina não apresente desempenho elevado conforme a sua projeção.

A First Solar é uma empresa considerada bem-sucedida e a maior produtora de painéis solares de 2ª geração, na tecnologia CdTe. No entanto, fora da América Latina, além de fabricação de painéis, a First Solar também atua como EPCista e operadora da usina. Dessa forma, eles assumem o risco tecnológico, tornando sua tecnologia de painéis solares mais atraente para empresas de energia e instituições financeiras. Resumindo, eles entram no projeto sob as disposições dos contratos "full EPC wrap".

Além do exemplo da First Solar, não encontramos o uso do "full EPC wrap", como forma das empresas de energia transferirem riscos tecnológicos aos EPCistas ou aos fabricantes de painéis solares, como estratégias de gestão destes riscos. Nem encontramos outras ferramentas financeiras para este fim.

e. Fabricante /representante de inversor

De fato, existe grande variedade de fabricantes e/ou representantes de inversor no Brasil. Na GC e GD médio porte, são empregados os inversores centrais. Nessa modalidade, este equipamento representa, em termos de custo, algo entre 7% e 10%, segundo dados da Greener. Este equipamento acarreta parada no sistema, ou seja, qualquer problema seja na entrega, no mau funcionamento ou até mesmo uma falha de configuração dos parâmetros, vai impactar no projeto como um todo, gerando atrasos no tempo de entrada em operação e prejuízos financeiros.

7 CONCLUSÕES

O mercado FV brasileiro está em constante expansão, ainda em fase inicial, testando e redefinindo seus limites, com empresas e instituições entendendo as lições aprendidas no exterior que se aplicam no Brasil, além de estarem ajustando seus modelos de negócio ao longo da execução dos projetos.

O governo também avalia constantemente o novo cenário energético, propondo revisões nas regulamentações e criando novas modalidades de negócio, como, por exemplo, a hibridização das usinas.

Neste cenário, com base no que foi apresentado na seção 2 e no mapeamento dos principais atores da cadeia de valor, entendemos que o mercado no Brasil de fabricação de módulos FV de c-Si (principal tecnologia em uso) já tem empresas brasileiras, de pequeno porte, fabricantes de módulos e empresas estrangeiras, de grande porte, instaladas no Brasil, principalmente como representação de suas matrizes estrangeiras, não aparentando ser uma boa oportunidade de novos entrantes fabricantes de módulos para esta tecnologia. Os principais fabricantes e a maior fatia do mercado para esses módulos estão na China e na Alemanha, sendo a concorrência com este mercado não favorável. Entretanto, políticas de atração de empresas estrangeiras com boa representatividade no mercado internacional para se instalar como fabricante no Brasil pode ser uma boa iniciativa.

Além disto, como descrito anteriormente, apesar de o Brasil ser produtor de silício metalúrgico, ele não é para silício grau solar, pelo menos não em escala relevante, e sendo esta uma oportunidade a ser estudada. Para isto, faz-se necessário um estudo de viabilidade técnica e econômica (EVTE) desse mercado, considerando-se os investimentos estimados para o segmento nos próximos anos. A produção de SiGS no país pode, inclusive, ser base para atração de fabricantes de módulos.

Por outro lado, vê-se oportunidade com as tecnologias de filmes finos, que ainda estão em fase de consolidação da tecnologia em si, sendo possível, com esforço entre universidades e investidores, desenvolver a tecnologia e o processo de fabricação de módulos no Brasil.

Além disto, tendo-se por base as redes lógicas de inter-relações mapeadas e seus caminhos críticos, pode-se concluir que praticamente toda a cadeia de fornecimento é atendida por empresas brasileiras ou instaladas no Brasil, além de serem vistas empresas que originalmente atuavam em outros setores, como energia eólica, elétrica ou infraestrutura, expandindo-se para o atendimento ao setor de ESFV.

Do ponto de vista dos modelos de negócio, os modelos de usinas híbridas, seja na GC, na GD ou nos SISOLs, possuem grande potencial para novos negócios, tendo-se que avaliar os atuais gargalos técnicos e regulatórios.

Os sistemas híbridos podem ser aplicados para garantir a estabilidade da tensão da rede, impedir a intermitência no fornecimento de energia e contribuir na questão da eficiência energética.

Um sistema híbrido dotado de armazenamento por meio de baterias será ainda mais eficiente, pois poderá utilizar a energia acumulada para suprir a demanda. Sua recarga pode ser feita tanto por meio da ESFV quanto por outra fonte de energia. *Softwares* são usados para determinar qual fonte energética será usada em cada situação para maximizar a eficiência energética e a redução de custos.

Da mesma forma, o desenvolvimento de baterias e outras formas de armazenamento de energia tendem a mudar os modelos de negócio hoje conhecidos. No caso da ESFV, o "casamento" com a solução de baterias/armazenamento é uma solução ótima, considerando os ciclos diários de geração de ESFV.

Para finalizar, como descrito anteriormente, um novo mercado com modalidade de GD mini surge com grande potencial para novos negócios, entretanto com um risco eminente que é a revisão do regulamento técnico da ANEEL sobre GD.

Por fim, vale ressaltar que a lista de empresas e organizações mapeadas não é extensiva, e está em constante atualização.

REFERÊNCIAS BIBLIOGRÁFICAS

ABSOLAR. Disponível em: <http://www.absolar.com.br/infografico-absolar.html>. Acesso em: 14 set. 2020.

ANEEL. Disponível em: <http://www.aneel.gov.br/acessoainformacao>. Acesso em: 12 set. 2019.

ANEEL. Disponível em: <https://bit.ly/2IGf4Q0>. Acesso em: 14 set. de 2020.

ANEEL. Disponível em: <https://www2.aneel.gov.br/aplicacoes/indicadores_de_qualidade/>. Acesso em: 14 set. de 2020.

ANEEL. Resolução Normativa nº 687. Rio de Janeiro, 2015.

AUSTRALIAN RENEWABLE ENERGY AGENCY – ARENA. Commercial Readiness Index for Renewable Energy Sectors, February 2014. Disponível em: <https://arena.gov.au/assets/2014/02/Commercial-Readiness-Index.pdf>. Acesso em: 20 ago. de 2020.

CANDLESS, B.E.M., SITES, J.R. "Cadmium Telluride Solar Cells". In. *Handbook of photovoltaic Science and Engineering*. Wiley, 2011.

CGEE. Centro de Gestão de Estudos Estratégicos. Disponível em: <https://www.cgee.org.br/documents/10195/734063/Produ%C3%A7%C3%A3o+-de+sil%C3%ADcio+grau+solar+no+Brasil_Nota+T%C3%A9cnica+CGEE_13_5304.pdf/838757da-f731-4520-8f0d-5016fad66f19?version=1.0>. Acesso em: 6 abr. 2020.

EPE. "Fontes de energia". Disponível em: <http://www.epe.gov.br/pt/abcdenergia/fontes-de-energia>. Acesso em: 11 fev. 2020.

EPE. Disponível em: < https://www.epe.gov.br/sites-pt/publicacoes-dados-abertos/publicacoes/PublicacoesArquivos/publicacao-452/EPE-NT-Planejamento%20SI-ciclo_2019_rev1.pdf>. Acesso em: 14 set. de 2020.

GREENER. Disponível em: <https://www.greener.com.br/pesquisas-de-mercado/estudo-grandes-usinas-solares/>. Acesso em: 13 fev. 2020.

GREENER. *Estudo estratégico grandes usinas solares 2020 Mercado Livre e Leilões*. GREENER: São Paulo, 2020.

GREENER. *Estudo estratégico Mercado Fotovoltaico de Geração Distribuída*. GREENER: São Paulo, 2020.

INPE (2017). "Atlas Brasileiro de Energia Solar ganha nova edição após dez anos" [Online]. Disponível em: <http://www.inpe.br/informativo/08/nota03>. Acesso em: 16 set. 2019.

MORALES, M.O. "Construção e caracterização de células solares de filmes finos de CdS e CdTe". Dissertação de mestrado. Universidade Estadual Paulista. Faculdade de Engenharia Ilha Solteira, SP, 2011, p.80.

MYRVAGNES, V. "Analyses and Characterization of Fossil Carbonaceous Materials for Silicon Production". Tese de Ph.D. Department of Materials Science and Engineering, Norwegian University of Science and Technology: Trondheim, Noruega, 2008.

ONS (2020). Energia Agora – Carga e Geração. Disponível em: <http://www.ons.org.br/paginas/energia-agora/carga-e-geracao>. Acesso em: 4 set. 2020.

ONS. Mapa dinâmico do SIN. Disponível em: <http://www.ons.org.br/paginas/sobre-o-sin/mapas>. Acesso em: 12 fev. 2020.

PEIXOTO, E.M.A. "Elemento químico silício". *Química nova na escola*, nº 14, nov 2001.

PORTAL SOLAR. Disponível em: <https://www.portalsolar.com.br/blog-solar/painel-solar/seguidor-solar---tracker-vantagens-e-desvantagens-parte-1.html>. Acesso em: 08 abr. 2020.

ROMEO, N.; BOSIO, A.; CANEVARI, V. & PODESTA, A. "Recent progress on CdTe/CdS thin film solar cells". Solar Energy, 2004, v.77, p.795-801.

SAMPAIO, J.A.; AMADO, R.S.; MARQUES, P.S.G. &, SOARES, L.G.L. "Silício grau solar – uma revisão das tecnologias de produção". *Série rochas e minerais industriais*. CETEM, 2019.

SCHIFF, E.A., HEGEDUS, S., DENG, X. "Amorphous Silicon-based Solar Cells". In. *Handbook of photovoltaic Science and Engineering*. Wiley, 2011.

SEBRAE. *Cadeia de Valor da Energia Solar Fotovoltaica no Brasil*. Brasília, 2017.

SHAFARMAN, W.N.; SIEBENTRITT, S &, STOLT, L. "Cu (InGa) Se_2 Solar Cells". In: *Handbook of Photovoltaic Science and Engineering*. Wiley, 2011.

SUNEW. Disponível em: <https://sunew.com.br/aplicacoes-da-energia-fotovoltaica/>. Acesso em: 19 out. 2019.

NOTA TÉCNICA

LISTA DE REQUISITOS TÉCNICOS

Valdir dos Santos e Anna Carolina Sermarini

1 INTRODUÇÃO

O Manual de Engenharia para Sistemas FVs desenvolvido pelo CEPEL (2014) relata que na Alemanha, entre 1991 e 1995, período em que sistemas FVs começaram a ser instalados, 40% das falhas ocorridas foram por problemas de instalação e 30% por erros de projetos.

Para que haja um bom resultado, apenas um correto dimensionamento e a especificação de equipamentos de qualidade não são suficientes, mas sim, bons gerenciamentos da qualidade do projeto e da instalação como um todo. Dessa maneira, critérios e especificações bem definidos são fundamentais para as etapas do processo.

Face ao grande número de normas da ABNT e normas internacionais aplicadas a ESFV, as considerações aqui apresentadas foram baseadas nas entrevistas com agentes da cadeia de valor, como, por exemplo: integradores, distribuidores de equipamentos FVs, universidades, fabricantes de equipamentos FVs, empresas de monitoramento e usuários de sistemas FVs (cliente final).

Um dos fatores decisivos para abordar o tema desta forma foi em respeito aos participantes no Texto-Base da Norma ABNT 16690:2019 – Instalações Elétricas de Arranjos Fotovoltaicos – Requisitos de projeto, que tiveram uma participação mínima de 30% nas reuniões, além de serem representantes de associações, empresas, universidades, distribuidoras de energia, fabricantes, e outros de relevante participação no mercado.

Conforme consulta aos entrevistados, a utilização das normas é fundamental para garantir o perfeito funcionamento de um sistema de ESFV em todas as suas fases: projeto, instalação, operação e manutenção, de modo a garantir a segurança dos equipamentos, instalações e usuários.

2 IMPORTÂNCIA

De acordo com a ANEEL (2018), os motivos e a importância de existirem normas técnicas para instalações elétricas de sistemas FVs são listados a seguir:

a. Qualidade das instalações e segurança de pessoas e equipamentos;

b. Atribuição de responsabilidades;

c. Padronizar, na medida do possível, as características das instalações;

d. Inexistência de normas técnicas brasileiras dirigidas às instalações elétricas no lado de CC de sistemas FVs (arranjo FV);

e. Especificar os requisitos que surgem das características particulares dos sistemas FVs.

Para as instalações de sistemas FVs deve-se, portanto, seguir normas e recomendações técnicas nacionais relativas ao processo, e na ausência destas, deve-se consultar as normas internacionais. Porém, para tais aplicações é importante ressaltar que alguns ajustes podem se fazer necessários para atender às condições do país, como, por exemplo, a tensão da rede de energia.

3 TAXAS DE FALHA DE ACORDO COM AS RECLAMAÇÕES DOS CLIENTES

De acordo com *IRENA* (2016), as maiores reclamações são por causa de falha ótica, perda de energia, e as relacionadas à caixa de junção e cabos.

4 CARGA INSTALADA SOBRE TELHADOS

Um item que merece atenção durante a instalação de um sistema FV é a superfície na qual os módulos serão fixados. A falta de cuidado na avaliação da estrutura de suporte dos telhados tem causado inúmeros acidentes.

Durante as entrevistas realizadas com empresas integradoras, foi possível apurar que algumas já incluem em suas propostas laudos emitidos por profissionais especialistas (15%), enquanto outras oferecem esse serviço de maneira opcional (45%), e há aquelas que informam que a responsabilidade é do cliente (40%). Por outro lado, durante a inspeção da distribuidora, este item também não é considerado.

Este "vácuo de responsabilidade" tem acarretado acidentes. Embora represente mais um custo ao consumidor, a inclusão em norma de um laudo a respeito da estrutura do telhado evitaria acidentes. Além disso, esse tipo de serviço poderia ser mais um segmento a ser agregado na cadeia de valor da ESFV.

Outro fator é a área máxima que um arranjo FV pode ocupar sobre um telhado. A empresa *BlueSol* recomenda que deve ser considerada uma distância mínima de 50 cm entre a extremidade do arranjo FV e as bordas e cantos do telhado. Durante as visitas às unidades consumidoras e até mesmo em fotos de sistemas pesquisados pela internet, verifica-se que muitos instaladores de sistemas FVs utilizam toda a área disponível do telhado, e em alguns casos os módulos FVs chegam a ultrapassar os limites do telhado. Dessa maneira, a realização de manutenção preventiva fica dificultada, ou ainda, uma simples limpeza dos módulos pode acarretar em acidentes ou danos aos próprios módulos.

5 MEDIDOR DE ENERGIA

O medidor de energia é um componente do sistema FV que tem a função de medir o consumo de energia elétrica. Ele funciona, basicamente, registrando a energia consumida da rede da distribuidora pela unidade consumidora, e registrando a energia injetada na rede da distribuidora pela mesma unidade consumidora.

Este equipamento é responsável por apresentar o saldo energético, ou seja, se a unidade consumidora produziu mais do que consumiu da rede da distribuidora, esta terá créditos de energia na fatura mensal do consumidor. Quando o consumidor utilizar mais energia do que aquela produzida pelo seu sistema de ESFV, sua fatura será gerada com um valor de energia a pagar. Lembrando que há o custo de disponibilidade para o consumidor, derivado da incidência de encargos – TE da distribuidora e impostos pertinentes (ICMS, PIS, COFINS etc.) – sobre um patamar mínimo de consumo de energia. Para sistemas monofásicos, este custo equivale à incidência desses encargos sobre 30 kWh; para sistemas bifásicos, a incidência ocorre sobre 50 kWh; e para sistemas trifásicos, 100 kWh.

Hoje, os consumidores de ESFV possuem em seus *smartphones* ou em seus *desktops*, aplicativos que monitoram a geração de energia do seu sistema FV. Estes aplicativos apresentam informações de produção de energia medidos por dia, mês, ano e produção total. Além disso, eles permitem o acesso a outras informações, como, por exemplo: corrente, tensão, frequência, temperatura e potência do sistema FV. Estes dados são obtidos do inversor.

O medidor bidirecional é de responsabilidade de instalação por parte da distribuidora de energia elétrica. Quando a distribuidora realiza a inspeção da instalação do sistema FV e o considera aprovado, é feita a substituição do medidor convencional existente no padrão de entrada da unidade consumidora, pelo medidor bidirecional. A partir de então, o sistema de compensação de energia já passa a ser adotado.

Alguns consumidores mais atentos logo constatam que o valor de energia gerada e apresentada pelo seu aplicativo nunca é a mesma que é apresentada na fatura de energia que este consumidor recebe da distribuidora. Esta diferença deve-se ao fato de existir o consumo instantâneo, ou seja, quando o sistema FV está gerando energia, os equipamentos elétricos da residência estão a consumindo instantaneamente.

Existe nesse caso um hiato: nem o inversor e nem o medidor bidirecional informam o consumo de energia instantânea, o que gera desconforto para os integradores que precisam comprovar a eficiência do sistema FV instalado. Já existem empresas no mercado que oferecem interfaces capazes de medir a energia consumida instantaneamente (é o simples cálculo da diferença) e de informar o saldo energético, dirimindo esse hiato. Essas interfaces oferecem outras vantagens como: relatório geral, análise de *performance*, entre outros. Nesse sentido, caso o medidor fornecido pela distribuidora fosse capaz de registrar o consumo instantâneo na fatura de energia, a informação apresentada seria mais confiável e de melhor entendimento para o consumidor final.

O *Smart Meter* é um medidor bidirecional que otimiza o autoconsumo e registra a curva de carga da sua unidade consumidora, devido a medições de elevada precisão. A comunicação ocorre através de uma interface (*hardware*) e um *software* de monitoramento, apresentando uma visão clara do consumo de energia, ao passo que realiza a medição da energia transitada entre a rede da distribuidora local e a carga utilizada.

A Norma ABNT NBR 16690:2019 – Instalações elétricas de arranjos FVs – Requisitos de projeto, não contempla nenhuma diretriz relativa aos medidores de energia bidirecionais, afinal o medidor não é escopo do projeto pelo lado da unidade consumidora, uma vez que é de responsabilidade da distribuidora de energia elétrica.

As normas ABNT que se referem a medidor de energia elétrica são: NBR 14519:2011, NBR 14520:2011, NBR 14521:2011, NBR 14522:2008, INMETRO RTM 586 e 587/2012 e 520/2014 - NBR16078 IEC62052-11. As normas internacionais de referência são *IEC62053-21 e IEC62053-61.*

6 INVERSOR TRIFÁSICO

Boa parte dos inversores trifásicos disponíveis no mercado, não são apropriados para uso em redes com VAC de 127 VAC (entre condutores de fase e neutro) e 220 VAC (entre condutores de fase). Em função disso, para regiões, como, por exemplo, o Rio de Janeiro, é necessário utilizar um transformador para resolver esta questão tecnológica.

Os inversores trifásicos geralmente começam a ser fornecidos em potências a partir de 8 kW. No entanto, existe um segmento de consumidores na faixa de 5 kW conectados a sistemas trifásicos, que acabam instalando um inversor monofásico/bifásico por conta dessa indisponibilidade de inversores trifásicos de menor potência, e também pela necessidade do uso de um transformador, o que acaba encarecendo o projeto.

7 INVERSOR HÍBRIDO

É um equipamento que possui características tanto de sistemas conectados à rede, como de SISOL. Ele possui a capacidade de injetar a energia produzida pelo sistema FV na rede e, ao mesmo tempo, de carregar um banco de baterias.

Lembrando que inversores não híbridos conectados à rede possuem função anti-ilhamento, e com isso, este tipo de inversor desliga-se em caso de falta de energia da distribuidora, interrompendo a aclimatação das cargas. Já o inversor híbrido é capaz de alimentar as cargas da sua unidade consumidora mesmo em caso de falta de energia, por meio das baterias.

Até março de 2020 ainda não existia uma norma ABNT que regulasse o uso dos inversores híbridos em sistemas conectados à rede.

As resoluções RN-482 e RN-687 ainda não permitem este tipo de sistema. Apesar disso, a *WEG* e a *Fronius* são algumas das fabricantes de inversores híbridos no mercado brasileiro. Além delas, a PHB, fabricante brasileira de módulos FVs e inversores, também oferece este equipamento.

8 SEGUIDOR SOLAR (TRACKER)

O seguidor solar é um dispositivo que varia a posição dos módulos FVs durante o dia, seguindo o caminho do sol para aumentar a produção de energia. São muito usados em usinas FVs. O ganho pode alcançar valores entre 25 e 45%.

Com o seguidor solar é possível gerar mais energia utilizando a mesma área e a mesma quantidade de módulos FVs quando comparado com sistemas instalados sobre estruturas fixas.

Contudo, é necessário mais cuidado com a manutenção preventiva das usinas, devido à inserção de componentes móveis. A escolha do seguidor solar depende da potência do sistema, do montante energético demandado (kWh), da área disponível e das condições do clima. Boa parte dos projetos de usinas empregam seguidores horizontais de eixo único.

Existem duas normas internacionais que versam sobre o seguidor solar: *"IEC TS 62727:2012 – Photovoltaic systems – Specification for solar trackers"* e *"IEC 62817:2014+AMD1:2017 CSV – Photovoltaic systems – Design qualification of solar trackers"*. No entanto, não existem normas ABNT sobre elas.

9 TRANSPORTE DE MÓDULOS

Atualmente a ABNT não dispõe de norma específica para o transporte de módulos FVs desde o fabricante até seu destino. A Norma internacional de referência é a *IEC 62759-1:2015*.

Além disso, a questão do içamento dos módulos FVs também não é tratada em norma brasileira. A NR-35, que regulamenta o trabalho em altura acaba sendo empregada como base. Foi desenvolvido e está disponível no mercado um equipamento para içamento dos módulos, fornecido pela empresa *GEDA--Dechentreiter GmbH & Co. KG.*

10 ARMAZENAMENTO (ACONDICIONAMENTO) DE MÓDULOS

No caso de usinas ou empreendimentos que empreguem uma grande quantidade de módulos FVs, a partir do momento que estes equipamentos são descarregados no local da instalação, não existe uma norma que determine os parâmetros para armazenamento que proporcionem segurança para as pessoas envolvidas na obra, nem as condições do local onde os módulos deverão ser acondicionados enquanto não forem instalados. Este equipamento, normalmente é fornecido com dois módulos por embalagem, representando em média um peso de 50 kg. Vale ressaltar que é um equipamento que gera energia elétrica instantaneamente se submetido a irradiação solar, portanto, existe o risco de choque elétrico. As placas de sinalização podem ser usadas.

11 MONITORAMENTO

Algumas empresas no Brasil já oferecem monitoramento para sistemas FVs tanto para GD quanto para GC. Existem sistemas que permitem monitorar várias usinas dentro de uma mesma plataforma. Seguem abaixo algumas informações apresentadas pelos sistemas de monitoramento:

- Balanço da economia e gastos financeiros
- Benefícios gerados ao meio ambiente
- Quantidade de energia gerada
- Indicadores de consumo
- Condições climáticas
- Gráfico da geração de energia do sistema
- Detalhes do funcionamento dos inversores

Após consultar uma empresa de desenvolvimento de *softwares* de monitoramento de sistemas FVs, foi constatado que a customização do *software* é definida pelas necessidades do cliente. A Norma internacional de referência empregada é a *IEC 61724-1:2017*. Não há norma ABNT no momento.

12 BOMBAS SOLARES FOTOVOLTAICAS

Essas bombas são capazes de bombear água em qualquer local que possua irradiação solar, utilizando painéis FVs. Para tal fim, são utilizadas bombas d'água em CC. O bombeamento é realizado durante o dia.

Os fatores que devem ser levados em consideração, para o correto dimensionamento de um sistema com bomba solar são os seguintes: irradiação solar no local da instalação, vazão de água necessária e altura da coluna de água. Normalmente são utilizadas em áreas remotas, fazendas e até mesmo nos quiosques de praia. Não há norma ABNT no momento e a norma internacional de referência é a *IEC 62253:2011*.

13 RECICLAGEM DE MÓDULOS FOTOVOLTAICOS DE SILÍCIO CRISTALINO

Atualmente, pouco se sabe a respeito da reciclagem dos módulos FVs de c-Si no Brasil. Os distribuidores de módulos FVs que foram visitados não souberam informar o que acontece com os módulos ao final da sua vida útil. As informações levantadas em campo se referiram somente ao processo de garantia/substituição dos módulos danificados.

Hoje, aparentemente, os módulos de c-Si defeituosos são devolvidos ao seu fabricante. A partir de então, o processo subsequente fica por conta do próprio fabricante.

Durante visita a uma unidade consumidora, foi informado que durante o processo de instalação do sistema ocorreu a queda de uma árvore sobre os módulos FVs. A integradora realizou a instalação dos novos módulos. No entanto, os módulos danificados foram deixados com o cliente, o qual enviou os módulos danificados a um ferro velho.

Uma norma ABNT deveria ser implementada no futuro para atender essa questão da reciclagem de módulos FVs de c-Si, que é a principal tecnologia empregada no mercado. Deve-se pensar também na reciclagem dos módulos das demais tecnologias, embora sua participação no mercado brasileiro seja pequena.

Foi divulgado em fevereiro de 2020 o Decreto nº 10.240/2020, que regulamenta a obrigatoriedade quanto à implementação de logística reversa de eletroeletrônicos e seus componentes de uso exclusivamente doméstico. Tais detalhes sobre o assunto encontram-se no capítulo 5.

14 DESCOMISSIONAMENTO

A expectativa do ciclo de vida de um sistema FV é em torno de 30 anos segundo o *IRENA* (2016). Apesar da participação atual da fonte de energia FV no Brasil ser pequena, o mercado mostra-se com um potencial promissor de crescimento.

Desde a publicação da RN-687/2015, o crescimento do mercado FV é expressivo. Diante disso, é esperado que por volta do ano 2040 seja iniciado o descomissionamento em larga escala de sistemas, desde baixas potências até de grandes usinas. Segundo a base de dados da *Global Data*, consultada em setembro de 2019, aponta-se que já existe previsão de descomissionamento de usinas no Brasil entre os anos de 2042 a 2057.

A elaboração de uma norma para descomissionamento de sistemas FVs pode contribuir, inclusive, para o nascimento de um novo nicho de mercado, com empresas se qualificando e se especializando nesse segmento.

15 CERTIFICAÇÃO DE EQUIPAMENTOS FOTOVOLTAICOS

Em relação as certificações existem algumas entidades acreditadas no Brasil, conforme Portaria nº 521/2019 do INMETRO:

1. **DLA/Cepel – Departamento de Laboratórios de Adrianópolis do CEPEL (Nova Iguaçu/RJ)**
   a. Controladores de carga e descarga de baterias;
   b. Inversores de uso em sistemas FVs autônomos (*off-grid*);
   c. Inversores de uso em sistemas FVs conectados à rede (*on-grid*);
   d. Inversores de uso em sistemas FVs conectados à rede com o uso de baterias.
2. **DME/Cepel – Departamento de Materiais, Eficiência Energética e Geração Complementar do CEPEL (Rio de Janeiro/RJ)**
   a. Módulos FVs.

3. Green/**PUC Minas – Grupo de Estudo em Energia da PUC MINAS (Belo Horizonte/MG)**
    a. Controladores de carga e descarga de baterias;
    b. Inversores de uso em sistemas FVs autônomos (*off-grid*);
    c. Módulos FVs.
4. **Gedae/UFPA – Grupo de Estudos e Desenvolvimento de Alternativas Energéticas da UFPA (Belém/PA)**
    a. Módulos FVs.
5. **GPEC/UFC – Grupo de Processamento de Energia e Controle da UFC (Fortaleza/CE)**
    a. Inversores de uso em sistemas FVs autônomos (*off-grid*);
    b. Inversores de uso em sistemas FVs conectados à rede (*on-grid*);
    c. Inversores de uso em sistemas FVs conectados à rede com o uso de baterias.
6. **Inri/UFSM – Instituto de Redes Inteligentes da Universidade Federal de Santa Maria (Santa Maria/RS)**
    a. Controladores de carga e descarga de baterias;
    b. Inversores de uso em sistemas FVs autônomos (*off-grid*);
    c. Inversores de uso em sistemas FVs conectados à rede com o uso de baterias.
7. **LAT/UFPB – Laboratório de Análise Térmica da Universidade Federal da Paraíba (João Pesoa/PB)**
    a. Módulos FVs.
8. **Labsolar/UFBA – Laboratório de Certificação de Componentes de Sistemas de ESFV da UFBA (Salvador/BA)**
    a. Módulos FVs.
9. **Lesf/Unicamp – Laboratório de Energia e Sistemas FVs da UNICAMP (Campinas/SP)**
    a. Inversores de uso em sistemas FVs autônomos (*off-grid*);

b. Inversores de uso em sistemas FVs conectados à rede (*on-grid*);

c. Inversores de uso em sistemas FVs conectados à rede com o uso de baterias;

d. Módulos FVs.

10. Labsol/UFRGS – Laboratório de Energia Solar da UFRGS (Porto Alegre/RS)

a. Módulos FVs.

11. Lase/CPqD – Laboratório de Sistemas de Energia do Centro de Pesquisa e Desenvolvimento em Telecomunicações (Campinas/SP)

a. Inversores de uso em sistemas FVs conectados à rede (*on-grid*);

b. Inversores de uso em sistemas FVs conectados à rede com o uso de baterias;

c. Módulos FVs.

16 NORMAS E RECOMENDAÇÕES BRASILEIRAS

A Tabela 24 a seguir apresenta as principais normas e recomendações brasileiras para consulta.

Tabela 24 – Normas Brasileiras

ABNT NBR 16690:2019 - Instalações elétricas de arranjos fotovoltaicos - Requisitos de projeto
ABNT NBR 16767:2019 - Elementos e baterias estacionárias para aplicação em sistemas fotovoltaicos não conectados à rede elétrica de energia (*off-grid*) - Requisitos gerais e métodos de ensaio
ABNT NBR 16612:2017 - Cabos de potência para sistemas fotovoltaicos, não halogêneos, isolados, com cobertura, para tensão de até 1,8 kV C.C. entre condutores - Requisitos de desempenho
ABNT NBR 16274:2014 - Sistemas fotovoltaicos conectados à rede - Requisitos mínimos para documentação, ensaios de comissionamento, inspeção e avaliação de desempenho
ABNT NBR 16150:2013 - Sistemas fotovoltaicos (FV) - Características da interface de conexão com a rede elétrica de distribuição – Procedimento de ensaio de conformidade
ABNT NBR 16149:2013 - Sistemas fotovoltaicos (FV) - Características da interface de conexão com a rede elétrica de distribuição
ABNT NBR IEC 62116:2012 - Procedimento de ensaio de anti-ilhamento para inversores de sistemas fotovoltaicos conectados à rede elétrica
ABNT NBR 14201:1998 - Acumulador alcalino de níquel-cádmio estacionário - Especificação
ABNT NBR 14202:1998 - Acumulador alcalino de níquel-cádmio estacionário - Ensaios
ABNT NBR 10899:2013 - Energia solar fotovoltaica - Terminologia
PORTARIA INMETRO 004:2011 - Requisitos de avaliação da conformidade para sistemas e equipamentos para energia fotovoltaica (módulo, controlador de carga, inversor e bateria)
PORTARIA INMETRO 357:2014 - Adequações da PORTARIA INMETRO 004:2011

Fonte: *Elaboração própria*

17 NORMAS E RECOMENDAÇÕES INTERNACIONAIS

A Tabela 25 apresenta as principais normas internacionais recomendadas para consulta.

Tabela 25 – Normas e especificações Internacionais

IEC 60364-7-712:2017 RLV - *Low voltage electrical installations - Part 7-712: Requirements for special installations or locations - Solar photovoltaic (PV) power supply systems*
IEC 60891:2009 - *Photovoltaic devices - Procedures for temperature and irradiance corrections to measured I-V characteristics*
IEC 60904:2019 SER - *Photovoltaic devices - ALL PARTS*
IEC 60904-1:2006 - *Photovoltaic devices - Part 1: Measurement of photovoltaic current-voltage characteristics*
IEC 60904-1-1:2017 - *Photovoltaic devices - Part 1-1: Measurement of current-voltage characteristics of multi-junction PV devices*
IEC TS 60904-1-2:2019 - *Photovoltaic devices - Part 1-2: Measurement of current-voltage characteristics of bifacial PV devices Photovoltaic devices – Part 2: Requirements for photovoltaic reference devices*
IEC 60904-3:2019 RLV - *Photovoltaic devices - Part 3: Measurement principles for terrestrial PV solar devices with reference spectral irradiance data*
IEC 60904-4:2019 RLV - *Photovoltaic devices - Part 4: Reference solar devices - Procedures for establishing calibration traceability*
IEC 60904-5:2011 - *Photovoltaic devices - Part 5: Determination of the equivalent cell temperature (ECT) of PV devices by the open-circuit voltage method*
IEC 60904-7:2019 RLV - *Photovoltaic devices - Part 7: Computation of the spectral mismatch correction for measurements of photovoltaic devices*
IEC 60904-8:2014 - *Photovoltaic devices - Part 8: Measurement of spectral responsivity of a PV device*
IEC 60904-8-1:2017 - *Photovoltaic devices - Part 8-1: Measurement of spectral responsivity of multi-junction PV devices*
IEC 60904-9:2007 - *Photovoltaic devices - Part 9: Solar simulator performance requirements*
IEC 60904-10:2009 - *Photovoltaic devices - Part 10: Methods of linearity measurement*
IEC TS 60904-13:2018 - *Photovoltaic devices - Part 13: Electroluminescence of photovoltaic modules*
IEC 61215-1:2016 - *Terrestrial photovoltaic (PV) modules - Design qualification and type approval - Part 1: Test requirements*
IEC 61215-1-1:2016 - *Terrestrial photovoltaic (PV) modules - Design qualification and type approval - Part 1-1: Special requirements for testing of crystalline silicon photovoltaic (PV) modules*
IEC 61215-1-2:2016 - *Terrestrial photovoltaic (PV) modules - Design qualification and type approval - Part 1-2: Special requirements for testing of thin-film Cadmium Telluride (CdTe) based photovoltaic (PV) modules*

IEC 61215-1-3:2016 - Terrestrial photovoltaic (PV) modules - Design qualification and type approval - Part 1-3: Special requirements for testing of thin-film amorphous silicon based photovoltaic (PV) modules

IEC 61215-1-4:2016 - Terrestrial photovoltaic (PV) modules - Design qualification and type approval - Part 1-4: Special requirements for testing of thin-film Cu(In,GA)(S,Se)2 based photovoltaic (PV) modules

IEC 61215-2:2016 - Terrestrial photovoltaic (PV) modules - Design qualification and type approval - Part 2: Test procedures

IEC 61427-1:2013 - Secondary cells and batteries for renewable energy storage - General requirements and methods of test - Part 1: Photovoltaic off-grid application

IEC 61643-31:2018 - Low-voltage surge protective devices - Part 31: Requirements and test methods for SPDs for photovoltaic installations

IEC 61643-32:2017 - Low-voltage surge protective devices - Part 32: Surge protective devices connected to the d.c. side of photovoltaic installations - Selection and application principles

IEC 61683:1999 - Photovoltaic systems - Power conditioners - Procedure for measuring efficiency

IEC 61701:2011 - Salt mist corrosion testing of photovoltaic (PV) modules

IEC 61724-1:2017 - Photovoltaic system performance - Part 1: Monitoring

IEC TS 61724-2:2016 - Photovoltaic system performance - Part 2: Capacity evaluation method

IEC TS 61724-3:2016 - Photovoltaic system performance - Part 3: Energy evaluation method

IEC 61727:2004 - Photovoltaic (PV) systems - Characteristics of the utility interface

IEC 61730-1:2016 - Photovoltaic (PV) module safety qualification - Part 1: Requirements for construction

IEC 61730-2:2016 RLV - Photovoltaic (PV) module safety qualification - Part 2: Requirements for testing

IEC 61829:2015 - Photovoltaic (PV) array - On-site measurement of current-voltage characteristics

IEC TS 61836:2016 RLV - Solar photovoltaic energy systems - Terms, definitions and symbols

IEC TR 61850-90-7:2013 - Communication networks and systems for power utility automation - Part 90-7: Object models for power converters in distributed energy resources (DER) systems

IEC 61853-1:2011 - Photovoltaic (PV) module performance testing and energy rating - Part 1: Irradiance and temperature performance measurements and power rating

IEC 61853-2:2016 - Photovoltaic (PV) module performance testing and energy rating - Part 2: Spectral responsivity, incidence angle and module operating temperature measurements

IEC 61853-3:2018 - Photovoltaic (PV) module performance testing and energy rating - Part 3: Energy rating of PV modules

IEC 61853-4:2018 - Photovoltaic (PV) module performance testing and energy rating - Part 4: Standard reference climatic profiles

IEC 62093:2005 - Balance-of-system components for photovoltaic systems - Design qualification natural environments

IEC 62108:2016 RLV - Concentrator photovoltaic (CPV) modules and assemblies - Design qualification and type approval

IEC 62109-1:2010 - Safety of power converters for use in photovoltaic power systems - Part 1: General requirements

IEC 62109-2:2011 - *Safety of power converters for use in photovoltaic power systems - Part 2: Particular requirements for inverters*
IEC 62116:2014 - *Utility-interconnected photovoltaic inverters - Test procedure of islanding prevention measures*
IEC 62124:2004 - *Photovoltaic (PV) stand-alone systems - Design verification*
IEC 62253:2011 - *Photovoltaic pumping systems - Design qualification and performance measurements*
IEC TS 62257-1:2015 - *Recommendations for renewable energy and hybrid systems for rural electrification - Part 1: General introduction to IEC 62257 series and rural electrification*
IEC TS 62257-2:2015 - *Recommendations for renewable energy and hybrid systems for rural electrification - Part 2: From requirements to a range of electrification systems*
IEC TS 62257-3:2015 - *Recommendations for renewable energy and hybrid systems for rural electrification - Part 3: Project development and management*
IEC TS 62257-4:2015 - *Recommendations for renewable energy and hybrid systems for rural electrification - Part 4: System selection and design*
IEC TS 62257-5:2015 - *Recommendations for renewable energy and hybrid systems for rural electrification - Part 5: Protection against electrical hazards*
IEC TS 62257-6:2015 - *Recommendations for renewable energy and hybrid systems for rural electrification - Part 6: Acceptance, operation, maintenance and replacement*
IEC TS 62257-7:2017 RLV - *Recommendations for renewable energy and hybrid systems for rural electrification - Part 7: Generators*
IEC TS 62257-7-1:2010 - *Recommendations for small renewable energy and hybrid systems for rural electrification - Part 7-1: Generators - Photovoltaic generators*
IEC TS 62257-7-3:2018 - *Recommendations for renewable energy and hybrid systems for rural electrification - Part 7-3: Generator set - Selection of generator sets for rural electrification systems*
IEC TS 62257-7-4:2019 - *Recommendations for renewable energy and hybrid systems for rural electrification - Part 7-4: Generators - Integration of solar with other forms of power generation within hybrid power systems*
IEC TS 62257-8-1:2018 - *Recommendations for renewable energy and hybrid systems for rural electrification - Part 8-1: Selection of batteries and battery management systems for stand-alone electrification systems - Specific case of automotive flooded lead-acid batteries available in developing countries*
IEC TS 62257-9-1:2016 - *Recommendations for renewable energy and hybrid systems for rural electrification - Part 9-1: Integrated systems - Micropower systems*
IEC TS 62257-7-1:2010 - *Recommendations for small renewable energy and hybrid systems for rural electrification - Part 7-1: Generators - Photovoltaic generators*
IEC TS 62257-7-3:2018 - *Recommendations for renewable energy and hybrid systems for rural electrification - Part 7-3: Generator set - Selection of generator sets for rural electrification systems*
IEC TS 62257-7-4:2019 - *Recommendations for renewable energy and hybrid systems for rural electrification - Part 7-4: Generators - Integration of solar with other forms of power generation within hybrid power systems*

IEC TS 62257-8-1:2018 - Recommendations for renewable energy and hybrid systems for rural electrification - Part 8-1: Selection of batteries and battery management systems for stand-alone electrification systems - Specific case of automotive flooded lead-acid batteries available in developing countries

IEC TS 62257-9-1:2016 - Recommendations for renewable energy and hybrid systems for rural electrification - Part 9-1: Integrated systems - Micropower systems

IEC TS 62257-9-2:2016 - Recommendations for renewable energy and hybrid systems for rural electrification - Part 9-2: Integrated systems - Microgrids

IEC TS 62257-9-3:2016 - Recommendations for renewable energy and hybrid systems for rural electrification - Part 9-3: Integrated systems - User interface

IEC TS 62257-9-4:2016 - Recommendations for renewable energy and hybrid systems for rural electrification - Part 9-4: Integrated systems - User installation

IEC TS 62257-9-5:2018 RLV - Recommendations for renewable energy and hybrid systems for rural electrification - Part 9-5: Integrated systems - Laboratory evaluation of stand-alone renewable energy products for rural electrification

IEC TS 62257-9-6:2019 RLV - Renewable energy and hybrid systems for rural electrification - Part 9-6: Integrated systems - Recommendations for selection of Photovoltaic Individual Electrification Systems (PV-IES)

IEC TS 62257-9-7:2019 - Renewable energy and hybrid systems for rural electrification - Part 9-7: Recommendations for selection of inverters

IEC PAS 62257-10:2017 - Recommendations for renewable energy and hybrid systems for rural electrification - Part 10: Silicon solar module visual inspection guide

IEC TS 62257-12-1:2015 - Recommendations for renewable energy and hybrid systems for rural electrification - Part 12-1: Selection of lamps and lighting appliances for off-grid electricity systems

IEC 62446-1:2016+AMD1:2018 CSV - Photovoltaic (PV) systems - Requirements for testing, documentation and maintenance - Part 1: Grid connected systems - Documentation, commissioning tests and inspection

IEC TS 62446-3:2017 - Photovoltaic (PV) systems - Requirements for testing, documentation and maintenance - Part 3: Photovoltaic modules and plants - Outdoor infrared thermography

IEC 62509:2010 - Battery charge controllers for photovoltaic systems - Performance and functioning

IEC 62548:2016 - Photovoltaic (PV) arrays - Design requirements

IEC 62670-1:2013 - Photovoltaic concentrators (CPV) - Performance testing - Part 1: Standard conditions

IEC 62670-2:2015 - Photovoltaic concentrators (CPV) - Performance testing - Part 2: Energy measurement

IEC 62670-3:2017 - Photovoltaic concentrators (CPV) - Performance testing - Part 3: Performance measurements and power rating

IEC 62688:2017 - Concentrator photovoltaic (CPV) modules and assemblies - Safety qualification

IEC 62716:2013 - Photovoltaic (PV) modules - Ammonia corrosion testing

IEC TS 62727:2012 - Photovoltaic systems - Specification for solar trackers

IEC TS 62738:2018 - Ground-mounted photovoltaic power plants - Design guidelines and recommendations

IEC 62759-1:2015 - Photovoltaic (PV) modules - Transportation testing - Part 1: Transportation and shipping of module package units

IEC TS 62782:2016 - Photovoltaic (PV) modules - Cyclic (dynamic) mechanical load testing

IEC 62788-1-2:2016 - Measurement procedures for materials used in photovoltaic modules - Part 1-2: Encapsulants - Measurement of volume resistivity of photovoltaic encapsulants and other polymeric materials

IEC 62788-1-4:2016 - Measurement procedures for materials used in photovoltaic modules - Part 1-4: Encapsulants - Measurement of optical transmittance and calculation of the solar-weighted photon transmittance, yellowness index, and UV cut-off wavelength

IEC 62788-1-5:2016 - Measurement procedures for materials used in photovoltaic modules - Part 1-5: Encapsulants - Measurement of change in linear dimensions of sheet encapsulation material resulting from applied thermal conditions

IEC 62788-1-6:2017 - Measurement procedures for materials used in photovoltaic modules - Part 1-6: Encapsulants - Test methods for determining the degree of cure in Ethylene-Vinyl Acetate

IEC TS 62788-2:2017 - Measurement procedures for materials used in photovoltaic modules - Part 2: Polymeric materials - Frontsheets and backsheets

IEC TS 62788-7-2:2017 - Measurement procedures for materials used in photovoltaic modules - Part 7-2: Environmental exposures - Accelerated weathering tests of polymeric materials

IEC TS 62789:2014 – Photovoltaic concentrator cell documentation

IEC 62790:2014 - Junction boxes for photovoltaic modules - Safety requirements and tests

IEC TS 62804-1:2015 - Photovoltaic (PV) modules - Test methods for the detection of potential-induced degradation - Part 1: Crystalline silicon

IEC 62805-1:2017 - Method for measuring photovoltaic (PV) glass - Part 1: Measurement of total haze and spectral distribution of haze

IEC 62805-2:2017 - Method for measuring photovoltaic (PV) glass - Part 2: Measurement of transmittance and reflectance

IEC 62817:2014+AMD1:2017 CSV - Photovoltaic systems - Design qualification of solar trackers

IEC 62852:2014 - Connectors for DC-application in photovoltaic systems - Safety requirements and tests

IEC TS 62876-2-1:2018 - Nanotechnology - Reliability assessment - Part 2-1: Nano-enabled photovoltaic devices - Stability test

IEC 62892:2019 - Extended thermal cycling of PV modules - Test procedure

IEC 62894:2014+AMD1:2016 CSV - Photovoltaic inverters - Data sheet and name plate

IEC 62909-2:2019 - Bi-directional grid-connected power converters - Part 2: Interface of GCPC and distributed energy resources

IEC TS 62910:2015 - Utility-interconnected photovoltaic inverters - Test procedure for low voltage ride-through measurements

IEC TS 62915:2018 - Photovoltaic (PV) modules - Type approval, design and safety qualification - Retesting

IEC TS 62916:2017 - Photovoltaic modules - Bypass diode electrostatic discharge susceptibility testing

IEC 62920:2017 - Photovoltaic power generating systems - EMC requirements and test methods for power conversion equipment

IEC 62925:2016 - *Concentrator photovoltaic (CPV) modules - Thermal cycling test to differentiate increased thermal fatigue durability*
IEC 62930:2017 - *Electric cables for photovoltaic systems with a voltage rating of 1, 5 kV DC*
IEC TS 62941:2016 - *Terrestrial photovoltaic (PV) modules - Guideline for increased confidence in PV module design qualification and type approval*
IEC 62979:2017 - *Photovoltaic modules - Bypass diode - Thermal runaway test*
IEC TS 62989:2018 - *Primary optics for concentrator photovoltaic systems*
IEC TS 62994:2019 - *Photovoltaic (PV) modules through the life cycle - Environmental health and safety (EH&S) risk assessment - General principles and nomenclature*
IEC TS 63019:2019 - *Photovoltaic power systems (PVPS) - Information model for availability*
IEC TS 63049:2017 - *Terrestrial photovoltaic (PV) systems - Guidelines for effective quality assurance in PV systems installation, operation and maintenance*
IEC 63056:2019 PRV - *Secondary cells and batteries containing alkaline or other non-acid electrolytes - Safety requirements for secondary lithium cells and batteries for use in electrical energy storage systems*
IEC TR 63149:2018 - *Land usage of photovoltaic (PV) farms - Mathematical models and calculation examples*
IEC 63202-1:2019 - *Photovoltaic cells - Part 1: Measurement of light-induced degradation of crystalline silicon photovoltaic cells*
IEC TR 63225:2019 - *Incompatibility of connectors for DC-application in photovoltaic systems*
IEC TR 63228:2019 - *Measurement protocols for photovoltaic devices based on organic, dye-sensitized or perovskite materials*

Fonte: *Elaboração própria*

18 RECOMENDAÇÕES DE INOVAÇÃO AO LONGO DO ENCADEAMENTO PRODUTIVO DA ESFV

Nas seções 16 e 17 foram listadas as normas brasileiras e internacionais que se aplicam a ESFV. O setor ainda está em fase de amadurecimento, portanto, a utilização de normas internacionais se aplica quando não existe uma norma ABNT específica para determinado assunto. Desta forma, algumas ideias de novos usos apresentadas mostram que questões técnicas e regulatórias ainda não estão plenamente resolvidas.

O agronegócio, por exemplo, é uma das principais atividades econômicas do Brasil. A ESFV pode otimizar muito a produção nesse setor, pois é capaz de garantir a continuidade e qualidade da energia necessária aos processos produtivos, principalmente quando associada com outras fontes de energia (hibridização) ou com armazenamento. É de notório conhecimento que a rede elétrica que alimenta esses negócios, muitas vezes não é confiável, causando transtornos e prejuízos aos empreendedores do ramo.

Na Tabela 25 observa-se que existem várias normas *IEC* relacionadas à energia renovável e a eletrificação rural ("*IEC TS 62257*"). Além disso a norma "*IEC 62253: 2011*" versa sobre sistemas de bombeamento FV. A irrigação é uma das atividades fundamentais do agronegócio e demanda por energia elétrica, a qual alimenta suas bombas.

A elaboração de normas ABNT voltadas para a realidade brasileira faz-se necessária, principalmente no tocante a hibridização de usinas. É fato que já existe no mercado nacional inversores híbridos capazes de suprir a demanda do agronegócio e outros segmentos, porém não há norma que regule seu uso em sistemas conectados à rede.

Existem sistemas ESFV com armazenamento de energia por meio de baterias comandados por *softwares* que permitem gerenciar custos excessivos de energia e obter vantagem competitiva (*peak shaving, load shifting* etc.), reduzindo significativamente as despesas operacionais do negócio, no entanto, é uma área pouca explorada por conta do impedimento do uso de baterias em sistemas conectados à rede. Portanto é necessária a elaboração de norma técnica para respaldar esse tipo de sistema, haja vista que o modelo de negócio já é uma realidade fora do Brasil, e já está se instalando no Brasil.

No mercado de veículos elétricos não há padronização nos conectores, os usuários encontram diferentes modelos e marcas. Alguns tipos de conectores encontrados são: bujão *Schuko*, *SAE J1772* (Tipo 1), *MENNEKES* (Tipo 2), conector único combinado ou *CCS*, *Scame* (Tipo 3) e *CHAdeMO*.

A norma "ABNT NBR 14136:2012 Versão Corrigida 4:2013" estabelece os padrões de plugues e tomadas para uso doméstico e análogo até 20 A/250 V em corrente alternada. A criação de uma norma ABNT, nos mesmos moldes, que venha a padronizar o tipo de conector a ser empregado nos veículos elétricos comercializados no Brasil facilitará seu uso e a instalação de estações de recarga.

Por fim, o *tracker* (seguidor solar) também necessita de uma norma ABNT, uma vez que seu uso é cada vez mais frequente em usinas FV e no momento só temos normas internacionais de referência.

A elevada taxa de crescimento da ESFV na matriz elétrica brasileira, o avanço tecnológico na área de armazenamento de energia e o emprego de usinas híbridas, implicam na necessidade de normas ABNT com intuito de regular os padrões e requisitos necessários para garantir a segurança e qualidade da energia produzida e injetada na rede de transmissão e distribuição.

19 CONCLUSÃO

Conforme apresentado na seção 2, a utilização das normas técnicas é de fundamental importância para garantir a qualidade das instalações, a segurança de pessoas/equipamentos, a atribuição de responsabilidades e a padronização das instalações.

Face ao exposto, uma empresa que deseje atuar no segmento de ESFV terá que prever um investimento em aquisição de normas. Cabe salientar a necessidade de conhecimento da NR-10 (Segurança em Instalações e Serviços em Eletricidade) e NR-35 (Trabalho em Altura). Existem muitos cursos e treinamentos disponíveis no mercado que abordam os principais pontos das normas, no entanto, para realizar um bom projeto faz-se necessário consultar todas as normas em vigor.

De acordo com a seção 4, estão ocorrendo vários acidentes com sistemas FVs decorrentes de desabamento de telhados. Nem todos os projetos incluem a emissão de um laudo estrutural, emitido por profissional qualificado, para garantir que o telhado suporte o peso de um sistema FV. Tal fato se dá, pois este importante laudo não é requerido em nenhuma norma, ficando a critério da empresa ou do cliente sua emissão.

Na seção 5 foi abordada a questão dos medidores de energia e verificou-se que a "ABNT NBR 16690:2019 – Instalações elétricas de arranjos FVs – Requisitos de Projeto" não contempla nenhuma diretriz relativa aos medidores de energia bidirecionais, uma vez que é de responsabilidade da distribuidora de energia elétrica, não sendo escopo do projeto pelo lado da unidade consumidora.

O inversor e o medidor bidirecional não informam o consumo de energia instantânea. Existem empresas no mercado que oferecem interfaces capazes de medir a energia consumida instantaneamente (simples cálculo da diferença), e informar o saldo energético. Essas interfaces oferecem ainda outras vantagens como: relatório geral, análise de performance, dentre outras. Nesse sentido, para se obter uma informação mais confiável e de melhor entendimento pelo consumidor final, seria interessante uma normalização em que o medidor fornecido pela distribuidora fosse capaz de registrar o consumo instantâneo na fatura de energia.

Um gargalo identificado na seção 6 refere-se aos inversores trifásicos disponíveis no mercado que não são apropriados para uso em redes com tensão de 127 VAC (entre condutores de fase e neutro) e 220 VAC (entre condutores fase). Em função disso, para regiões como o Rio de Janeiro, por exemplo, é necessário utilizar um transformador. Além disso, estes inversores trifásicos geralmente começam a ser fornecidos em potências a partir de 8 kW, só que existe um segmento de consumidores na faixa de 5 kW conectados a sistemas trifásicos – que poderiam ser atendidos sem a necessidade de uso de transformador – reduzindo assim, o custo final de um projeto trifásico.

Até o primeiro trimestre de 2020, não há uma norma ABNT que regule o uso dos inversores híbridos em sistemas conectados à rede. As resoluções RN-482 e RN-687 ainda não permitem este tipo de sistema. Apesar disso, a *WEG* e a *Fronius* são algumas das fabricantes de inversores híbridos presentes no mercado brasileiro, conforme apresentado na seção 7.

Em relação ao seguidor solar, retratado na seção 8, ainda não existe em 2020 uma norma ABNT que padronize seu projeto e instalação, e atualmente são utilizadas apenas normas internacionais de referência. Face ao crescimento do setor FV no Brasil, uma norma ABNT, que trate especificamente de rastreadores solares, traria benefícios e atenderia a necessidades do setor.

Como tratado nas seções 9 e 10, o transporte e armazenamento de módulos FVs não estão abrangidos por nenhuma norma ABNT, embora sejam questões de significativa relevância. O módulo FV requer cuidados específicos, uma vez que uma fissura no vidro do módulo pode causar a perda total deste item.

Como apresentado na seção 11, a norma de referência para sistemas de monitoramento é a *IEC 61724-1:2017*, já que em 2020 ainda não há norma ABNT. Em função do baixo nível de intervenções corretivas e manutenções preventivas em uma usina FV, um bom sistema de monitoramento permite otimizar as intervenções necessárias. Uma norma ABNT, que regule os requisitos mínimos a serem implementados nos *softwares*, seria o ideal.

A bomba solar FV tratada na seção 12 é outro equipamento que não possui norma ABNT. A norma internacional *IEC 62253:2011* é a norma que aborda este assunto. Em função da possibilidade de aplicação desse equipamento no agronegócio brasileiro, a criação de uma norma ABNT faz-se necessária.

A seção 13 aborda o tema da reciclagem dos módulos FVs de c-Si, que é a principal tecnologia empregada no mercado. Deve-se pensar também na reciclagem dos módulos das demais tecnologias, embora sua participação no mercado brasileiro seja pequena. Ainda não existe uma norma ABNT destinada exclusivamente ao tema de reciclagem de equipamentos FVs.

O descomissionamento, que é tratado na seção14, aponta que a expectativa do ciclo de vida de um sistema FV é em torno de 30 anos segundo o IRENA

(2016). Já existe previsão de descomissionamento de usinas no Brasil entre os anos de 2042 a 2057. A elaboração de uma norma para descomissionamento de sistemas FVs pode contribuir, inclusive, para o nascimento de um novo nicho de mercado, com empresas se qualificando e se especializando nesse segmento de serviço.

Na seção 15, os fabricantes de módulos que foram entrevistados relataram sua insatisfação com a validade de um ano do certificado emitido pelo INMETRO. No exterior, entidades, como *TUVRheiland*, emitem certificados válido por dois anos.

A *ABSOLAR* e vários associados participaram ativamente da elaboração da norma "ABNT NBR 16690:2019 – Instalações elétricas de arranjos FVs – Requisitos de projeto". A percepção relatada pelos integradores foi de que a norma atendeu as necessidades do mercado, e, agora, estas empresas só se mostram cautelosas em saber se a norma será seguida e fiscalizada.

Esta norma acaba sendo mais rigorosa com as empresas instaladoras do que com as distribuidoras de energia, a qual se concentra mais no ponto de conexão à rede, enquanto que a instalação do sistema FV em si não é verificada. A participação do CREA e do Corpo de Bombeiros na fiscalização garantiria sistemas mais bem instalados, ou até mesmo a criação de um novo serviço, o de inspeção/certificação de conformidade das instalações, principalmente em GD.

Por fim, vale ressaltar que a norma "ABNT NBR 16690:2019 – Instalações elétricas de arranjos FVs – Requisitos de projeto", determina quais proteções elétricas devem ser empregadas. Porém, em caso de falha na proteção elétrica, que venha a desencadear um incêndio, não está previsto o emprego de um extintor de pó químico ou de CO_2. Atualmente a norma que trata de extintores de incêndio é a ABNT NBR-12693:2010 – Sistemas de proteção por extintor de incêndio. Seria importante incluir tal item na norma de requisitos de projeto.

Em relação a área de armazenamento de energia e o emprego de usinas híbridas, fica evidente a necessidade de normas ABNT com intuito de regular os padrões e requisitos necessários para garantir a segurança e qualidade da energia produzida e injetada na rede de transmissão e distribuição.

REFERÊNCIAS BIBLIOGRÁFICAS

ANEEL. "Normas técnicas brasileiras, avaliação de conformidade e procedimentos de conexão". Seminário Internacional de Micro e Minigeração Distribuída. Brasília, jun. 2018.

CEPEL. "Manual de Engenharia para Sistemas Fotovoltaicos". CEPEL-CRESESB: Rio de Janeiro, 2014.

DIRECT INDUSTRY. Disponível em: <https://www.americanas.com.br/produto/108211857/placa-sinalizacao-perigo-risco-de-choque-eletrico?fixa%C3%A7%C3%A3o=Fita%20Dupla%20Face%20%283M%29&pel%C3%ADcula%20%20%20de%20%20%20prote%C3%A7%C3%A3o=Sem%20Pel%C3%ADcula%20de%20Prote%C3%A7%C3%A3o&selecione%20%20%20o%20%20%20material=Poliestireno%20de%20Alto%20Impacto%201mm&selecione%20%20%20o%20%20%20tamanho=18x25cm>. Acesso em: 6 fev. 2020.

DIRECT INDUSTRY. Disponível em: <https://www.directindustry.com/pt/prod/geda-dechentreiter-gmbh-co-kg/product-63313-1869000.html>. Acesso em: 6 fev. 2020.

GREENVOLT. Disponível em: <HYPERLINK "https://greenvolt.com.br/o-funcionamento-da-energia-fotovoltaica/medidor-bidirecional-para-sistema-fotovoltaico/" https://greenvolt.com.br/o-funcionamento-da-energia-fotovoltaica/medidor-bidirecional-para-sistema-fotovoltaico/>. Acesso em: 06 fev. 2020.

IEC. "International Standards and Conformity Assessment for all Electrical, Electronic and Related Technologies". Disponível em: <https://www.iec.ch/index.htm>. Acesso em: 10 nov. 2019.

INMETRO. Disponível em: <http://registro.inmetro.gov.br/consulta/detalhe.aspx?pag=1&NumeroRegistro=002469/2016>. Acesso em: 28 fev. 2020.

IRENA. "End-of-life management". Solar Photovoltaic Panels. International Renewable Energy Agency, 2016.

LIDERBUDOWLANY. Disponível em: <https://www.liderbudowlany.pl/technologie-poradniki/instalacje/energia-ekologiczna/udany-wystep-firmy-fronius-solar-energy-na-targach-intersolar-2019/>. Acesso em: 6 fev. 2020.

LINKEDIN. Disponível em: <https://www.linkedin.com/company/sti-norland-brasil/?originalSubdomain=br>. Acesso em: 6 fev. 2020.

MINHA CASA SOLAR. Disponível em: <https://www.minhacasasolar.com.br/produto/interface-de-monitoramento-wi-fi-para-inversores-ecosolys-solar-view-one-79274>. Acesso em: 6 fev. 2020.

NITA. Disponível em: <HYPERLINK "http://nita.org.br/tecnologia/sistemas-fotovoltaicos-on-grid/" http://nita.org.br/tecnologia/sistemas-fotovoltaicos-on-grid/>. Acesso em: 6 fev. 2020.

PODER ELÉTRICA. Disponível em: <HYPERLINK "https://www.podereletrica.com.br/medidor-de-energia-eletrica-trifasico-elo-2103l-380-440v-" https://www.podereletrica.com.br/medidor-de-energia-eletrica-trifasico-elo-2103l-380-440v->. Acesso em: 6 fev. 2020.

SUNRAYS POWER. Disponível em: <https://www.sunrayspower.com.au/2019/11/21/what-to-do-with-old-solar-panels/>. Acesso em: 6 fev. 2020.

TRIBUNA POPULAR. Disponível em: <http://www.jtribunapopular.com.br/artigo/paredes-do-telhado-de-supermercado-cede-apos-rajada-de-vento#.Xjx9dv5KiUk>. Acesso em: 6 fev. 2020.

TUVRheiland. Disponível em: <https://www.certipedia.com/certificates/50218436?locale=en&page_number=2.>. Acesso em: 28 fev. 2020.

GLOSSÁRIO

Lista de Unidades Científicas e Monetárias

µm – Micrômetro
A – Ampère
Ah – Ampère-hora
AM 1.5 – O coeficiente de massa de ar define o comprimento do caminho óptico direto através da atmosfera da Terra, expresso como uma razão em relação ao comprimento do caminho verticalmente para cima, ou seja, no zênite (1,5 atmosfera de espessura corresponde a um ângulo de zênite
solar de z = 48,2 °).
C – Celsius
CO_2 eq./kWh – Dióxido de Carbono equivalente por quilowatt-hora
eV – elétron-volt
g – grama
g/m² – grama por metro quadrado
GW – gigawatt
GWh – gigawatt-hora
kg – quilograma
km – quilômetro
kW – quilowatt
kWh – quilowatt-hora
kWh/m².dia – quilowatt-hora por metro quadrado por dia
kWh/m²/ano – quilotwatt-hora por metro quadrado por ano
kWp – quilowatt-pico
L – litro
m – metro
m³ – metro cúbico
mAh – miliampère-hora
mg – miligrama
mm/h – milimetro por hora
MJ – megajoule
MJ/m² – megajoule por metro quadrado
MW – megawatt
MWh – megawatt-hora
MWp – megawatt pico
ppb – parte por bilhão
ppm – parte por milhão
US$ – dólar
V – volts
Wh – watt-hora
Wh/kg – watt-hora por quilograma

Lista de Instituições, Corporações e Grupos

ABGD – Associação Brasileira de Geração Distribuída
ABINEE – Associação Brasileira da Indústria Elétrica e Eletrônica
ABNT – Associação Brasileira de Normas Técnicas
ABSOLAR – Associação Brasileira de Energia Solar Fotovoltaica
AEMC – Australian Energy Market Commission
AEMO – Australian Energy Market Operator
ALMG – Assembleia Legislativa de Minas Gerais
ANEEL – Agência Nacional de Energia Elétrica
ANP – Agência Nacional de Petróleo
ARENA – Australian Renewable Energy Agency

ARMINES – Association pour la Recherche et le Développement des Méthodes et Processus Industriels
CAISO – California Independent System Operator
CAPES – Coordenação de Aperfeiçoamento de Pessoal de Nível Superior
CCEE – Câmara de Comercialização de Energia Elétrica
CDFM – Centro de Pesquisa para o Desenvolvimento de Materiais Funcionais
CEC – California Energy Comission
CEFC – Clean Energy Finance Corporation
CEMIG – Companhia Energética de Minas Gerais
CENER – Centro Nacional de Energia Renovável
CENPES – Centro de Pesquisas Leopoldo Américo Miguez de Mello
CEPEL – Centro de Pesquisas de Energia Elétrica
CHESF – Companhia Hidrelétrica de São Francisco
CMSE – Comitê de Monitoramento do Setor Elétrico
CNPE – Conselho Nacional de Política Energética
CNPQ – Conselho Nacional de Desenvolvimento Científico e Tecnológico
CONAMA – Conselho Nacional do Meio Ambiente
CPUC – California Public Utilities Comission
CREA – Conselho Regional de Engenharia e Agronomia
CRESESB – Centro de Referência para Energia Solar e Eólica Sérgio de Salvo Brito
CSEM – Centro Suíço de Eletrônica e Microtecnologia
EMBRAPA – Empresa Brasileira de Pesquisa Agropecuária
ENTSO-E – European Network of Transmission System Operators for Electricity
EPE – Empresa de Pesquisa Energética
ERA – Australian Energy Regulator
FERC – Federal Energy Regulatory Comission
FINEP – Financiadora de Estudos e Projetos
FJP – Fundação João Pinheiro
FOTOVOLTAICA-UFSC – Grupo de Pesquisa Estratégica em Energia Solar da Universidade Federal de Santa Catarina
FV-UFSC – Grupo de Pesquisa Estratégica em Energia Solar da Universidade Federal de Santa Catarina
GEM – Global Entrepreneurship Monitor
IBGE – Instituto Brasileiro de Geografia e Estatística
IBQP – Instituto Brasileiro da Qualidade e Produtividade
IEC – International Electrotechnical Commission
IEMA – Instituto de Meio Ambiente e Recursos Hídricos
IFCE – Instituto Federal do Ceará
IFNMG – Instituto Federal do Norte de Minas Gerais
IME – Instituto Militar de Engenharia
INCT-EREEA – Instituto Nacional de Ciência e Tecnologia de Energias Renováveis e Eficiência Energética da Amazônia
INEP – Instituto Nacional de Estudos e Pesquisas Educacionais Anísio Teixeira
INMET – Instituto Nacional de Meteorologia
INMETRO – Instituto Nacional de Metrologia, Qualidade e Tecnologia
INPE – Instituto Nacional de Pesquisas Espaciais
IPCC – Intergovernmental Panel on Climate Change

IPEA – Instituto de Pesquisa Econômica Aplicada
IRENA – International Renewable Energy Agency; Agência Internacional para as Energias Renováveis
ISO – Organização Internacional de Padronização
LabRen – Laboratório de Modelagem e Estudos de Recursos Renováveis de Energia
LABSEM – Laboratório de Semicondutores
LABSOL – Laboratório de Energia Solar
LSF-IEE/USP – Laboratório de Sistemas Fotovoltaicos do Instituto de Energia e Ambiente da Universidade de São Paulo
MCTI – Ministério da Ciência, Tecnologia e Inovação
MEC – Ministério da Educação
MINISTÉRIO DA CIDADANIA – Ministério da Cidadania
MME – Ministério de Minas e Energia
NEM – National Electricity Market
NEMCO – National Electricity Market Management Company
NREL – National Renewable Energy Laboratory
NSW – New South Wales
NT-SOLAR – Núcleo de Tecnologia em Energia Solar
OCB – Organização das Cooperativas do Brasil
OMS – Organização Mundial da Saúde
ONS – Operador Nacional do Sistema Elétrico
PADIS – Programa de Apoio ao Desenvolvimento Tecnológico da Indústria de Semicondutores e Displays
PG&E – Pacific Gas and Electricity
PUC – Pontifícia Universidade Católica
PUC MINAS – Pontifícia Universidade Católica de Minas Gerais
PUC-Rio – Pontifícia Universidade Católica do Rio de Janeiro
PUCRS – Pontifícia Universidade Católica do Rio Grande do Sul
RET – Department of Resources, Energy and Tourism
SDG&E – San Diego Gas & Electricity
SEC – Southern Edison California
SIN – Sistema Interligado Nacional
SINDA – Sistema Integrado de Dados Ambientais
Solatio Energia – Empresa do setor fotovoltaico
SONDA – Sistema de Organização de Dados Ambientais
SWERA – Solar and Wind Energy Resource Assessment
SWIS – South West Interconnected System
TOTVS – Empreendimento de OPV em São Paulo
UE – União Europeia
UFBA – Universidade Federal da Bahia
UFC – Universidade Federal do Ceará
UFJF – Universidade Federal de Juiz de Fora
UFPA – Universidade Federal do Pará
UFPE – Universidade Federal de Pernambuco
UFRGS – Universidade Federal do Rio Grande do Sul
UFRJ – Universidade Federal do Rio de Janeiro
UFSC – Universidade Federal de Santa Catarina
UFScar – Universidade Federal de São Carlos
UFVA – Usina Fotovoltaica de Alto do Rodrigues
UNICAMP – Universidade Estadual de Campinas
USP – Universidade de São Paulo
WEM – Wholesale Electricity Market

Lista de Elementos Químicos e Materiais

Ag – prata
Al – alumínio
Ar – argônio
AsH_3 – arsina
a-Si – silício amorfo
Au – ouro
AZO – óxido de zinco dopado com alumínio; óxido condutor
B_2H_6 – diborano
BBr_3 – brometo de boro
BCl_3 – tricloreto de bromo
$C_2H_3Cl_3$ – tricloroetano
C_3H_6O – acetona
C_3H_8O – álcool isopropílico
$C_4H_8O_2$ – acetato de etila
Ca – cálcio
Cd – cádmio
CdS – sulfeto de cádmio
CdTe – telureto de cádmio
CH_4 – metano
CIGS – disseleneto de cobre índio e gálio
CIS – seleneto de cobre e índio
CO – monóxido de carbono
Co – cobalto
CO_2 – dióxido de carbono
c-Si – silício cristalino
Cu – cobre
DDT – diclorodifeniltricloroetano
EVA – etileno acetato de vinila
Fe – ferro
Ga – gálio
Ge – germânio
H_2O_2 – peróxido de hidrogênio
H_2SO_4 – ácido sulfúrico
HCl – ácido clorídrico
HF – ácido fluorídrico
HNO_3 – ácido nítrico
$HSiCl_3$ – triclorosilano
In – índio
ITO – óxido de índio e estanho
K – potássio
KOH – hidróxido de potássio
Li – lítio
LiF – fluoreto de lítio
Mg – magnésio
Mn – manganês
Mo – molibdênio
Mono-Si – silício monocristalino
MoO_3 – óxido de molibdênio
N – nitrogênio
NH_3 – amônia; amoníaco
NH_4F – fluoreto de amônio
NOx – óxidos de nitrogênio
P – fósforo
P3HT – poli (3-hexiltiofeno-2,5-diil); polímero
PAH – hidrocarbonetos aromáticos policíclicos
Pb – chumbo
PCB – bifenilos policlorados
PCBM – polímero éster metílico do ácido fenil-C61-butírico
PCBM – éster metílico do ácido 6,6 fenil C61 butírico
PCl3 – tricloreto de fósforo
PEDOT:PSS – polímero (3,4-etilenodioxitiofeno): poli (estirenossulfonato)
PEROVSKITA – mineral
PET – politereftalato de etileno
PH3 – fosfina
POCl3 – oxicloreto de fósforo
Poli 3,4-dioxieltiltiofeno – polímero
POP – poluente orgânico persistente
Sb – antimônio
Se – selênio
$SiCl_4$ – tetracloreto de silício
SiGE – Silício Grau Eletrônico
SiGM ou Si-GM – Silício Grau Metalúrgico
SiGMM – silício grau metalúrgico melhorado
SiGS – silício grau solar
SiH_4 – silano
SiO – óxido de silício
SiO_2 – dióxido de silício

SiO_3 – trióxido de silício
$SnCl_2$ – cloreto de estanho
SO_2 – dióxido de enxofre
SOx – óxidos de enxofre
Ta_2O_5 – pentóxido de tântalo
TCO – óxidos condutores transparentes
Te – telúrio
Ti – titânio
TiO_2 – dióxido de titânio
V_2O_5 – pentóxido de vanádio
Zn – zinco
ZnO – óxido de zinco
Zr – zircônio
β"-Al_2O_3 – beta alumina

Listas de Siglas e Acrônimos
ACL – Ambiente de Contratação Livre
ACR – Ambiente de Contratação Regulada
ACV – Avaliação do Ciclo de Vida
AIR – Análise de Impacto Regulatório
ALD – Deposição Atômica
ART – Anotação de Responsabilidade Técnica
B2B – Business to business
BEN – Balanço Energético Nacional
BHJ – Processo de OPV; Impressão da Camada Ativa
BIPV – Building Integrated Photovoltaic System
BTM – Behind-the-meter
CAPEX – Capital Expenditures; Investimento de Capital
CBD – Chemical Bath Deposition; Técnica de Banho Químico
CC – Corrente Contínua
CCC – Conta de Consumo de Combustíveis
CDE – Conta de Desenvolvimento Energético
Cepid – Centros de Pesquisa, Inovação e Difusão
CGH – Centrais Geradoras Hidrelétricas
CNPJ – Cadastro Nacional de Pessoa Jurídica
COFINS – Contribuição para o Financiamento da Seguridade Social
CP – Consulta Pública
CPF – Cadastro de Pessoa Física
CSLL ou CSSL – Contribuição Social sobre o Lucro Líquido
CSP – Concentrated Solar Power
CSS – Close Space Sublimation; Técnica de Sublimação em Espaço Reduzido
CSSL – Contribuição Social sobre o Lucro
CUSD – Contrato de uso de sistema de distribuição
CUST – Contrato de Uso do Sistema de Transmissão
CVaR – Conditional Value at Risk ou Expected Shortfall ou Expected Taill Loss
CVD – Chemical Vapour Deposition; Reator para Técnica de Deposição
DoD – Depth of Discharge
EaaS – Energy as a Service
EER – Encargo de Energia de Reserva
EIA/RIMA – Estudo de Impacto Ambiental/Relatório de Impacto Ambiental
EPC – Engineering, Procurement e Construction
ESFV – Energia Solar Fotovoltaica
ESS – Encargos de Serviços do Sistema
ETL – Impressão da Camada de Transporte de Elétrons
EVTE – Estudos de Viabilidade Técnica e Econômica
FCD – Fluxo de Caixa Descontado
FTM – In-front of the meter
FV – Fotovoltaico(a)
GC – Geração Centralizada
GD – Geração Distribuída
GDFV – Geração Distribuída Solar Fotovoltaica
GETTERING – Defeitos Cristalográficos
GWP – Global Warming Potential
HEPA – High Efficiency Particulate Arrestance; filtro

HTL – Impressão da Camada de Transporte de Lacunas; Processo de OPV
ICMS – Imposto sobre Circulação de Mercadorias e Serviços
ICT – Instituições de Ciência e Tecnologia
IDH – Índice de Desenvolvimento Humano
IDHM – Índice de Desenvolvimento Humano
IES – Instituição de Ensino Superior
INTERSOLAR – Feira do setor de energia solar
IoT – Internet of Things (Internet das Coisas)
IOU – Investor Owned Utilities
IR – Imposto de Renda
IRPJ – Imposto de Renda de Pessoa Jurídica
MIGDI – Microssistema Isolado de Geração e Distribuição Elétrica
MOCVD – Deposição de Vapor Químico Metalorgânico
MULTIJUNÇÃO – Tecnologia Fotovoltaica
NBR – Norma Brasileira
NEM – Net Energy Metering
Net Metering – Tarifação Bidirecional
NR – Norma Regulamentadora
NSC – Net Surplus Compensation
O&M – Operação & Manutenção
ODS – Objetivos de Desenvolvimento Sustentável
OFF-GRID – Sistemas não conectados à rede, podendo ser autônomo com baterias
ONG – Organização Não Governamental
ONU – Organização das Nações Unidas
OPEX – Operational Expenditure
OPV – Organic Photovoltaics
P&D – Pesquisa & Desenvolvimento
P&D/EE – Pesquisa e Desenvolvimento e Eficiência Energética
PAPER – Artigo Científico
PCD – Plataformas de coleta de dados
PCH – Pequena Central Hidrelétrica
PDI – Pesquisa, Desenvolvimento e Inovação
PECVD – Reator para Deposição
PIB – Produto Interno Bruto
PIE – Produtores Independentes de Energia Elétrica
PIS – Programa de Integração Social
PL – Projeto de Lei
PLAYERS – Fornecedores que oferecem soluções para segmentos específicos
PLD – Preço de Liquidação da Diferença
PNAD – Pesquisa Nacional por Amostra de Domicílio
PNUD – Programa das Nações Unidas para o Desenvolvimento
PPA – Power Purchase Agreement
PPGE3M – Programa de Pós-Graduação de Engenharia de Minas, Metalúrgica e de Materiais
PRODEEM – Programa de Desenvolvimento Energético dos Estados e Municípios
PRODIST – Procedimento de distribuição
PROGD – Programa de Geração Distribuída
Proinfa – Programa de Incentivo às Fontes Alternativas de Energia Elétrica
PROMEC – Programa de Pós-Graduação em Engenharia Mecânica
PROSIST – Documentos elaborados pela ANEEL para normatizar e padronizar atividades técnicas
PV – Photovoltaics
PVD – Técnica de Deposição
PVGIS – Photovoltaic Geographical Information System
QGIS – Sistema de informação geográfica que permite a visualização, edição e análise de dados georreferenciados.
REIDI – Regime Especial de Incentivos para o Desenvolvimento da Infraestrutura
RGR – Reserva Global de Reversão
RN – Resolução Normativa
Screen-print – Técnica de Deposição

SHOW-STOPPERS – Fatores que interferem na lucratividade, qualidade e prazo do projeto
SIGFI – Sistema Individual de Geração Elétrica com Fonte Intermitente
SISOL – Sistemas Isolados
SMART BUILDINGS – Construções Inteligentes
SMC – Simulação de Monte Carlo
SoC – State of charge
SoDa – Solar Radiation Database
SPRAY – Técnica de Deposição
SPUTTERING – Técnica de Pulverização
SUNEW – spin off do CSEM
TAE – Taxa de Empreendedores em Estágio Inicial
TE – Tarifa de Energia
TEE – Taxa de Empreendedores Estabelecidos
TFSEE – Taxa de Fiscalização de Serviços de Energia Elétrica
TIC – Tecnologia, Informação e Comunicação
TIR – Taxa Interna de Retorno
TRL – Technology Readiness Levels
TSEE – Tarifa Social de Baixa Renda
TTE – Taxa de Empreendedorismo Total
TUSD – Tarifa de Uso de Sistema de Distribuição
TUSDg – Tarifa de Uso de Sistema de Distribuição – geração
TUST – Tarifa de uso de rede de transmissão

UFV – Fonte Solar Fotovoltaica

USFV – Usina Solar Fotovoltaica

VAC – Tensão em Corrente Alternada

VaR – Valor em Risco ou Value at Risk

VPL – Valor Presente Líquido

VTD – Vapor Transport Deposition; Deposição de Transporte de Vapor